非线性规划无罚函数方法

苏 珂 著

科学出版社
北 京

内 容 简 介

本书全面介绍了求解非线性规划问题的无罚函数方法. 从基础概念出发，逐步讲解罚函数方法、传统与修正滤子方法、非单调滤子方法、自适应滤子方法以及其他无罚函数方法等. 书中不仅提供了理论分析，还结合了丰富的数值实验，以证明算法的收敛性和有效性. 本书融合了深入的理论探讨和实际案例，为研究生提供了坚实的理论基础和实践操作指南. 书中对算法的收敛性进行了详尽的分析，并介绍了多种最优化问题的求解技巧，旨在帮助读者深入掌握最优化领域的知识.

本书不仅可以作为研究生进行学术研究的辅助资料，也可以作为工程技术人员的参考手册.

图书在版编目(CIP)数据

非线性规划无罚函数方法 / 苏珂著. -- 北京：科学出版社，2024.8. -- ISBN 978-7-03-078951-8

I. O221. 2

中国国家版本馆 CIP 数据核字第 20249PV289 号

责任编辑：胡庆家／责任校对：彭珍珍

责任印制：吴兆东／封面设计：无极书装

科学出版社 出版

北京东黄城根北街 16 号

邮政编码：100717

http://www.sciencep.com

涿州市般润文化传播有限公司印刷

科学出版社发行　各地新华书店经销

*

2024 年 8 月第　一　版　　开本：720 × 1000　1/16

2024 年11月第二次印刷　　印张：14 3/4

字数：300 000

定价：118.00 元

(如有印装质量问题，我社负责调换)

前　言

最优化方法广泛应用于工业、农业、交通运输、商业、国防、建筑、通信、管理等各个部门和领域，它主要解决最优计划、最优分配、最优决策、最佳设计、最佳管理等最优化问题. 本书介绍了作者关于求解约束优化问题的无罚函数方法的一些研究成果，主要包括滤子方法和无罚无滤方法两类. 具体地，本书共分为 6 个章节介绍本课题组关于无罚函数方法的最新研究进展，包含修正滤子方法、非单调滤子方法、自适应滤子方法和无罚无滤方法等.

第 1 章介绍了最优化问题中的一些基本概念和结论，包括无约束优化和约束优化问题的基本概念和最优性条件，以及算法收敛的定义与性质.

第 2 章介绍了求解约束优化问题的两类重要方法——罚函数方法和传统滤子方法. 罚函数方法的基本思想是根据约束函数的特性构造罚函数并将其加至目标函数中构造增广目标函数，将约束问题转化为无约束问题进行求解. 传统滤子方法是仿照多目标优化思想，将目标函数和约束违反度函数分开考虑，构造滤子集合来平衡二者关系，从而避免了罚因子的选取，克服了罚函数方法中罚因子选取困难的缺点.

第 3 章介绍了修正滤子方法及应用. 修正滤子方法包括三类：子问题的修正、滤子形式的修正和滤子结构的修正. 子问题的修正是将传统的可能不相容的问题修正为始终可行的子问题；滤子形式的修正是将传统滤子集合中的函数进行了改进和变更；滤子结构的修正是将传统的二维滤子进行了推广，提出了多维滤子概念. 同时，我们将这些改进思想在非线性互补问题以及极大极小问题中进行应用. 在本章各节中，不仅介绍了算法的基本思想、收敛结果，还对算法进行了数值实验，证明了算法的有效性.

第 4 章介绍了非单调滤子方法. 本章提出了两类不同的非单调技巧，避免了迭代点落入“峡谷”无法跳出的情形，保持了滤子算法良好的数值效果，在一定程度上克服了 Maratos 效应. 在这两类非单调滤子的基础上给出了非单调 QP-free 滤子方法和求解极大极小问题的非单调滤子方法，并给出了算法的收敛性分析，同时进行了数值验证.

第 5 章介绍了自适应滤子方法及应用. 自适应滤子方法对于克服 Maratos 效应具有较好的效果. 自适应滤子是在滤子结构中给出一种不同的参数表示，参数取值随着试探点对算法的改进程度好坏进行自适应的更新和修正. 同时将这些技巧应用于一般约束优化问题、极大极小问题和半无限问题. 本章最后证明了算法的收敛性, 并对算法进行了数值实验, 验证了算法的实用性和有效性.

第 6 章介绍了无罚无滤方法并将其应用于非线性互补问题、半无限问题和一般约束问题. 此类方法既不需要选取罚因子, 也不需要设计滤子集合储存试探点的函数值, 既避免了罚因子选取的困难性, 又放松了滤子集合进行试探点存储时对空间的要求, 其算法更为灵活有效, 便于实现, 也具有相对良好的数值效果.

本书第 1 章由范红莲参与编写, 第 2 章由于梦瑶参与编写, 第 3 章由张子叶参与编写, 第 4 章由赵冰参与编写, 第 5 章由魏彦姝参与编写, 第 6 章由尚天佑参与编写, 书稿的整合校验工作由尚天佑协助完成, 对他们一并表示感谢. 本书的研究工作得到了河北省自然科学基金 (No.A2022201002) 的资助, 在此表示衷心的感谢.

作　者

2023 年 12 月

目　　录

第 1 章 绪 论

在进行描述主要内容之前, 先给出一些预备知识. 首先介绍问题形式和一些相关的基本概念, 其次叙述问题的最优性条件, 最后给出算法收敛的定义及评价准则.

1.1 问题形式

最优化理论具有独特严谨的理论结构体系, 其作为当代数学研究中的一个重要分支, 以数学的手段来解决实际问题, 根据各个系统体系的实际情况, 找寻最佳的优化途径和方法, 帮助决策者做出科学的决策. 运用最优化理论解决实际问题时, 通常会先对需要解决的问题进行整体的剖析, 并以最优化的形式将其阐述出来, 之后再根据实际情况筛选出约束条件, 从而求解出相应的目标函数的最大或最小解, 最终用数学算法对整体问题做最后求解处理.

随着科学技术的日益发展, 许多工程的核心问题最终都归结为优化问题. 因此, 最优化方法已经成为工程技术人员必不可少的计算工具. 在计算机已经广为普及的今天, 一些大规模的优化问题的求解可以在一台普通的计算机上实现, 这使得最优化方法得到了比以往任何时候都更加广泛的应用.

最优化问题的形式主要分为无约束优化问题和约束优化问题, 具体问题形式如下.

首先, 给出**无约束优化问题**[74,125,135] 形式:

$$\min_{x\in\mathbb{R}^n} \quad f(x), \tag{1.1.1}$$

其中, 目标函数 $f:\mathbb{R}^n\to\mathbb{R}$ 连续可微.

定义 1.1 若对于任意的 x, 都有 $f(x^*)\leqslant f(x)$, 则称 x^* 为 (1.1.1) 的全局最优解或全局最优值点, 对应的目标函数值称为全局最优或全局最小值. 若 x^* 还满足对任意的 x, $x\neq x^*$, 有 $f(x^*)<f(x)$, 则称 x^* 为 (1.1.1) 的严格全局最优解. 若对任意的 $x\in N_\varepsilon(x^*)$, 有 $f(x^*)\leqslant f(x)$, 则称 x^* 为 (1.1.1) 的局部最优解. 若 x^* 还满足对任意的 $x\in N_\varepsilon(x^*)$, $x\neq x^*$, 有 $f(x^*)<f(x)$, 则称 x^* 为 (1.1.1) 的严格局部最优解. 其中, $N_\varepsilon(x^*)$ 表示 x^* 的 $\varepsilon>0$ 邻域.

其次, 给出**约束优化问题**形式:

$$\begin{aligned}\min_{x\in\mathbb{R}^n} \quad & f(x)\\ \text{s.t.} \quad & c_i(x)\leqslant 0, \quad i\in I=\{1,\cdots,m\},\\ & c_i(x)=0, \quad i\in E=\{m+1,\cdots,l\}.\end{aligned} \tag{1.1.2}$$

定义 1.2 设集合 $\Omega\subset\mathbb{R}^n$, 如果对任意 $x_1,x_2\in\Omega$, 有

$$\alpha x_1+(1-\alpha)x_2\in\Omega, \quad \forall\alpha\in[0,1], \tag{1.1.3}$$

则称 Ω 是凸集.

定义 1.3 设 $\Omega\subset\mathbb{R}^n$ 是非空凸集, f 是定义在 Ω 上的实函数, 如果对任意的 $x_1,x_2\in\Omega$ 及每个数 $\alpha\in(0,1)$, 都有

$$f(\alpha x_1+(1-\alpha)x_2)\leqslant\alpha f(x_1)+(1-\alpha)f(x_2), \tag{1.1.4}$$

则称函数 f 是 Ω 上的凸函数.

如果对任意互不相同的 $x_1,x_2\in\Omega$, 及每一个数 $\alpha\in(0,1)$, 都有

$$f(\alpha x_1+(1-\alpha)x_2))<\alpha f(x_1)+(1-\alpha)f(x_2), \tag{1.1.5}$$

则称 f 为 Ω 上的**严格凸函数**.

如果 $-f$ 为 Ω 上的凸函数, 则称 f 为 Ω 上的**凹函数**.

利用凸函数的定义不难验证下面的一些性质.

性质 1.1 设 f 是定义在凸集 Ω 上的凸函数, 实数 $\alpha\geqslant 0$, 则 αf 也是定义在 Ω 上的凸函数.

性质 1.2 设 f_1 和 f_2 是定义在凸集 Ω 上的凸函数, 则 f_1+f_2 也是定义在 Ω 上的凸函数.

性质 1.3 设 $f_1,f_2,\cdots,f_n$ 是定义在凸集 Ω 上的凸函数, 实数 $\alpha_1,\alpha_2,\cdots,\alpha_k\geqslant 0$, 则 $\sum\limits_{i=1}^{k}\alpha_i f_i$ 也是定义在 Ω 上的凸函数.

定理 1.1 设 Ω 是 $\mathbb{R}^n$ 中一个非空凸集, f 是定义在 Ω 上的凸函数, β 是一个实数, 则水平集 $\Omega_\beta=\{x|x\in\Omega,f(x)\leqslant\beta\}$ 是凸集.

证明 对于任意的 $x_1,x_2\in\Omega_\beta$, 根据 Ω_β 的定义, 有 $f(x_1)\leqslant\beta,f(x_2)\leqslant\beta$. 由于 Ω 为凸集, 故对每个数 $\alpha\in[0,1]$, 必有

$$\alpha x_1+(1-\alpha)x_2\in\Omega. \tag{1.1.6}$$

又由于 $f(x)$ 是 Ω 上的凸函数, 则有

$$f(\alpha x_1+(1-\alpha)x_2)\leqslant \alpha f(x_1)+(1-\alpha)f(x_2)\leqslant \alpha\beta+(1-\alpha)\beta=\beta, \tag{1.1.7}$$

因此 $\alpha x_1+(1-\alpha)x_2\in\Omega_\beta$, 故 Ω_β 为凸集. □

凸函数的重要性在于其具有下述的基本性质.

定理 1.2 设 Ω 是 $\mathbb{R}^n$ 中非空凸集, f 是定义在 Ω 上的凸函数, 则 f 在 Ω 上的局部极小点是全局极小点, 且极小点的集合为凸集.

证明 设 x^* 是 f 在 Ω 上的局部极小点, 即存在 x^* 的 $\varepsilon>0$ 邻域 $N_\varepsilon(x^*)$, 使得对每一点 $x\in\Omega\cap N_\varepsilon(x^*)$, $f(x)\geqslant f(x^*)$ 成立. 假设 x^* 不是全局极小点, 则存在 $\hat{x}\in\Omega$, 使 $f(\hat{x})<f(x^*)$. 由于 Ω 是凸集, 因此对每一个数 $\alpha\in[0,1]$, 有 $\hat{x}+(1-\alpha)x^*\in\Omega$. 由于 $\hat{x}$ 与 x^* 是不同的两点, 可取 $\alpha\in(0,1)$. 又由于 f 是 Ω 上的凸函数, 因此有

$$\begin{aligned}f(x+(1-\alpha)x)&\leqslant \alpha f(\hat{x})+(1-\alpha)f(x^*)\\&<\alpha f(x^*)+(1-\alpha)f(x^*)=f(x^*).\end{aligned} \tag{1.1.8}$$

当 α 取得充分小时, 可使

$$\alpha\hat{x}+(1-\alpha)x^*\in\Omega\cup N_\varepsilon(x^*), \tag{1.1.9}$$

这与 x^* 为局部极小点矛盾. 故 x^* 是 f 在 Ω 上的全局极小点.

由以上证明可知, f 在 Ω 上的极小值, 也是它在 Ω 上的最小值. 设极小值为 β, 则极小点的集合可以写作 $\{x|x\in\Omega, f(x)\leqslant\beta\}$, 根据定理 1.1, 极小点的集合是凸集. □

1.2 无约束优化问题最优性条件

为研究 (1.1.1) 的最优性条件, 给出以下定理.

定理 1.3 设函数 $f(x)$ 在点 x^* 可微, 如果存在方向 d, 使 $\nabla f(x^*)<0$, 则存在数 $\delta>0$, 使得对每个 $\tau\in(0,\delta)$, 有 $f(x^*+\tau d)<f(x^*)$.

证明 函数 $f(x^*+\tau d)$ 在 x^* 的一阶泰勒展开式为

$$\begin{aligned}f(x^*+\tau d)&=f(x^*)+\tau\nabla f(x^*)^{\mathrm{T}}d+o(\|\tau d\|)\\&=f(x^*)+\tau\left(\nabla f(x^*)^{\mathrm{T}}d+\frac{o(\|\tau d\|)}{\tau}\right),\end{aligned} \tag{1.2.1}$$

当 $\tau\to 0$ 时, $\dfrac{o(\|\tau d\|)}{\tau}\to 0$.

由于 $\nabla f(x^*)^{\mathrm{T}}d<0$, 当 $|\tau|$ 充分小时, 在 (1.2.1) 中,

$$\nabla f(x^*)^{\mathrm{T}}d+\frac{o(\|\tau d\|)}{\tau}<0, \tag{1.2.2}$$

因此, 存在 $\delta>0$, 使得当 $\tau\in(0,\delta)$ 时, 有

$$\tau\left(\nabla f(x^*)^{\mathrm{T}}d+\frac{o(\|\tau d\|)}{\tau}\right)<0, \tag{1.2.3}$$

从而由 (1.2.1) 得出

$$f(x^*+\tau d)<f(x^*). \tag{1.2.4}$$

□

利用上面定理可以证明局部最优解的一阶必要最优性条件.

定理 1.4 (一阶必要条件)　若 x^* 是无约束优化问题 (1.1.1) 的局部最优解, 则 $\nabla f(x^*)=0$.

证明　反证法. 设 $\nabla f(x^*)\neq 0$, 令方向 $d=-\nabla f(x^*)$, 则有

$$\nabla f(x^*)^{\mathrm{T}}d=-\nabla f(x^*)^{\mathrm{T}}\nabla f(x^*)=-\|\nabla f(x^*)\|^2\leqslant 0. \tag{1.2.5}$$

根据定理 1.3, 必存在 $\delta>0$, 使得当 $\tau\in(0,\delta)$ 时, 成立

$$f(x^*+\tau d)<f(x^*), \tag{1.2.6}$$

这与 x^* 是局部最优点矛盾. □

下面利用 $f(x)$ 的黑塞矩阵 $\nabla^2 f(x)$ 得出局部最优解的二阶必要最优性条件.

定理 1.5 (二阶必要条件)　若 x^* 是无约束优化问题 (1.1.1) 的局部极小点, $f(x)$ 在点 x^* 附近二阶连续可微, 则 $\nabla f(x^*)=0$, $\nabla^2 f(x^*)$ 半正定.

证明　由定理 1.4 知 $\nabla f(x^*)=0$, 现在只需证明在 x^* 处黑塞矩阵 $\nabla^2 f(x^*)$ 半正定.

设 d 是任意一个 n 维向量, 由于 $f(x)$ 在 x^* 处二次可微, 且 $\nabla f(x^*)=0$, 则有

$$f(x^*+\tau d)=f(x^*)+\frac{1}{2}\tau^2 d^{\mathrm{T}}\nabla^2 f(x^*)d+o(\|\tau d\|^2), \tag{1.2.7}$$

经移项整理得到

$$\frac{f(x^*+\tau d)-f(x^*)}{\tau^2}=\frac{1}{2}\tau^2 d^{\mathrm{T}}\nabla^2 f(x^*)d+\frac{o(\|\tau d\|^2)}{\tau^2}. \tag{1.2.8}$$

由于 x^* 是局部最优解, 当 τ 充分小时, 必有

$$f(x^* + \tau d) \geqslant f(x^*). \tag{1.2.9}$$

因此, 由 (1.2.8) 推出

$$d^{\mathrm{T}} \nabla^2 f(x^*) d \geqslant 0, \tag{1.2.10}$$

即 $\nabla^2 f(x^*)$ 半正定. □

定理 1.6 (二阶充分条件) 若 x^* 满足 $\nabla f(x^*) = 0$, 且 $\nabla^2 f(x^*)$ 正定, 则 x^* 是无约束优化问题 (1.1.1) 的局部最优解.

证明 由于 $\nabla f(x^*) = 0$, $f(x)$ 在 x^* 的二阶泰勒展开式为

$$f(x) = f(x^*) + \frac{1}{2}(x - x^*)^{\mathrm{T}} \nabla^2 f(x^*)(x - x^*) + o(\| x - x^* \|^2). \tag{1.2.11}$$

设 $\nabla^2 f(x^*)$ 的最小特征值 $\lambda_{\min} > 0$, 由于 $\nabla^2 f(x^*)$ 正定, 必有

$$(x - x^*)^{\mathrm{T}} \nabla^2 f(x^*)(x - x^*) \geqslant \lambda_{\min} \| x - x^* \|^2 . \tag{1.2.12}$$

从而由 (1.2.11) 得出

$$f(x) \geqslant f(x^*) + \left(\frac{1}{2}\lambda_{\min} + \frac{o(\| x - x^* \|^2)}{\| x - x^* \|^2} \right) \| x - x^* \|^2 . \tag{1.2.13}$$

当 $x \to x^*$ 时,

$$\frac{o(\| x - x^* \|^2)}{\| x - x^* \|^2} \to 0,$$

因此, 存在 x^* 的 ε 邻域 $N(x^*, \varepsilon)$, 当 $x \in N(x^*, \varepsilon)$ 时 $f(x) \geqslant f(x^*)$, 即 x^* 是 $f(x)$ 的局部最优解. □

定理 1.7 对无约束优化问题 (1.1.1), 若目标函数 f 是连续可微的凸函数, 则 x^* 为全局最优解的充分必要条件是 $\nabla f(x^*) = 0$.

证明 必要性是显然的, 如果 x^* 是全局最优解, 那么它一定是局部最优解, 根据定理 1.4 有 $\nabla f(x^*) = 0$.

现在证明充分性. 设 $\nabla f(x^*) = 0$, 则对任意的 $x \in \mathbb{R}^n$, 有 $\nabla f(x^*)^{\mathrm{T}}(x - x^*) = 0$, 由于 $f(x)$ 是可微凸函数, 有以下式子成立

$$f(x) \geqslant f(x^*) + \nabla f(x^*)^{\mathrm{T}}(x - x^*) = f(x), \tag{1.2.14}$$

即 x^* 是全局最优解. □

1.3 约束优化问题最优性条件

在问题 (1.1.2) 中, 满足约束条件的向量 x 称为**可行解**, 全体可行解构成的集合称为**可行域**,

$$\Omega = \{x \in \mathbb{R}^n | c_i(x) \leqslant 0, i \in I; c_i(x) = 0, i \in E\}.$$

此外, 函数 $c_i(i \in I = \{1, 2, \cdots, m\})$ 与 $c_i(i \in E = \{m+1, m+2, \cdots, l\})$ 都是定义在 $\mathbb{R}^n$ 上连续可微的多元实值函数, 称为**约束函数**, 而可行域中使目标函数值最小的向量 x 称为问题 (1.1.2) 的**最优解**.

1.3.1 可行方向与下降方向

定义 1.4 设 $f(x)$ 是定义在 $\mathbb{R}^n$ 上的实函数, $x^* \in \mathbb{R}^n$, d 是非零向量. 若存在数 $\delta > 0$, 使得对每个 $\tau \in (0, \delta)$, 都有

$$f(x^* + \tau d) < f(x^*), \tag{1.3.1}$$

则称 d 为函数 $f(x)$ 在 x^* 处的下降方向.

如果 $f(x)$ 是可微函数, 且 $\nabla f(x^*)^{\mathrm{T}} d < 0$, 根据定理 1.3, 显然 d 为 $f(x)$ 在 x 处的下降方向. 记

$$F_0 = \{d \mid \nabla f(x^*)^{\mathrm{T}} d < 0\}. \tag{1.3.2}$$

这个集合在下面的讨论中也会用到.

以下给出可行域可行方向的定义.

定义 1.5 设集合 $\Omega \subset \mathbb{R}^n$, $x^* \in \mathrm{cl}\Omega$, d 是非零向量, 若存在数 $\delta > 0$, 使得对每个 $\tau \in (0, \delta)$, 都有

$$x^* + \tau d \in \Omega, \tag{1.3.3}$$

则称 d 为集合 Ω 在 x^* 的可行方向. 其中, “cl” 表示闭包, $\mathrm{cl}\Omega$ 是 Ω 的闭包.

集合 Ω 在 x^* 处**所有可行方向的集合**记为

$$D = \{d | d \neq 0, x^* \in \mathrm{cl}\Omega, \text{存在}\delta > 0, \text{使得 } \forall \tau \in (0, \delta), \text{有} x^* + \tau d \in \Omega\}, \tag{1.3.4}$$

该集合也称为在 x^* 处的**可行方向锥**.

由可行方向和下降方向的定义可知, 如果 x^* 是 $f(x)$ 在 Ω 上的局部最优解, 则在 x^* 处的可行方向一定不是下降方向.

定理 1.8 考虑问题 (1.1.2), $x^* \in \Omega$, $f(x)$ 在 x^* 处可微. 如果 x^* 是问题 (1.1.2) 的局部最优解, 则 $F_0 \cap D = \varnothing$. 其中 F_0 和 D 分别由 (1.3.2) 和 (1.3.4) 定义.

证明 反证法. 设存在非零向量 $d \in F_0 \cap D$, 则 $d \in F_0$ 且 $d \in D$. 根据 F_0 的定义, 有 $\nabla f(x^*)^{\mathrm{T}} d \leqslant 0$. 由定理 1.3 可知, 存在 $\delta_1 > 0$, 当 $\tau \in (0, \delta_1)$ 时, 有

$$f(x^* + \tau d) < f(x^*). \tag{1.3.5}$$

再根据可行方向锥 D 的定义, 存在 $\delta_2 > 0$, 当 $\tau \in (0, \delta_1)$ 时, 有

$$x^* + \tau d \in \Omega. \tag{1.3.6}$$

令

$$\delta = \min\{\delta_1, \delta_2\}, \tag{1.3.7}$$

则当 $\tau \in (0, \delta)$ 时, (1.3.5) 和 (1.3.6) 同时成立. 这个结果与 x^* 是局部最优解相矛盾. □

1.3.2 约束规范条件

首先给出切锥、法锥以及线性化锥的定义.

若存在集合 Ω 中收敛于 x^* 的点列 $\{x^k\}$ 及非负数列 $\{\alpha_k\}$, 使得点列 $\{\alpha(x^k - x^*)\}$ 收敛于 $y \in \mathbb{R}^n$, 则称 y 为集合 Ω 在点 x^* 处的**切向量**. 集合 Ω 在点 x^* 处的全体切向量构成的集合记为 $T_\Omega(x^*)$, 称为 Ω 在点 x^* 处的**切锥**, 即

$$\begin{aligned} T_\Omega(x^*) = \{y \in \mathbb{R}^n | \lim_{k\to+\infty} \alpha_k(x^k - x^*) = y, \lim_{k\to+\infty} x^k = x^*, \\ x^k \in \Omega, \alpha_k \geqslant 0, k = 1, 2, \cdots\}. \end{aligned} \tag{1.3.8}$$

切锥的极锥 $T_\Omega(x^*)^*$ 称为 Ω 在 x^* 处的**法锥**, 记为 $N_\Omega(x^*)$, 也即

$$N_\Omega(x^*) = \{z \in \mathbb{R}^n | z^{\mathrm{T}} y \leqslant 0, y \in T_\Omega(x^*)\}. \tag{1.3.9}$$

在 Ω 中, 函数 c_i 均在 x^* 处可微时, 可以考虑如下线性近似:

$$\begin{aligned} C_\Omega(x^*) = \{y \in \mathbb{R}^n | \nabla c_i(x^*)^{\mathrm{T}} y \leqslant 0, i \in \bar{I}, \\ \nabla c_i(x^*)^{\mathrm{T}} y = 0, i = m+1, \cdots, l\}, \end{aligned} \tag{1.3.10}$$

称 $C_\Omega(x^*)$ 为 Ω 在 x^* 处的**线性化锥**.

现在, 介绍约束规范条件. 约束规范条件是用来保证最优性条件成立的.

定义 1.6 在任意可行 x 处的积极集 $\mathcal{A}(x)$ 由 E 的等式约束指数和不等式约束 i 的指数组成, 即

$$\mathcal{A}(x) = E \cup \{i \in I \mid c_i(x) = 0\}. \tag{1.3.11}$$

(1) **线性独立约束规范** $c_i(i = m+1, \cdots, l)$ 在 x^* 处连续可微, 并且向量组 $\nabla c_i(x^*)(i \in \mathcal{A}), \nabla c_i(x^*)(i = m+1, \cdots, l)$ 线性无关;

(2) **Slater 约束规范** $c_i(x^*)(i \in \mathcal{A})$ 为凸函数, 而 $c_i(i = m+1, \cdots, l)$ 为仿射函数, 并且存在 x^0, 使得 $c_i(x^0) < 0(i = 1, \cdots, m)$, 且 $c_i(x^0) = 0(i = m+1, \cdots, l)$;

(3) **Mangasarian-Fromovitz (M-F) 约束规范** $c_i(i = m+1, \cdots, l)$ 在 x^* 处连续可微, $\nabla c_i(x^*)(i = m+1, \cdots, l)$ 线性无关, 并且存在 $y \in \mathbb{R}^n$ 使得 $\nabla c_i(x)^{\mathrm{T}} y < 0$ $(i \in \mathcal{A})$ 且 $\nabla c_i(x)^{\mathrm{T}} y < 0$ $(i = m+1, \cdots, l)$;

(4) **Abadie 约束规范** $C_\Omega(x^*) \subseteq T_\Omega(x^*)$;

(5) **Guignard 约束规范** $C_\Omega(x^*) \subseteq \mathrm{cl}T_\Omega(x^*)$, 其中 $\mathrm{cl}T_\Omega(x^*)$ 表示 $T_\Omega(x^*)$ 的闭包.

1.3.3 最优性条件

在给出一阶最优性条件之前, 首先介绍关于凸多面锥及其极锥的重要定理, 这些定理在推导非线性规划问题[20,24,25,92,118,121,132,176] 的最优性条件时起着重要的作用.

定理 1.9 考虑由向量 $a^1, \cdots, a^m \in \mathbb{R}^n$ 生成的闭凸多面锥:

$$C = \left\{ x \in \mathbb{R}^n \middle| x = \sum_{i=1}^{m} \gamma_i a^i \geqslant 0, i = 1, \cdots, m \right\}, \tag{1.3.12}$$

以及与每个 a^i 都保持 90° 以上夹角的向量的全体构成的闭凸多面锥

$$K = \{y \in \mathbb{R}^n \mid \langle a^i, y \rangle \leqslant 0, i = 1, \cdots, m\}, \tag{1.3.13}$$

则 $K = C^*$, 并且 $C = K^*$.

推论 1.1 考虑如下由向量 $a^1, \cdots, a^m, b^1, \cdots, b^k \in \mathbb{R}^n$ 定义的两个闭凸多面锥:

$$C = \left\{ x \in \mathbb{R}^n \middle| x = \sum_{i=1}^{m} \gamma_i a^i + \sum_{j=1}^{k} \eta_j b^j, \gamma_i \geqslant 0, i=1, \cdots, m, \eta_j \in \mathbb{R}, j = 1, \cdots, k \right\}, \tag{1.3.14}$$

$$K = \{y \in \mathbb{R}^n \mid \langle a^i, y \rangle \leqslant 0, i=1, \cdots, m; \langle b^j, y \rangle = 0, j = q, \cdots, k\}, \tag{1.3.15}$$

则有 $K = C^*$ 及 $C = K^*$ 成立. 特别地, 对线性子空间

$$L = \left\{ x \in \mathbb{R}^n \middle| x = \sum_{j=1}^{k} \eta_j b^j, \eta_j \in \mathbb{R}, j = 1, \cdots, k \right\}, \tag{1.3.16}$$

$$M = \left\{ y \in \mathbb{R}^n \middle| \langle b^j, y \rangle = 0, j = 1, \cdots, k \right\}, \tag{1.3.17}$$

有 $M = L^{\perp}$ 及 $L = M^{\perp}$ 成立.

下面给出一阶最优性条件:

定理 1.10 设 x^* 为问题 (1.1.2) 的局部最优解, 并且目标函数 $f: \mathbb{R}^n \to \mathbb{R}$ 与约束函数 $c_i: \mathbb{R}^n \to \mathbb{R} (i = 1, \cdots, l)$ 均在 x^* 处可微. 若 $C_{\Omega}(x^*) \subseteq \mathrm{cl} T_{\Omega}(x^*)$, 则存在拉格朗日乘子 $\lambda^* \in \mathbb{R}^m, \mu^* \in \mathbb{R}^{l-m}$ 满足

$$\begin{gathered} \nabla_x L_0(x^*, \lambda^*, \mu^*) = \nabla f(x^*) + \sum_{i=1}^{m} \lambda_i^* \nabla c_i(x^*) + \sum_{i=m+1}^{l} \mu_i^* \nabla c_i(x^*) = 0, \\ \lambda_i^* \geqslant 0, \quad c_i(x^*) \leqslant 0, \quad \lambda_i c_i(x^*) = 0, \quad i = 1, \cdots, m, \\ c_i(x^*) = 0, \quad i = m+1, \cdots, l, \end{gathered} \tag{1.3.18}$$

其中, 向量 $\lambda = (\lambda_1, \lambda_2, \cdots, \lambda_l)^{\mathrm{T}}$ 是对应的拉格朗日乘子, $L(x, \lambda, \mu) = f(x) + \sum\limits_{i=1}^{m} \lambda_i c_i(x) + \sum\limits_{i=m+1}^{l} \mu c_i(x)$ 是问题 (1.1.2) 的拉格朗日函数.

证明 若 x^* 为局部最优解且 $C_{\Omega}(x^*) \subseteq \mathrm{cl} T_{\Omega}(x^*)$ 成立, 则有 $-\nabla f(x^*) \in C_{\Omega}(x^*)$, 由定理 1.9 的推论知, 存在 $\lambda_i^* \geqslant 0 (i \in \mathcal{A})$ 及 $\mu_i^* (i = m+1, \cdots, l)$ 满足

$$-\nabla f(x^*) = \sum_{i \in \mathcal{A}} \lambda_i^* c_i(x^*) + \sum_{i=m+1}^{l} \mu_i^* \nabla c_i(x^*). \tag{1.3.19}$$

令 $\lambda_i^* = 0 (i \notin \mathcal{A})$ 即得 (1.3.18). □

(1.3.18) 称为问题 (1.1.2) 的 **Karush-Kuhn-Tucker** 条件或者 **KKT 条件**[84, 90, 158, 163, 170].

当问题 (1.1.2) 为凸规划时, KKT 条件 (1.3.18) 也为最优性充分条件.

定理 1.11 设问题 (1.1.2) 中的目标函数 $f: \mathbb{R}^n \to \mathbb{R}$ 与约束函数 $c_i: \mathbb{R}^n \to \mathbb{R} (i = 1, \cdots, m)$ 均为可微凸函数, 且等式约束函数 $c_i: \mathbb{R}^n \to \mathbb{R} (i = m+1, \cdots, l)$ 均为仿射函数. 若存在 $x^* \in \mathbb{R}^n, \lambda^* \in \mathbb{R}^m, \mu^* \in \mathbb{R}^{l-m}$ 满足 KKT 条件 (1.3.18), 则 x^* 为问题 (1.1.2) 的全局最优解.

证明 固定 λ_i^*, μ_i^*, 并定义函数 $\ell: \mathbb{R}^n \to \mathbb{R}$ 如下:

$$\ell(x) = f(x) + \sum_{i=1}^{m} \lambda_i^* c_i(x) + \sum_{i=m+1}^{l} \mu_i^* c_i(x). \tag{1.3.20}$$

由于 f 与 $c_i(i=1,\cdots,m)$ 均为凸函数且 $\lambda^* \geqslant 0$, 可得 ℓ 也为凸函数. (1.3.18) 说明 $\nabla \ell(x^*) = 0$, 于是函数 ℓ 在 x^* 处取得全局最小值, 即对任意 $x \in \mathbb{R}^n$ 均有

$$f(x^*) + \sum_{i=1}^{m} \lambda_i^* c_i(x^*) + \sum_{i=m+1}^{k} \mu_i^* c_i(x^*) \leqslant f(x) + \sum_{i=1}^{m} \lambda_i^* c_i(x) + \sum_{i=m+1}^{k} \mu_i^* c_i(x) \tag{1.3.21}$$

成立. 由于 $\lambda_i c_i(x^*) = 0, i = 1, \cdots, m$ 且 $\lambda^* \geqslant 0$, 故对满足 $c_i(x^*) \leqslant 0 (i = 1, \cdots, m)$ 的任意 x 均有 $f(x^*) \leqslant f(x)$, 因此 x^* 为问题 (1.1.2) 的全局最优解. □

由定理 1.10 和定理 1.11 知, 当问题 (1.1.2) 为凸规划时, 在约束规范条件下, KKT 条件 (1.3.18) 为全局最优解的充要条件.

接下来, 给出二阶最优性条件. 以下假定 $x^* \in \mathbb{R}^n, \lambda^* \in \mathbb{R}^m, \mu^* \in \mathbb{R}^{l-m}$ 满足 KKT 条件 (1.3.18), 并记指标集 $\{i|\lambda_i^* > 0\}$ 为 $\hat{I}$. 由互补性条件知 $\hat{I} \subseteq \mathcal{A}$ 成立. 设 $T_{\hat{\Omega}}(x^*)$ 为集合 $\hat{\Omega} = \Omega \cap \{x \in \mathbb{R}^n | c_i(x) = 0, i \in \hat{I}\}$ 在 x^* 处的切锥, $C_{\hat{\Omega}}(x^*)$ 为由下式定义的闭凸多面锥:

$$\begin{aligned} C_{\hat{\Omega}}(x^*) = & \{y \in \mathbb{R}^n | \nabla^{\mathrm{T}} c_i(x^*) y = 0, i \in \hat{I}, \\ & \nabla^{\mathrm{T}} c_i(x^*) y \leqslant 0, i \notin \bar{I}, \\ & \nabla^{\mathrm{T}} c_i(x^*) y = 0, i = m+1, \cdots, l\}. \end{aligned} \tag{1.3.22}$$

定理 1.12 设 $x^* \in \mathbb{R}^n$ 是问题 (1.1.2) 的局部最优解, $\lambda^* \in \mathbb{R}^m$ 且 $\mu^* \in \mathbb{R}^{l-m}$ 为满足 KKT 条件 (1.3.18) 的拉格朗日乘子, 目标函数 $f: \mathbb{R}^n \to \mathbb{R}$ 与约束函数 $c_i: \mathbb{R}^n \to \mathbb{R} (i = 1, \cdots, l)$ 均在 x^* 处二阶可微. 若 $C_{\hat{\Omega}}(x^*) \subseteq \mathrm{cl} T_{\hat{\Omega}}(x^*)$, 则

$$y^{\mathrm{T}} \nabla_x^2 L_0(x^*, \lambda^*, \mu^*) y \geqslant 0, \quad y \in C_{\hat{\Omega}}(x^*). \tag{1.3.23}$$

证明 任取问题 (1.1.2) 的局部最优解向量 $y \in \mathbb{R}^n$, 则由 $C_{\hat{\Omega}}(x^*) \subseteq \mathrm{cl} T_{\hat{\Omega}}(x^*)$ 知 $y \in T_{\hat{\Omega}}(x^*)$. 由切锥的定义, 存在点列 $\{x^k\} \subseteq \hat{\Omega}$ 及非负数列 $\{\alpha_k\}$, 使得 $\alpha_k(x^k - x^*) \to y$ 且 $x^k \to x^*$. 由假设知, $L_0(\cdot, \lambda^*, \mu^*): \mathbb{R}^n \to \mathbb{R}$ 在 x^* 处二阶可微, 故有

$$L_0(x^k, \lambda^*, \mu^*) = L_0(x^*, \lambda^*, \mu^*) + \langle \nabla_x L_0(x^*, \lambda^*, \mu^*), x^k - x^* \rangle$$

$$
\begin{aligned}
&+\frac{1}{2}\langle x^k-x^*,\nabla_x^2L_0(x^*,\lambda^*,\mu^*)(x^k-x^*)\rangle\\
&+o(\| x^k-x^* \|^2).
\end{aligned}
\tag{1.3.24}
$$

由 $x^k\in\hat{\Omega}$ 知 $c_i(x^k)=0(i\in\hat{I})$. 又因为 $\lambda_i^*=0(i\notin\hat{I})$, 故

$$
\lambda_i^*c_i(x^k)=0,\quad i=1,\cdots,m;\quad c_i(x^k)=0,\quad i=m+1,\cdots,l.
$$

于是

$$
L_0(x^k,\lambda^*,\mu^*)=f(x^k)+\sum_{i=1}^{m}\lambda_i^*c_i(x^k)+\sum_{i=m+1}^{l}\mu_i^*c_i(x^k)=f(x^k). \tag{1.3.25}
$$

此外, 由 (1.3.18) 知, $\nabla_xL_0(x^k,\lambda^*,\mu^*)=0$ 且 $\lambda_i^*c_i(x^k)=0(i=1,\cdots,m)$, $c_i(x^k)=0(i=m+1,\cdots,l)$. 综上所述, (1.3.24) 变为

$$
\begin{aligned}
f(x^k)=&f(x^*)+\frac{1}{2}\langle x^k-x^*,\nabla_x^2L_0(x^k,\lambda^*,\mu^*)(x^k-x^*)\rangle\\
&+o(\| x^k-x^* \|^2).
\end{aligned}
\tag{1.3.26}
$$

由 $x^k\in\Omega$ 及 $x^k\to x^*$ 知, 当 k 充分大时有 $f(x^k)\geqslant f(x^*)$ 成立. 因此, 由 (1.3.26) 知

$$
\frac{1}{2}\langle x^k-x^*,\nabla_x^2L_0(x^k,\lambda^*,\mu^*)(x^k-x^*)\rangle+o(\| x^k-x^* \|^2)\geqslant 0, \tag{1.3.27}
$$

对充分大的 k 均成立. 两侧同时乘以 $2\alpha_k^2$, 并令 $k\to\infty$, 则由 $\alpha_k(x^k-x^*)\to y$ 可得

$$
\langle y,\nabla_x^2L_0(x^*,\lambda^*,\mu^*)y\rangle\geqslant 0, \tag{1.3.28}
$$

即不等式 (1.3.23) 成立. □

定理 1.13 设问题 (1.1.2) 的目标函数 $f:\mathbb{R}^n\to\mathbb{R}$ 与约束函数 $c_i:\mathbb{R}^n\to\mathbb{R}(i=1,\cdots,l)$ 均在 x^* 处二阶可微. 若 $x^*\in\mathbb{R}^n,\lambda^*\in\mathbb{R}^m$ 且 $\mu^*\in\mathbb{R}^{l-m}$ 满足 KKT 条件, 并且有

$$
y^{\mathrm{T}}\nabla_x^2L_0(x^*,\lambda^*,\mu^*)y>0,\quad y\in C_{\hat{\Omega}}(x^*),y\neq 0 \tag{1.3.29}
$$

成立, 则 x^* 为问题 (1.1.2) 的严格局部最优解.

证明 反证法. 假设 x^* 不是严格局部最优解, 则存在点列 $\{x^k\} \subseteq \Omega \setminus \{x^*\}$, 使得 $x^k \to x^*$ 且 $f(x^k) \leqslant f(x^*)(k=1,2,\cdots)$. 令

$$\theta_k = \| x^k - x^* \|, \quad y^k = (x^k - x^*)/\theta_k,$$

由于 $\| y^k \| = 1$, 所以 $\{y^k\}$ 存在收敛子列, 并且其每一个聚点 y 均满足 $\| y \| = 1$. 不失一般性, 假定 $y^k \to y$. 在 $f(x^k) - f(x^*) \leqslant 0$ 与 $c_i(x^k) - c_i(x^*) \leqslant 0 (i \in \mathcal{A})$ 的两侧同时乘以 θ_k^{-1}, 并令 $k \to \infty$ 可得

$$\langle \nabla f(x^*), y \rangle \leqslant 0, \quad \langle \nabla c_i(x^*), y \rangle \leqslant 0, \quad i \in \mathcal{A}. \tag{1.3.30}$$

假定存在 $i \in \hat{I} (\subseteq \mathcal{A})$, 使得 $\langle \nabla c_i(x^*), y \rangle < 0$, 则由 $\mathcal{A}$ 的定义及 KKT 条件 (1.3.18) 可得

$$\langle \nabla f(x^*), y \rangle = -\sum_{i \in \hat{I}} (\lambda_i^* + \mu_i^*) \langle \nabla c_i(x^*), y \rangle > 0, \tag{1.3.31}$$

这与 $\langle \nabla f(x^*), y \rangle \leqslant 0$ 矛盾. 因此, 必有

$$\langle \nabla c_i(x^*), y \rangle = 0, \quad i \subset \hat{I}, \tag{1.3.32}$$

即 $y \in C_{\hat{\Omega}}(x^*)$.

由 $\lambda_i^*, \mu_i^* \geqslant 0$, $c_i(x^k) \leqslant c_i(x^*) = 0 (i \in \mathcal{A})$ 以及 $f(x^k) \leqslant f(x^*)$ 有

$$\begin{aligned} L_0(x^k, \lambda^*, \mu^*) &= f(x^k) + \sum_{i=1}^{m} \lambda_i^* c_i(x^k) + \sum_{i=m+1}^{l} \mu_i^* c_i(x^k) \\ &\leqslant f(x^*) = L_0(x^*, \lambda^*, \mu^*), \end{aligned}$$

故

$$\begin{aligned} L_0(x^k, \lambda^*, \mu^*) - L_0(x^*, \lambda^*, \mu^*) &= \theta_k \langle \nabla_x L_0(x^*, \lambda^*, \mu^*), y^k \rangle \\ &\quad + \frac{1}{2} \theta_k^2 \langle y^k, \nabla_x^2 L_0(x^*, \lambda^*, \mu^*) y^k \rangle \\ &\quad + o(\theta_k^2 \| y^k \|^2) \\ &\leqslant 0. \end{aligned} \tag{1.3.33}$$

另外, 由 KKT 条件 (1.3.18) 知

$$\nabla_x L_0(x^*, \lambda^*, \mu^*) = 0,$$

于是在上述不等式两侧同时乘以 θ_k^{-2}, 并取极限可得

$$\langle y, \nabla_x^2 L_0(x^*, \lambda^*, \mu^*) y \rangle \leqslant 0. \tag{1.3.34}$$

由于 $y \in C_{\hat{\Omega}}(x^*)$ 且 $\| y \| = 1$, 所以上式与 (1.3.29) 矛盾, 故 x^* 必为严格局部最优解. □

1.4 算 法

在此之前讨论了最优性条件. 理论上讲, 可以用这些条件求非线性规划的最优解, 但在实践中往往并不切实可行. 由于利用最优性条件求解一个问题时, 一般需要解非线性方程组, 这本身就是一个困难问题, 因此求解非线性规划一般采取数值计算方法. 在此介绍关于算法的一些概念, 为以后各章对具体算法的研究做一些准备.

1.4.1 算法概念

在解非线性规划时, 所用的计算方法中最常见的是迭代下降算法. 所谓迭代, 就是从一点 x 出发, 按照某种规则 A 求出后继点 x_{k+1}, 用 $k+1$ 代替 k, 重复以上过程, 这样便产生点列 $\{x_k\}$; 所谓下降, 就是对于某个函数, 在每次迭代中, 后继点处的函数值要有所减小. 在一定条件下, 迭代下降算法产生的点列收敛于原问题的解.

上面所说的对应规则 A, 是在某个空间 X 中点到点的映射, 即对每一个 $x_k \in X$, 有点 $x_{k+1} = A(x_k) \in X$. 更一般地, 把 A 定义为点到集的映射, 即对每一个点 $x_k \in X$, 经 A 作用, 产生一个点集 $A(x_k) \subset X$, 任意选取一个点 $x_{k+1} \in A(x_k)$, 作为 x_k 的后继点.

定义 1.7 算法 A 是定义在空间 X 上的点到集映射, 即对每一个点 $x \in X$, 给定一个子集 $A(x) \subset X$.

定义中的"空间"一词不作严谨的解释, X 可以是 $\mathbb{R}^n$, 也可以是 $\mathbb{R}^n$ 中的一个集合, 还可以是一般的度量空间, 要点在于 **A 是 X 中点到集的映射**. 这样定义算法的好处是, 可用统一方式研究一类算法的收敛性[148,186].

为研究算法的收敛性, 首先要明确解集合的概念. 设计一个算法, 如果能使算法产生的点列收敛于问题的全局最优解, 当然是很好的. 但是, 在许多情况下, 要使算法产生的点列收敛于全局最优解是比较困难的. 因此, 一般把满足某些条件的点集定义为解集合, 当迭代点属于这个集合时, 就停止迭代. 例如, 在无约束最优化问题中, 可以定义解集合为

$$\Phi = \{x^* \mid \| \nabla f(x^*) \| = 0\}. \tag{1.4.1}$$

在约束优化中, 可以定义解集合为

$$\Phi = \{x^* \mid x^* \in \Omega, f(x^*) \leqslant b\}, \tag{1.4.2}$$

其中 b 是某个可接受的目标函数值. 当然, 还可以有其他定义方法.

为了研究算法的收敛性, 需要引入某些算法所具有的一种重要性质, 这就是所谓的闭性, 其实质是点到点映射的连续性的推广.

在定义闭映射时, 允许点到集的映射是将一个空间的点映射为另一个空间的子集.

定义 1.8 设 X 和 Y 分别是空间 $\mathbb{R}^p$ 和 $\mathbb{R}^q$ 中的非空闭集. $A: X \to Y$ 为点到集的映射. 如果

$$x_k \in X, \quad x_k \to x,$$

$$y_k \in A(x_k), \quad y_k \to y$$

蕴含 $y \in A(x)$, 则称**映射 A 在 $x \in X$ 处是闭的**.

如果映射 A 在集合 $Z \subset X$ 上每一点都是闭的, 则称 **A 在集合 Z 上是闭的**.

1.4.2 收敛定理

下面讨论算法的收敛性. 首先需要指出, 当定义的解集合不是全局最优解集合时, 是关于解集合而不是全局最优解集合而言的. 具体说来, 设 Φ 为解集合, $A: X \to X$ 是一个算法, 集合 $Y \subset X$, 若以任一初始点 $x_1 \in Y$ 开始, 算法产生的序列其任一收敛子序列的极限属于 Φ, 则称**算法映射 A 在 Y 上收敛**.

定理 1.14 (收敛定理) 设 A 为 X 上的一个算法, Φ 为解集合, 给定初始点 $x_1 \in X$, 进行如下迭代:

如果 $x_k \in \Phi$, 则停止迭代; 否则, 令 $x_{k+1} \in A(x_k)$.

用 $k+1$ 代替 k, 重复以上过程. 这样, 产生序列 $\{x_k\}$.

又设

(1) 序列 $\{x_k\}$ 含于 X 的紧子集中;

(2) 存在一个连续函数 κ, 它是关于 Φ 和 A 的下降函数;

(3) 映射 A 在 Φ 的补集上是闭的,

则序列 $\{x_k\}$ 的任一收敛子列的极限属于 Φ.

证明 先证对应序列 $\{x_k\}$ 的下降函数值数列 $\{\kappa(x_k)\}$ 有极限.

设算法产生序列 $\{x_k\}$, 由于所有 x_k 含于 X 的紧子集, 因此存在收敛子序列 $\{x_k\}_K$, 设其极限 $x \in X$. 由于 κ 连续, 对于 $k \in K$, 有 $\kappa(x_k) \to \kappa(x)$, 于是对任意小的 $\varepsilon > 0$, 存在 N, 当 $k \geqslant N(k \in K)$ 时, 成立

$$\kappa(x_k) - \kappa(x) < \varepsilon. \tag{1.4.3}$$

特别地, 必有

$$\kappa(x_N) - \kappa(x) < \varepsilon. \tag{1.4.4}$$

对于所有 $k \geqslant N$(包括不属于 K 的 k), 由于 κ 是下降函数, 因此有

$$\kappa(x_k) - \kappa(x_N) < 0. \tag{1.4.5}$$

由 (1.4.4) 和 (1.4.5) 可以推出

$$\kappa(x_k) - \kappa(x) = \kappa(x_k) - \kappa(x_N) + \kappa(x_N) - \kappa(x) < 0 + \varepsilon = \varepsilon, \tag{1.4.6}$$

此式对所有 $k \geqslant N$ 都成立.

另外, 由 κ 是下降函数可知

$$\kappa(x_k) - \kappa(x) \geqslant 0. \tag{1.4.7}$$

由 (1.4.6) 和 (1.4.7) 得到

$$\lim_{k\to\infty} \kappa(x_k) = \kappa(x). \tag{1.4.8}$$

下面证明 $x \in \Phi$. 反证法.

假设 $x \notin \Phi$. 考虑序列 $\{x_{k+1}\}_K(k \in K)$. 由于这个序列含于紧集, 因此存在收敛子序列 $\{x_{k+1}\}_{\bar{K}}(\bar{K} \subset K)$, 设其极限为 $x^* \in X$. 用上面的方法可以证明

$$\lim_{k\to\infty} \kappa(x_{k+1}) = \kappa(x^*). \tag{1.4.9}$$

根据极限的唯一性, 由 (1.4.8) 和 (1.4.9) 知

$$\kappa(x^*) = \kappa(x). \tag{1.4.10}$$

此外, 由上述分析可知, $\bar{K} \subset K$, 对于 $k \in \bar{K}$, 有

$$x_k \to x,$$

$$x_{k+1} \to x^*, \quad x_{k+1} \in A(x_k).$$

由于算法 A 在 Φ 的补集上是闭的, $x \notin \Phi$, 因此 A 在 x 处是闭的, 这样便有

$$x^* \in A(x).$$

由于 κ 是关于 Φ 和 A 的下降函数, $x \notin \Phi$, 则必有

$$\kappa(x^*) < \kappa(x), \tag{1.4.11}$$

这个结果与 (1.4.10) 矛盾. 所以 $x \in \Phi$. □

收敛定理中的三个条件缺一不可, 尤其是条件 (3), 要求算法在解集合的补集上是闭的. 许多算法失效, 往往归因于这个条件不满足.

运用迭代下降算法, 当 $x_k \in \Phi$ 时才终止迭代. 实践中, 在许多情形下, 这是一个取极限的过程, 需要无限次迭代. 因此, 为解决实际问题, 需要规定一些实用的终止迭代过程的准则, 一般称为**收敛准则**, 或称**停步准则**, 以便迭代进展到一定程度时停止计算.

常用的收敛准则有以下几种:

(1) 当自变量的改变量充分小时, 即

$$\|x_{k+1} - x_k\| < \varepsilon \tag{1.4.12}$$

或

$$\frac{\|x_{k+1} - x_k\|}{\|x_k\|} < \varepsilon \tag{1.4.13}$$

时, 停止计算. 其中 ε 为充分小的正数.

(2) 当函数值的下降量充分小时, 即

$$f(x_k) - f(x_{k+1}) < \varepsilon \tag{1.4.14}$$

或

$$\frac{f(x_k) - f(x_{k+1})}{|\ f(x_k)\ |} < \varepsilon \tag{1.4.15}$$

时, 停止计算. 其中 ε 为充分小的正数.

(3) 在无约束最优化中, 当梯度充分接近于零时, 即

$$\|\nabla f(x_k)\| < \varepsilon \tag{1.4.16}$$

时, 停止计算. 其中 ε 为充分小的正数.

评价一个算法要研究其收敛性, 其收敛特性应包含:

全局收敛　如果从任意的初始点出发, 算法产生的迭代点列都收敛到问题的最优解, 则称该算法具有全局收敛性.

局部收敛　若算法只有在初始点和最优值点具有某种程度的靠近时才能保证迭代点列收敛到最优解, 则称该算法具有局部收敛性.

弱收敛　若迭代点列的某一聚点为优化问题的最优解, 则称该算法弱收敛.

算法的收敛速度主要取决于迭代点列 $\{x_k\}$ 与最优解 x^* 之间的距离所确定的数列 $\{\|x_k - x^*\|\}$ 趋于零的速度. 所以, 讨论算法收敛速度的前提是算法产生的点列收敛到问题的最优解. 显然, 数列 $\{\|x_k - x^*\|\}$ 趋于零的速度越快, 相应算法的效率就越高.

定义 1.9 设算法产生的点列 $\{x_k\}$ 收敛于最优解 x^*, 并且

$$\lim_{k\to+\infty}\sup\frac{\|x_{k+1}-x^*\|}{\|x_k-x^*\|^p}=q, \tag{1.4.17}$$

(1) 若 $p=1$ 且 $0<q<1$, 则称该算法具有线性收敛速度 (或是线性收敛的);

(2) 若 $p=1$ 且 $q=0$, 则称该算法具有超线性收敛速度 (或是超线性收敛的);

(3) 若 $p=2$ 且 $0<q<+\infty$, 则称该算法具有二阶收敛速度 (或是二阶收敛的);

(4) 一般地, 若 $p>2$ 且 $0<q<+\infty$, 则称该算法具有 p 阶收敛速度 (或是 p 阶收敛的).

二次终止性 是指任意的严格凸二次函数, 从任意的初始点出发, 算法经过有限步迭代后均可到达最优解.

一般地, 若一个算法是通过目标函数的某种近似建立的, 那么算法的收敛速度严重依赖于近似度的高低. 如果该近似是线性的, 则收敛速度一般是线性的; 而若该近似是二阶的, 则收敛速度往往也是二阶的.

稳定性 在数值计算过程中, 初始数据的舍入误差会通过系列运算进行遗传和传播. 如果初始数据的误差对最终结果的影响较小, 即在计算过程中舍入误差增长缓慢, 则称该算法是稳定的. 若输出结果的误差随初始数据的舍入误差呈恶性增长, 则称该算法是不稳定的.

第 2 章 罚函数方法与传统滤子方法

对于问题 (1.1.2), 若 $l = m$, 则意味着问题 (1.1.2) 是不等式约束问题; 若 $m = 0$, 则问题 (1.1.2) 是一个等式约束优化问题. 关于问题 (1.1.2) 的求解还有一类重要的方法叫作罚函数方法[152,178]. 这种方法求解约束非线性优化问题的基本思想是, 利用问题中的约束函数构造约束违反度函数作为惩罚项, 将惩罚项加到初始的目标函数上构造增广函数, 从而将求解约束非线性优化问题转化为求解一系列无约束非线性规划问题.

2.1 罚 函 数

将约束非线性优化问题[174,184] 转化为无约束非线性规划问题求解的原始做法是, 设法适当地加大不可行点处对应的目标函数值, 使不可行点不能成为相应无约束极小化问题的最优解. 具体地说, 是预先选定一个很大的正数 c, 构造如下的罚函数:

$$\bar{f}(x) = \begin{cases} 0, & x \in \Omega, \\ c, & x \notin \Omega, \end{cases} \tag{2.1.1}$$

其中 Ω 是约束问题 (1.1.2) 的可行域. 然后利用 $\bar{f}(x)$ 构造一个约束非线性优化的增广目标函数

$$P(x) = f(x) + \bar{f}(x). \tag{2.1.2}$$

由于在可行点处 P 的值与 f 的值相同, 而在不可行点处对应的 P 值很大, 所以相应的以增广目标函数 P 为目标函数的无约束极小化问题

$$\min P(x) = f(x) + \bar{f}(x) \tag{2.1.3}$$

的最优解, 必定也是约束非线性优化问题的最优解.

利用满足如下条件的约束违反度函数 $h(x)$ 来描述当前迭代点违反约束的情况:

$$h(x) = \|c^{(-)}(x)\| + \sum_{i \in E} |c_i(x)|, \tag{2.1.4}$$

其中,

$$c^{(-)}(x) = \left(c_1^{(-)}(x), \cdots, c_m^{(-)}(x)\right)^{\mathrm{T}},$$
$$c_i^{(-)}(x) = \max\{0, c_i(x)\}, \quad i = 1, \cdots, m. \tag{2.1.5}$$

上述 $\|\cdot\|$ 形式可以为 $\|\cdot\|_1$, $\|\cdot\|_2$ 或 $\|\cdot\|_\infty$ 等.

构造增广目标函数为

$$P(x) = f(x) + h(x), \tag{2.1.6}$$

当 x 是可行点时, $P(x) = f(x)$, 增广目标函数就是原始的目标函数; 当 x 是不可行点时, 则将包含惩罚项的 $P(x)$ 作为价值函数进行运算.

最早的罚函数方法是由 Courant [1] 提出的,

$$P(x;\sigma) = f(x) + \sigma\|c^{(-)}(x)\|_2^2, \tag{2.1.7}$$

其中 $\sigma > 0$ 是罚因子, 惩罚项是约束违反度的平方和与罚因子的乘积.

给出简单罚函数的一般形式:

$$P(x;\sigma) = f(x) + \sigma\|c^{(-)}(x)\|^\alpha, \tag{2.1.8}$$

其中 $\sigma > 0$ 是罚因子, $\alpha > 0$ 是正常数. $\|\cdot\|$ 表示 $\mathbb{R}^n$ 中的给定范数. 此时问题 (2.1.8) 可以表示为无约束优化问题:

$$\min_{x\in\mathbb{R}^n} P(x;\sigma). \tag{2.1.9}$$

记 x_σ 是 (2.1.9) 的一个解. 容易看出 (2.1.7) 是 (2.1.9) 取 $\alpha = 2$ 时的一种特殊形式. 如果 α 的值选取 1, 2 或者 ∞, 则会得到 l_1 罚函数、l_2 罚函数和 l_∞ 罚函数, 其形式如下:

$$P_1(x;\sigma) \overset{\text{def}}{=} f(x) + \sigma\sum_{i\in I} c_i^{(-)}(x) + \sigma\sum_{i\in E}|c_i(x)|, \tag{2.1.10}$$

$$P_2(x;\sigma) \overset{\text{def}}{=} f(x) + \frac{\sigma}{2}\sum_{i\in I}\left(c_i^{(-)}(x)\right)^2 + \frac{\sigma}{2}\sum_{i\in E} c_i^2(x), \tag{2.1.11}$$

$$P_\infty(x;\sigma) \overset{\text{def}}{=} f(x) + \sigma\sum_{i\in I} c_i^{(-)}(x) + \sigma\sum_{i\in E}\|c_i(x)\|_\infty. \tag{2.1.12}$$

给出求解问题 (1.1.2) 的罚函数方法如下.

算法2.1

步骤 0 给定 $x_0 \in \mathbb{R}^n, \sigma_1 > 0, \varepsilon \geqslant 0, k = 1$.

步骤 1 求解

$$\min_{x\in\mathbb{R}^n} P(x;\sigma_k),$$

得到 $x(\sigma_k)$.

步骤 2 如果

$$\left\|c^{(-)}(x(\sigma_k))\right\| \leqslant \varepsilon,$$

则停止迭代, 输出 $x(\sigma_k)$; 否则, 计算

$$\begin{aligned}&x_{k+1} = x(\sigma_k); \quad \sigma_{k+1} = 10\sigma_k;\\&k = k+1;\end{aligned}$$

转步骤 1.

步骤 1 中函数的选取会影响本算法的性能, 比如, 如果利用 l_1 罚函数和 l_∞ 罚函数, 则算法 2.1 可以在有限次迭代后得到原问题的精确解, 如果是使用 Courant 罚函数, 则罚因子选取上的难题更加突出.

下面讨论算法 2.1 的收敛性, 假设其中子问题为

$$\min P(x;\sigma_k) = f(x) + \sigma_k\|c^{(-)}(x)\|_2^2 = f(x) + \sigma_k\bar{P}(x). \tag{2.1.13}$$

首先证明下面的引理.

引理 2.1 [2] 设 x_k 是由算法 2.1 产生的迭代序列, x_k, x_{k+1} 分别为子问题 $P(x;\sigma_k)$, $P(x;\sigma_{k+1})$ 的全局极小点, 则有下述结论成立:

$$P(x_{k+1};\sigma_{k+1}) \geqslant P(x_k;\sigma_k), \tag{2.1.14}$$

$$\bar{P}(x_{k+1}) \geqslant \bar{P}(x_k), \tag{2.1.15}$$

$$f(x_{k+1}) \geqslant f(x_k). \tag{2.1.16}$$

证明 由于 $\sigma_{k+1} \geqslant \sigma_k \geqslant 0$, 且 x_k 为 $P(x;\sigma_k)$ 的极小点, 因此有

$$\begin{aligned}P(x_{k+1};\sigma_{k+1}) &= f(x_{k+1}) + \sigma_{k+1}\bar{P}(x_{k+1})\\&\geqslant f(x_{k+1}) + \sigma_k\bar{P}(x_{k+1})\\&= P(x_{k+1};\sigma_k) \geqslant P(x_k;\sigma_k),\end{aligned} \tag{2.1.17}$$

即 (2.1.14) 成立. 由于 x_k, x_{k+1} 分别为子问题 $P(x;\sigma_k), P(x;\sigma_{k+1})$ 的全局极小点, 故有

$$f(x_{k+1}) + \sigma_k \bar{P}(x_{k+1}) \geqslant f(x_k) + \sigma_k \bar{P}(x_k), \tag{2.1.18}$$

$$f(x_k) + \sigma_{k+1} \bar{P}(x_k) \geqslant f(x_{k+1}) + \sigma_{k+1} \bar{P}(x_{k+1}). \tag{2.1.19}$$

将 (2.1.18) 和 (2.1.19) 相加并整理, 得

$$(\sigma_{k+1} - \sigma_k)\bar{P}(x_k) \geqslant (\sigma_{k+1} - \sigma_k)\bar{P}(x_{k+1}), \tag{2.1.20}$$

即

$$(\sigma_{k+1} - \sigma_k)\left(\bar{P}(x_k) - \bar{P}(x_{k+1})\right) \geqslant 0. \tag{2.1.21}$$

但 $\sigma_{k+1} \geqslant \sigma_k \geqslant 0$, 从而必有 $\bar{P}(x_k) - \bar{P}(x_{k+1}) \geqslant 0$, 即 (2.1.15) 成立. 最后, 由 (2.1.18) 得

$$f(x_{k+1}) - f(x_k) \geqslant \sigma_k \left(\bar{P}(x_k) - \bar{P}(x_{k+1})\right) \geqslant 0, \tag{2.1.22}$$

即 (2.1.16) 成立. □

下面给出算法 2.1 的收敛性定理.

定理 2.1[2] 设约束优化问题 (1.1.2) 的全局极小点 x^* 存在, $\{x_k\}$ 和 $\{\sigma_k\}$ 是由算法 2.1 产生的序列. 假定对每个 k, 无约束子问题 (2.1.13) 的全局极小点 x_k 存在, 并且罚因子满足 $\sigma_{k+1} \geqslant \sigma_k (k = 1, 2, \cdots)$ 且 $\sigma_k \to \infty$, 则序列 $\{x_k\}$ 的任一聚点 $\widetilde{x}$ 都是约束优化问题 (1.1.2) 的全局极小点.

证明 不妨设 $x_k \to \widetilde{x} (k \to \infty)$. x^* 为原约束问题的全局极小点, 因而必为可行点, 故有 $\bar{P}(x^*) = 0$.

首先, 证明 $\widetilde{x}$ 为原约束问题的可行点, 即 $\bar{P}(\widetilde{x}) = 0$. 由引理 2.1 知, $\{P(x_k;\sigma_k)\}$ 是单调递增有上界的序列, 因此极限存在, 设为 $\widetilde{P}$. 此外, 注意到 $\{f(x_k)\}$ 也是单调递增的, 并且

$$f(x_k) \leqslant P(x_k;\sigma_k) \leqslant P(x^*;\sigma_k) = f(x^*), \tag{2.1.23}$$

即序列 $\{f(x_k)\}$ 也收敛, 记其极限为 $\widetilde{f}$. 于是有

$$\lim_{k\to\infty} \sigma_k \bar{P}(x_k) = \lim_{k\to\infty} \left(P(x_k;\sigma_k) - f(x_k)\right) = \widetilde{P} - \widetilde{f}. \tag{2.1.24}$$

但因 $\sigma_k \to +\infty$, 故必有 $\lim\limits_{k\to\infty} \bar{P}(x_k) = 0$. 由于 $x_k \to \widetilde{x}$ 且 $\bar{P}$ 连续, 故 $\bar{P}(\widetilde{x}) = 0$, 即 $\widetilde{x}$ 是可行点.

其次, 再证 $\widetilde{x}$ 是原问题的全局极小点, 即 $f(\widetilde{x}) = f(x^*)$. 由 $x_k \to \widetilde{x}$ 且 $f(x)$ 连续可知

$$f(\widetilde{x}) = \lim_{k\to\infty} f(x_k) \leqslant f(x^*). \tag{2.1.25}$$

注意到 x^* 为问题的全局极小点, 显然有 $f(x^*) \leqslant f(\widetilde{x})$, 从而 $f(\widetilde{x}) = f(x^*)$. 因此, $\widetilde{x}$ 为原问题的全局极小点. □

定理 2.1 要求在算法的每一迭代步中, 求解子问题得到的 x_k 必须是无约束问题 (1.1.1) 的全局极小点. 这一要求在实际计算中是很难操作的, 因为求无约束优化问题全局极小点至今仍然是一个很困难的问题, 故算法 2.1 经常遇到迭代失败的情况是很正常的.

2.2 内 点 法

罚函数的类型多种多样, 其中一种基本的分类为: 一是内点法, 也称为障碍函数法; 二是外点法, 也是最常用的惩罚函数方法.

惩罚函数法 (外点法) 产生的点列 $\{x_k\}$ 从可行域外部逐步逼近原问题的最优解. 在满足终止条件时, 所得到的点 x_k 依然只能近似满足约束条件. 为了保证约束条件满足, Frish 和 Carroll 提出了内点法[3], 该方法仅适用于不等式约束问题, 即

$$
\begin{aligned}
&\min_{x \in \mathbb{R}^n} \quad f(x) \\
&\text{s.t.} \quad c_i(x) \leqslant 0, \quad i \in I = \{1, \cdots, m\}.
\end{aligned} \tag{2.2.1}
$$

它的基本思想是, 使罚函数在试探点接近可行域的边界时取值为无穷, 即在可行区域的边界上筑起一道围墙, 当迭代点靠近边界时, 所构造的目标函数值会变得很大, 从而使算法产生的每一个迭代点都位于可行域内.

问题 (2.2.1) 的可行域内部为

$$
\bar{\Omega} = \{x \in \mathbb{R}^n \mid c(x) < 0\}. \tag{2.2.2}
$$

当点 x 从可行域内部趋于可行域边界时, 至少有一个 $c_i(x)$ 趋于零. 因此, 函数

$$
B(x) = -\sum_{i=1}^{p} \frac{1}{c_i(x)} \quad \text{或} \quad B(x) = -\sum_{i=1}^{p} \ln\left(-c_i(x)\right) \tag{2.2.3}
$$

就会无限增大. 所以选择 $B(x)$ 作为惩罚项, 在原目标函数 $f(x)$ 上加上 $B(x)$ 作为价值函数, 就能保证极小点位于可行域内部. 引入 $B(x)$ 的目的是增加试探点脱离可行域的代价. 为了使得目标函数 $f(x)$ 最小化, 需要求解 $\min P(x)$, 需要注意的是, 这种极小点通常位于可行域的边界上, 因此在迭代过程中必须逐步削弱 $B(x)$

的作用. 故构造如下罚函数

$$P_B(x;\sigma)=f(x)-\sigma\sum_{i=1}^{m}\frac{1}{c_i(x)} \quad \text{或} \quad P_B(x;\sigma)=f(x)-\sigma\sum_{i=1}^{m}\ln\left(-c_i(x)\right), \tag{2.2.4}$$

其中 $\sigma>0$ 是罚因子, (2.2.4) 也称为倒数罚函数或对数罚函数. 当 $c_i(x)(i\in I)$ 是连续函数时, 上述的罚函数是非负的连续函数.

由于约束优化问题的极小点一般在可行域的边界上达到, 因此与外点法中罚因子 $\sigma_k\to+\infty$ 相反, 内点法中的罚因子则要求 $\sigma_k\to 0$. 此时求解问题 (2.2.1) 的过程可以转化为求解一系列的无约束优化问题:

$$\min_{x\in\bar{\Omega}} P_B(x;\sigma_k). \tag{2.2.5}$$

下面给出内点法的算法.

算法2.2

步骤 0 选取初始点 $x_0\in\bar{\Omega}$, 终止误差 $0\leqslant\varepsilon\ll 1$. 罚因子 $\sigma_1>0,\varrho\in(0,1)$, 令 $k=1$.

步骤 1 以 x_{k-1} 为初始点求解无约束子问题 (2.2.5), 得极小点 x_k.

步骤 2 若

$$\sigma_k B(x_k)\leqslant\varepsilon,$$

停止迭代, 输出 $x^*=x_k$ 作为原问题的近似极小点; 否则, 计算

$$\sigma_{k+1}=\varrho\sigma_k,\quad k=k+1,$$

转步骤 1.

注 2.1 由算法 2.2 可以看出, 内点法的优点是结构简单, 适应性强. 但是随着迭代过程的进行, 罚因子 σ_k 将变得越来越小, 趋向于零, 这给无约束子问题的求解带来了数值实现上的困难. 此外, 内点法的初始点 x_0 要求是一个严格的可行点, 一般来说这是比较困难的.

下面考虑内点法的收敛性. 首先证明下面的引理.

引理 2.2[2] 设序列 $\{x_k\}$ 是由算法 2.2 产生, 且每个 x_k 都是无约束子问题 (2.2.5) 的全局极小点, 那么增广目标函数序列 $\{P_B(x_k;\sigma_k)\}$ 是单调下降的, 即

$$P_B(x_{k+1};\sigma_{k+1})\leqslant P_B(x_k;\sigma_k). \tag{2.2.6}$$

证明　x_{k+1} 是 $P_B(x;\sigma_{k+1})$ 的全局极小点, 由算法 2.2 有 $\sigma_{k+1} \leqslant \sigma_k$, 故

$$\begin{aligned} P_B(x_{k+1};\sigma_{k+1}) = & \ f(x_{k+1}) + \sigma_{k+1}B(x_{k+1}) \\ \leqslant & \ f(x_k) + \sigma_{k+1}B(x_k) \\ \leqslant & \ f(x_k) + \sigma_k B(x_k) \\ = & \ P_B(x_k;\sigma_k). \end{aligned} \tag{2.2.7}$$

□

下面的定理给出了算法 2.2 的收敛性证明.

定理 2.2[2]　设 $f(x)$ 在可行域 Ω 上存在全局极小点 x^* 且内点集 $\bar{\Omega} \neq \varnothing$. $\{(x_k;\sigma_k)\}$ 是由算法 2.2 产生的序列. 假定对严格单调减小且趋于 0 的正数序列 $\{\sigma_k\}$ 中的每个 σ_k, $P_B(x;\sigma_k)$ 在 $\bar{\Omega}$ 内取到它的全局极小点 x_k, 那么 $\{x_k\}$ 的任一聚点 $\widetilde{x}$ 都是问题 (2.2.1) 的全局极小点.

证明　$x_k \in \bar{\Omega} \subset \Omega$ 且 x^* 是 $f(x)$ 在 Ω 上的全局极小点, 从而

$$f(x^*) \leqslant f(x_k) \leqslant P_B(x_k;\sigma_k),$$

即序列 $\{P_B(x_k;\sigma_k)\}$ 有下界. 于是由引理 2.2 知 $\lim\limits_{k\to\infty} P_B(x_k;\sigma_k)$ 存在, 记为 $\widetilde{P}$.

下证 $\widetilde{P} = f(x^*)$. 显然有 $f(x^*) \leqslant \widetilde{P}$. 因此只需证明 $\widetilde{P} \leqslant f(x^*)$. 由 $f(x)$ 的连续性可知, 对任意的 $\varepsilon > 0$, 存在 $\delta > 0$, 使得满足 $\| \bar{x} - x^* \| \leqslant \delta$ 的 $\bar{x} \in \bar{\Omega}$ 有

$$f(\bar{x}) - f(x^*) \leqslant \varepsilon. \tag{2.2.8}$$

又因为 $\{\sigma_k\} \to 0$, 故对于上述的 ε 和 $\bar{x}$, 存在正数 $\bar{k}$, 当 $k \geqslant \bar{k}$ 时, 有

$$\sigma_k B(\bar{x}) \leqslant \varepsilon. \tag{2.2.9}$$

注意到 x_k 是 $P_B(x;\sigma_k)$ 的全局极小点, 即有

$$P_B(x_k;\sigma_k) \leqslant P_B(\bar{x};\sigma_k). \tag{2.2.10}$$

从而有

$$\begin{aligned} P_B(x_k;\sigma_k) - f(x^*) \leqslant & \ P_B(\bar{x};\sigma_k) - f(x^*) \\ = & \ (f(\bar{x}) - f(x^*)) + \sigma_k B(\bar{x}) \\ < & \ \varepsilon + \varepsilon = \ 2\varepsilon. \end{aligned} \tag{2.2.11}$$

令 $\varepsilon \to 0^+$, 并对上式取极限, 得 $\widetilde{P} \leqslant f(x^*)$. 故 $\widetilde{P} = f(x^*)$. 最后, 对不等式

$$f(x^*) \leqslant f(x_k) \leqslant P_B(x_k;\sigma_k) \tag{2.2.12}$$

取极限, 得 $\lim\limits_{k\to\infty} f(x_k) = f(x^*)$. □

2.3 乘子罚函数法

外点法结构简单, 初始点的选择相对自由; 内点法也具有结构简单的优点, 但初始点必须是可行的内点, 从而每个迭代点也是可行的点. 为了利用罚函数法的思想并克服其缺点, 考虑将问题的罚函数与拉格朗日函数相结合, 以构造一种新的价值函数. 因为需要通过拉格朗日迭代来求解, 所以这种方法也被称为乘子罚函数法.

给出罚函数 $P(x;\lambda,\sigma)$,

$$P(x;\lambda,\sigma)=f(x)+\sum_{i=1}^{m}\Phi(x;\lambda)+\sum_{i=m+1}^{l}\left(-\lambda_i c_i(x)+\frac{1}{2}\sigma_i c_i^2(x)\right), \tag{2.3.1}$$

其中,

$$\Phi(x;\lambda)=\begin{cases}\left(-\lambda_i c_i(x)+\dfrac{1}{2}\sigma_i c_i^2(x)\right), & c_i(x)<\dfrac{\lambda_i}{\sigma_i},\\ -\dfrac{1}{2}\dfrac{\lambda_i^2}{\sigma_i}, & \text{其他},\end{cases} \tag{2.3.2}$$

$\lambda_i(i=1,\cdots,l)$ 是乘子, $\sigma_i(i=1,\cdots,l)$ 是罚因子, 且满足 $\lambda_i\geqslant 0\,(i\in I)$ 和 $\sigma_i>0(i\in I)$.

函数 (2.3.1) 形式上可看成是拉格朗日函数与惩罚项的和, 即为增广拉格朗日函数.

设在第 k 次迭代中, 乘子为 $\lambda_i^{(k)}$, 罚因子为 $\sigma_i^{(k)}$. 令 x_{k+1} 是子问题

$$\min_{x\in\mathbb{R}^n} P\left(x;\lambda^{(k)},\sigma^{(k)}\right) \tag{2.3.3}$$

的解. 给出基于增广拉格朗日函数的罚函数方法如下所示.

算法2.3

步骤 0　给定初始值 $x_0\in\mathbb{R}^n,\lambda^{(1)}\in\mathbb{R}^l$ 且 $\lambda_i^{(1)}\geqslant 0(i\in I)$;

$$\sigma_i^{(1)}>0(i\in I);\varepsilon\geqslant 0,k:=1.$$

步骤 1　求解 (2.3.1) 给出 x_{k+1};
如果 $\left\|c^{(-)}\left(x_{k+1}\right)\right\|_\infty\leqslant\varepsilon,i=1,\cdots,l$, 令

$$\sigma_i^{(k+1)}=\begin{cases}\sigma_i^{(k)}, & \text{如果}\left|c_i^{(-)}\left(x_{k+1}\right)\right|\leqslant\dfrac{1}{4}\left|c_i^{(-)}\left(x_k\right)\right|,\\ \max\left\{10\sigma_i^{(k)},k^2\right\}, & \text{否则}.\end{cases} \tag{2.3.4}$$

步骤 2 计算 $\lambda^{(k+1)}$;

$$\begin{cases} \lambda_i^{(k+1)} = \max\left\{\lambda_i^{(k)} - \sigma_i^{(k)} c_i\left(x_{k+1}\right), 0\right\}, & i = 1, \cdots, m, \\ \lambda_i^{(k+1)} = \lambda_i^{(k)} - \sigma_i^{(k)} c_i\left(x_{k+1}\right), & i = m+1, \cdots, l; \end{cases} \tag{2.3.5}$$

$k = k + 1$; 转步骤 1.

乘子罚函数法具有多样的结构, 但是一般都将问题转化为一系列无约束优化问题. 乘子罚函数法生成的迭代点序列比之前的罚函数法生成的迭代点序列更接近原始问题的最优解 x^*. 因此, 乘子罚函数法一般不需要过度增加罚因子的值就可以避免罚因子过大造成的数值困难. 数值实验表明, 它远远优于其他罚函数法, 至今仍是求解约束优化问题的最佳算法之一. 然而, 由于一般乘子罚函数法不能事先知道最优拉格朗日乘子, 因此只能通过给定初始值来逐步逼近最优乘子和最优解.

2.4 精确罚函数法

精确罚函数概念首先是由 Eremin [4] 和 Zangwill [5] 提出的, 来源于线性规划中大 M 法在非线性规划中的推广. 精确罚函数在规划领域一直有着重要的地位 [6–8]. 但是精确罚函数[15,16] 通常是不可微的, 这种不可微性会造成 Maratos 效应, 即一些良好的点会被拒绝. 因此, 为了克服 Maratos 效应, 一些学者提出了 WatchDog [9] 和二阶校正 [10] 的方法. 此外还有可微精确罚函数法 [127] 等方法来避免 Maratos 效应.

设 $P(x;\sigma)$ 为罚函数, 那么精确罚函数法是指: 若存在 $\sigma^* > 0$, 使得对任意 $\sigma > \sigma^*$, 原问题的局部最优解都是 $P(x;\sigma)$ 的局部最优解, 则称罚函数 $P(x;\sigma)$ 是精确的. 在精确罚函数法中, 只要选取恰当的罚因子, 就可以得到非线性规划问题的精确解. 这种方法在一定程度上削弱了罚函数法对罚因子的依赖.

针对等式约束问题

$$\begin{aligned} \min_{x \in \mathbb{R}^n} \quad & f(x) \\ \text{s.t.} \quad & c_i(x) = 0, \quad i \in E, \end{aligned} \tag{2.4.1}$$

其中 E 为该约束问题中等式约束的指标集, Fletcher 给出了一种光滑的精确罚函数:

$$P(x;\sigma) = f(x) - \lambda(x)^{\mathrm{T}} c(x) + \frac{1}{2}\sigma \|c(x)\|_2^2. \tag{2.4.2}$$

此时优化问题转化为

$$\min_{x \in \mathbb{R}^n} P(x;\sigma). \tag{2.4.3}$$

前面给出的 l_1 罚函数和 l_∞ 罚函数:

$$P_1(x;\sigma) \stackrel{\text{def}}{=} f(x)+\sigma\sum_{i\in I} c_i^{(-)}(x)+\sigma\sum_{i\in E}\left|c_i(x)\right|, \tag{2.4.4}$$

$$P_\infty(x;\sigma) \stackrel{\text{def}}{=} f(x)+\sigma\sum_{i\in I} c_i^{(-)}(x)+\sigma\sum_{i\in E}\|c_i(x)\|_\infty, \tag{2.4.5}$$

都是精确罚函数. 其中 l_1 罚函数又称为经典精确罚函数, 是应用最广、发展最成熟的精确罚函数.

精确罚函数可通过求解有限个无约束问题来得到原问题的精确解. 记精确罚函数为 P_{ϵ,σ_k}, 基于精确罚函数的算法如下.

算法2.4

步骤 0　给定 $x_0\in\mathbb{R}^n,\sigma_0>0,k=1$.

步骤 1　利用初值 x_k 求解

$$\min_{x\in\mathbb{R}^n} P_{\epsilon,\sigma_k}(x),$$

得到解 $x(\sigma_k)$.

步骤 2　如果 $\|c^{(-)}(x(\sigma_k))\|=0$, 则停止迭代;
否则, 计算

$$\begin{aligned} &x_{k+1}=x(\sigma_k); \quad \sigma_{k+1}:=10\sigma_k;\\ &k:=k+1; \end{aligned}$$

转步骤 1.

注 2.2　该算法与外点法的算法 2.1 类似. 但是由于 $P_{\epsilon,\sigma_k}(x)$ 是精确罚函数, 因此只要 σ 足够大就可得到精确解.

精确罚函数的性质使得罚方法对罚因子的依赖程度降低. 下面讨论非光滑精确罚函数.

对于一般的非线性规划问题, 常见的非光滑精确罚函数是上面所给出的 l_1 罚函数:

$$P_1(x;\sigma) \stackrel{\text{def}}{=} f(x)+\sigma\sum_{i\in I} c_i^{-}(x)+\sigma\sum_{i\in E}\left|c_i(x)\right|, \tag{2.4.6}$$

由于绝对值和 $[\,\cdot\,]^-$ 函数的存在, $P_1(x;\sigma)$ 在某些 x 处是不可微的.

下面的定理表明了 l_1 罚函数的精确性.

定理 2.3 [11]　假设 x^* 是一般非线性规划问题的严格局部极小点, 假定 c_i 在 x^* 的邻域内连续可微, 并且 $\nabla c_i(x^*)$ 线性无关, $i\in E(x^*)=\{i\mid c_i(x^*)=0,i=m+1,\cdots,l\}$, 则存在 $\sigma^*>0$, 使得当 $\sigma\geqslant\sigma^*$ 时, x^* 是 $P_1(x;\sigma)$ 的局部极小点.

证明　反证法. 假设定理结论不成立, 则对于任意大的 σ, $P_1(x;\sigma)$ 都有一个充分接近 x^* 的极小点 $x(\sigma) \neq x^*$, 下面分两种情形考虑:

(a) $x(\sigma) \in \Omega$;

(b) $x(\sigma) \notin \Omega$,

其中, Ω 为该问题的可行域.

在情形 (a) 下: 由于 x^* 为 Ω 上的严格局部极小点, 而 $x(\sigma)$ 是 $P_1(x;\sigma)$ 的极小点, 所以当 σ 充分大时,

$$f(x^*) < f(x(\sigma)), \tag{2.4.7}$$

$$P_1(x^*;\sigma) \geqslant P_1(x(\sigma);\sigma). \tag{2.4.8}$$

由于 x^* 和 $x(\sigma)$ 均属于 Ω, 所以罚函数的惩罚项为 0, 那么 (2.4.8) 可以化为

$$f(x^*) \geqslant f(x(\sigma)), \tag{2.4.9}$$

这与 (2.4.7) 矛盾. 因此, 在情形 (a) 下, 该假设不成立.

在情形 (b) 下: 考虑与 x^* 充分接近的任一点 $x \notin \Omega$, 这时, 对于 $i \notin E(x^*)$, $c_i(x) < 0$, 故只须考虑 $i \in E(x^*)$. 为讨论方便, 假设 $E(x^*) = \{1, 2, \cdots, k\}$, 并假设前 $q(q < k)$ 个约束在 x 处为 0, 即

$$c_i(x) = 0, \quad i = 1, \cdots, q. \tag{2.4.10}$$

令 H 为正交于 $\nabla c_i(x)(i = 1, \cdots, q)$ 的超平面, $\omega(x)$ 为向量,

$$\omega(x) = \sum_{i=q+1}^{k} l_i(x) \nabla c_i(x), \tag{2.4.11}$$

其中

$$l_i(x) = \begin{cases} -\dfrac{1}{2}\left(\operatorname{sgn}(c_i(x)) - 1\right), & \text{若 } c_i(x) \text{ 为不等式约束}, \\ -\operatorname{sgn}(c_i(x)), & \text{若 } c_i(x) \text{ 为等式约束}. \end{cases} \tag{2.4.12}$$

令 $\upsilon(x)$ 为 $\omega(x)$ 在 H 上的正交投影, 而

$$\nu(x) = \omega(x)^{\mathrm{T}} \upsilon(x), \tag{2.4.13}$$

则

$$\nu(x) = \| \upsilon(x) \|^2 . \tag{2.4.14}$$

令 H^* 为正交于 $\nabla c_i(x^{(*)})(i=1,\cdots,q)$ 的超平面, $\omega^*(x)$ 为向量,

$$\omega^*(x)=\sum_{i=q+1}^{k} l_i(x)\nabla c_i(x^*), \tag{2.4.15}$$

其中 $l_i(x)$ 仍由 (2.4.12) 所定义. 同样, 定义 $\upsilon^*(x)$ 为 $\omega^*(x)$ 在 H^* 上的正交投影,

$$\nu^*(x)=\omega^*(x)^{\mathrm{T}}\upsilon^*(x), \tag{2.4.16}$$

则

$$\nu^*(x)=\|\ \upsilon^*(x)\ \|^2 . \tag{2.4.17}$$

由于 ∇c_i 在 x^* 的邻域内连续, 故对每个 $\varepsilon>0$, 存在 x^* 的一个邻域 N, 使得对于 $x\in N$, 有

$$|\nu(x)-\nu^*(x)|<\varepsilon. \tag{2.4.18}$$

一方面, 由于 $x\notin\Omega$, 那么至少有一个约束不满足, 因此 (2.4.11) 中的 $l_i(x)$ 不全为 0, $\nabla c_i(x^*)(i=1,\cdots,k)$ 线性无关, 所以由 (2.4.15)可得 $\omega^*(x)\neq 0$. 另一方面, 由于 $\nabla c_i(x^*)(i=q+1,\cdots,k)$ 与 $\nabla c_i(x^*)(i=1,\cdots,q)$ 线性无关, 故 $\omega^*(x)$ 也与 $\nabla c_i(x^*)(i=1,\cdots,q)$ 线性无关, 从而由 H^* 的定义可知, $\omega^*(x)$ 不与 H^* 正交, 故 $\upsilon^*(x)\neq 0$. 由 (2.4.12) 可知, 当 x 变化时只有有限个不同的 $l_i(x)$, 所以只存在有限个不同的 $\upsilon^*(x)$, 从而由 (2.4.17) 可得

$$\nu_{\min}=\inf_{x\notin\Omega}\nu^*(x)>0, \tag{2.4.19}$$

所以由 (2.4.18)可知, 存在 x^* 的一个邻域 N, 使得当 $x\in N$ 时,

$$\nu(x)\geqslant\frac{1}{4}\nu_{\min}>0. \tag{2.4.20}$$

且对于任意的 $i\notin I(x^*)$ 有 $c_i(x)>0$.

现在证明, 存在一个 $\sigma^*>0$, 对于每个 $x\in N$ 且 $x\notin\Omega$ 与 $\sigma\geqslant\sigma^*$, $P_1(x;\sigma)$ 沿半射线 $x+\tau\upsilon(x)(\tau\geqslant 0)$ 局部下降, 因此 x 不能是 $P_1(x;\sigma)$ 的局部极小点. 那么, 如果 $x(\sigma)\notin\Omega$, 并且充分接近 x^*, 就不可能是 $P_1(x;\sigma)$ 的一个极小点, 所以在情形 (b) 下也得到矛盾, 则结论成立.

由 $l_i(x)$ 的定义 (2.4.12) 可知, $P_1(x;\sigma)$ 可写成

$$P_1(x;\sigma)=f(x)-\sigma\sum_{i=1}^{k} l_i(x)c_i(x), \tag{2.4.21}$$

其中 $l_i(x)=1, i=1,2,\cdots,q$, 而 $i=q+1,\cdots,k$, $l_i(x)$ 根据 (2.4.12) 所定义. 引入常数 $l_i(x,\tau), i=1,\cdots,k$, 其定义如下:

$$l_i(x,\tau)=\begin{cases} -\dfrac{1}{2}\left(\operatorname{sgn}(c_i(x+\tau v(x)))-1\right), & 若\ c_i(x)\ 为不等式约束, \\ -\operatorname{sgn}(c_i(x+\tau v(x))), & 若\ c_i(x)\ 为等式约束. \end{cases} \tag{2.4.22}$$

则当 τ 充分小时, 有

$$P_1(x+\tau v(x);\sigma)=f(x+\tau v(x))-\sigma\sum_{i=1}^{k} l_i(x,\tau)c_i(x+\tau v(x)), \tag{2.4.23}$$

且当 $i\geqslant q+1, l_i(x,\tau)=l_i(x)$ 时, 由 (2.4.21) 和 (2.4.23) 以及 $i\leqslant q, c_i(x)=0$, 可得

$$\begin{aligned} & P_1(x+\tau v(x);\sigma)-P_1(x;\sigma) \\ = {} & f(x+\tau v(x))-f(x) \\ & -\sigma\sum_{i=1}^{q} l_i(x,\tau)\left(c_i(x+\tau v(x))-c_i(x)\right) \\ & -\sigma\sum_{i=q+1}^{k} l_i(x)\left(c_i(x+\tau v(x))-c_i(x)\right) \\ = {} & \tau\nabla f(x)^{\mathrm{T}}v(x) \\ & -\sigma\tau\sum_{i=1}^{q} l_i(x,\tau)\nabla c_i(x)^{\mathrm{T}}v(x) \\ & -\sigma\tau\sum_{i=q+1}^{k} l_i(x)\nabla c_i(x)^{\mathrm{T}}v(x)+o(\tau), \end{aligned} \tag{2.4.24}$$

但 $v(x)$ 是 $\omega(x)$ 在超平面 H 上的投影, 所以它与所有 $\nabla c_i(x)(i=1,\cdots,q)$ 正交, 故上式第二项为 0. 并且, 由 (2.4.11), (2.4.13) 与 (2.4.14), 上式可化为

$$\begin{aligned} & P_1(x+\tau v(x);\sigma)-P_1(x;\sigma) \\ = {} & \tau\nabla f(x)^{\mathrm{T}}v(x)-\sigma\tau\parallel v(x)\parallel^2+o(\tau) \\ \leqslant {} & \tau\parallel v(x)\parallel(\parallel\nabla f(x)\parallel-\sigma\parallel v(x)\parallel)+o(\tau) \\ = {} & -\tau\parallel v(x)\parallel(\sigma\parallel v(x)\parallel-\parallel\nabla f(x)\parallel)+o(\tau). \end{aligned} \tag{2.4.25}$$

令

$$\|f'\|_{\max}=\sup_{x\in\Omega}(\|\nabla f(x)\|),$$

并取

$$\sigma^* = 2\|f'\|_{\max}/\nu_{\min}^{\frac{1}{2}} + 1,$$

那么由 (2.4.20) 可得

$$\| v(x) \| \geqslant \frac{1}{2}\nu_{\min}^{\frac{1}{2}}. \tag{2.4.26}$$

当 $\sigma \geqslant \sigma^*$ 时,

$$\sigma \| v(x) \| - \| \nabla f(x) \| \geqslant \sigma^* \cdot \frac{1}{2}\nu_{\min}^{\frac{1}{2}} - \| f' \|_{\max} = \frac{1}{2}\nu_{\min}^{\frac{1}{2}}, \tag{2.4.27}$$

从而

$$P_1(x + \tau v(x); \sigma) - P_1(x; \sigma) \leqslant -\frac{1}{4}\nu_{\min}\tau + o(\tau). \tag{2.4.28}$$

因此, $v(x)$ 是 $P_1(x;\sigma)$ 在 x 处的一个局部下降方向. □

一般来说, 对于非线性规划的一个解 x^*, 当其移动到不可行区域时, 罚函数的值会增加到大于 $P_1(x^*;\sigma) = f(x^*)$ 的值, 因此迫使罚函数 $P_1(\cdot;\sigma)$ 在 x^* 处取得最小值.

例 2.1 考虑如下问题

$$\begin{aligned} &\min\ x \\ &\text{s.t.}\quad x \geqslant 1. \end{aligned} \tag{2.4.29}$$

它的解为 $x^* = 1$. 因此有

$$P_1(x;\sigma) = x + \sigma\,(x-1)^- = \begin{cases} (1-\sigma)x + \sigma, & x \leqslant 1, \\ x, & x > 1. \end{cases} \tag{2.4.30}$$

如图 2.1 所示, 当 $\sigma > 1$ 时, 罚函数在 $x^* = 1$ 处有极小值, 但是, 当 $\sigma < 1$ 时, 它是一个单调递增的函数.

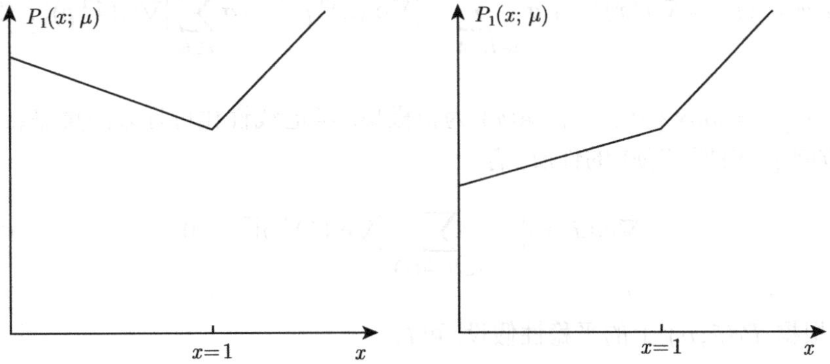

图 2.1 (2.4.29) 的罚函数, 其中 $\sigma > 1$(左边), $\sigma < 1$(右边)

因为罚方法是通过直接最小化罚函数进行的, 所以需要对 P_1 的稳定点进行描述. 尽管 P_1 是不可微的, 但它具有任意方向的方向导数 $D(P_1(x;\sigma);p)$.

定义 2.1 对于所有的 $p \in \mathbb{R}^n$, 如果

$$D(P_1(\hat{x};\sigma);p) \geqslant 0, \tag{2.4.31}$$

则点 $\hat{x} \in \mathbb{R}^n$ 是罚函数 $P_1(x;\sigma)$ 的一个稳定点. 类似地, 对于所有的 $p \in \mathbb{R}^n$, 如果 $D(P_1(h(\hat{x});\sigma);p) \geqslant 0$, 则 $\hat{x}$ 是约束违反度函数

$$h(x) = \sigma \sum_{i \in I} c_i^-(x) + \sum_{i \in E} |c_i(x)| \tag{2.4.32}$$

的一个稳定点. 如果一个点对于非线性规划 (1.1.2) 是不可行的, 但关于不可行度量 h 是稳定的, 则称该点为不可行稳定点.

对于例 2.1 中的函数来说, 有 $x^* = 1$. 因此,

$$D(P_1(x^*;\sigma);p) = \begin{cases} p, & p \geqslant 1, \\ (1-\sigma)p, & p < 1. \end{cases} \tag{2.4.33}$$

显然, 当 $\sigma > 1$ 时, 对于所有 $p \in \mathbb{R}$ 都有 $D(P_1(x^*;\sigma);p) \geqslant 0$.

下面的结论对定理 2.1 进行了补充, 它表明在一定的假设条件下, $P_1(x;\sigma)$ 的稳定点等价于原约束优化问题的 KKT 点.

定理 2.4[12] 假设 $\hat{x}$ 是罚函数 $P_1(x;\sigma)$ 对于所有大于一个确定的阈值 $\hat{\mu} > 0$ 的 μ 的一个稳定点. 那么, 若 $\hat{x}$ 对于非线性规划 (1.1.2) 是可行的, 则满足 KKT 条件. 若 $\hat{x}$ 对于非线性规划 (1.1.2) 不可行, 则它是一个不可行稳定点.

证明 首先假设 $\hat{x}$ 是可行的, 可得

$$D(P_1(\hat{x};\sigma);p) = \nabla f(\hat{x})^{\mathrm{T}} p + \sigma \sum_{i \in I \cap \mathcal{A}(\hat{x})} \left[\nabla c_i(\hat{x})^{\mathrm{T}} p\right]^- + \sigma \sum_{i \in E} \left|\nabla c_i(\hat{x}^{\mathrm{T}} p)\right|, \tag{2.4.34}$$

其中 $[\ \cdot\ ]^- = \max\{\ 0\ ,\ \cdot\ \}$, $\mathcal{A}(x)$ 为积极集. 考虑线性化可行方向集 $\mathcal{F}(x)$ 中的任意方向 p. 根据 $\mathcal{F}(x)$ 的性质, 有

$$\left|\nabla c_i(\hat{x}^{\mathrm{T}} p)\right| + \sum_{i \in I \cap \mathcal{A}(\hat{x})} \left[\nabla c_i(\hat{x})^{\mathrm{T}} p\right]^- = 0. \tag{2.4.35}$$

因此, 根据 $P_1(\hat{x};\sigma)$ 上的平稳性假设, 可得

$$0 \leqslant D(P_1(\hat{x};\sigma);p) = \nabla f(\hat{x})^{\mathrm{T}} p. \tag{2.4.36}$$

对于任意的 $p \in \mathcal{F}(\hat{x})$. 利用 Farkas 引理可得

$$\nabla f(\hat{x}) = \sum_{i \in \mathcal{A}(\hat{x})} \hat{\lambda}_i \nabla c_i(\hat{x}), \tag{2.4.37}$$

其中系数 $\hat{\lambda}_i$ 对于所有的 $i \in I \cap \mathcal{A}(\hat{x})$ 有 $\hat{\lambda}_i \geqslant 0$, 而这个表达式成立便意味着 KKT 条件成立.

第二部分的证明 (即考虑不可行点 $\hat{x}$), 读者可自行证明. □

例 2.2 考虑问题

$$\begin{aligned} \min \quad & x_1 + x_2 \\ \text{s.t.} \quad & x_1^2 + x_2^2 - 2 = 0, \end{aligned} \tag{2.4.38}$$

其 l_1 罚函数为

$$P_1(x;\sigma) = x_1 + x_2 + \sigma \left| x_1^2 + x_2^2 - 2 \right|. \tag{2.4.39}$$

图 2.2 表示函数 $P_1(x;2)$, 该函数的最小值点是原问题的解 $x^* = (-1,-1)^{\mathrm{T}}$. 事实上, 根据定理 2.1, 可以发现对于所有的 $\sigma > |\lambda^*| = 0.5$, $P_1(x;\sigma)$ 的最小值点与 x^* 一致.

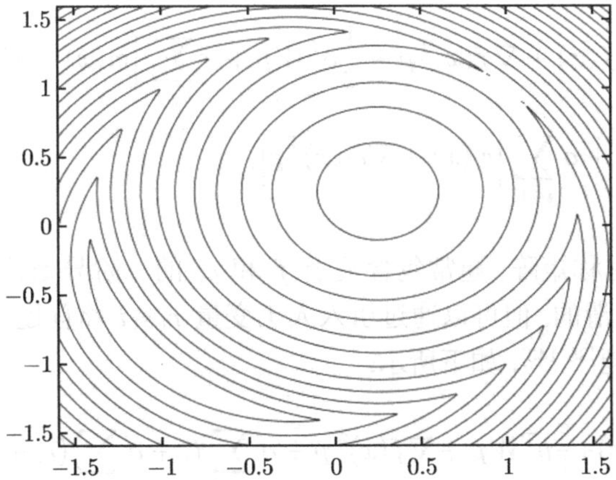

图 2.2 (2.4.39) 中 $\sigma = 2$ 时的边界, 边界间距为 0.5

这些结果为提出基于 l_1 罚函数的算法框架提供了动力.

算法2.5 (传统的 l_1 罚函数方法)

步骤 0 给定 $\sigma_0 > 0$, 误差 $\tau > 0$, 初始点 x_k^s; $k = 0, 1, 2, \cdots$.

步骤 1 找到 $P_1(x;\sigma_k)$ 的一个近似最小值.

步骤 2 如果 $h(x_k) \leqslant \tau$, 则算法终止, 得到近似解 x_k.

步骤 3　选择新的罚因子 $\sigma_{k+1} > \sigma_k$; 选择新的初始点 x^s_{k+1}; $k = k+1$, 转到步骤 1.

由于函数的非光滑性, $P_1(x;\sigma_k)$ 的最小化变得困难. 可以借助类似于序列二次规划 (Sequential Quadration Programming, SQP) 方法将 $P_1(x;\sigma_k)$ 光滑化, 从而得到近似最小点.

若当前值产生了一个在误差范围 τ 内不可行的最小解, 则更新罚因子 σ_k 的最简单的方式是通过一个常数乘子 (5 或 10) 增大它. 在实践中这些方法有时效果很好, 但也可能效率低下. 若初始罚因子 σ_0 很小, 可能需要算法 2.5 进行多次循环来确定一个合适的罚因子. 另外, 在这些初始循环中, 这些迭代可能会远离解 x^*, 在这种情况下, $P_1(x;\sigma_k)$ 的最小化应提前终止并且 x^s_k 应该被重置为之前的迭代. 另外, 若 σ_k 特别大, 罚函数很难最小化, 那么可能会需要大量的迭代.

一种可行的 l_1 罚函数法

如前所述, 对于某些 $i \in I \cup E$, $P_1(x;\sigma)$ 的梯度在 $c_i(x) = 0$ 的任何 x 处都没有定义, 因此它是非光滑的. 然而, 束方法[60,70,142,166,167,169,171] 等不可微优化技术倾向于考虑光滑函数[98] 中的不可微性. 在无约束优化算法中, 可以通过形成该函数的简化模型并寻求该模型的最小化来求得 $P_1(x;\sigma)$ 的最小化. 在简化模型中, 将约束 c_i 线性化, 并用二次函数来代替非线性规划的目标函数 f, 定义如下:

$$\begin{aligned} q(p;\sigma) =& f(x) + \nabla f(x)^{\mathrm{T}} p + \frac{1}{2} p^{\mathrm{T}} W p + \sigma \sum_{i\in I} \left[c_i(x) + \nabla c_i(x)^{\mathrm{T}} p \right]^- \\ & + \sigma \sum_{i \in E} \left| c_i(x) + \nabla c_i(x)^{\mathrm{T}} p \right|, \end{aligned} \tag{2.4.40}$$

其中 W 是一个对称矩阵, 通常包含关于 f 和 c_i 的二阶导数信息, $i \in I \cup E$. 函数 $q(p;\sigma)$ 是不光滑的, 但可以通过引入人工变量 r, s, t 将问题 q 的最小化表示为光滑二次规划问题[85,143], 如下所示:

$$\begin{aligned} \min_{p,r,s,t} \quad & f(x) + \tfrac{1}{2} p^{\mathrm{T}} W p + \nabla f(x)^{\mathrm{T}} p + \sigma \sum_{i \in I} t_i + \sigma \sum_{i \in E} (r_i + s_i) \\ \text{s.t.} \quad & \nabla c_i(x)^{\mathrm{T}} p + c_i(x) \geqslant -t_i, \quad i \in I, \\ & \nabla c_i(x)^{\mathrm{T}} p + c_i(x) = r_i - s_i, \quad i \in E, \\ & r, s, t \geqslant 0. \end{aligned} \tag{2.4.41}$$

这个子问题可以用一个标准的二次规划求解器来解决. 即使在添加了一个 $\|p\|_\infty \leqslant \Delta$ 形式的“盒式”信赖域约束之后, 它也仍然是一个二次规划. 这种最小化 P_1 的方法与序列二次规划密切相关.

罚因子 σ_k 的选择和更新策略对迭代的实际成功至关重要. 一种简单 (但并不总是有效) 的方法是选择一个初始值, 并不断增加它, 直到达到可行. 在该方法的一些变体中, 每次迭代都选择罚因子, 以便使用 $\sigma_k > \|\lambda_k\|_\infty$, 其中 λ_k 是在 x_k 处计算的拉格朗日乘子的估计值. 在解 x^* 的邻域中, 一个很好的选择是设置 σ_k 略大于 $\|x^*\|_\infty$. 这种策略并不总是成功的, 因为乘数估计可能不准确, 而且在任何情况下都可能无法提供远离 σ_k 的良好适当值.

关于 $P_1(x;\sigma_{k+1})$ 最小化的初始点 x_{k+1}^s 的选择要慎重考虑. 如果罚因子 σ_k 对于当前循环是合适的, 从某种意义上说, 该算法在可行性方面取得了进展, 那么可以设 x_{k+1}^s 是 $P_1(x;\sigma_k)$ 在这个循环中所得到的最小值点. 否则需从之前的循环中恢复初始点.

在 20 世纪 90 年代, 选择合适 σ_k 的困难导致非光滑罚方法不再受欢迎, 并刺激了不需要选择罚因子的滤子方法的发展.

2.5 传统滤子方法

上一节中的罚函数方法有很好的数值结果, 但选择一个合适的罚因子是很困难的, 如果罚因子选择太小, 则可能得到问题的不可行点或造成罚项的无限增大; 如果罚因子选择太大, 则会降低目标函数的作用和影响, 导致收敛过慢. 于是无罚函数方法[133,185] 就应运而生并受到越来越多的关注. 研究其迭代点列的收敛性和收敛速度, 不仅具有重要的理论意义, 而且在其他学科领域中也有着广泛的应用.

最早的无罚函数思想是由 Fletcher 和 Leyyfer 在 1996 年的 SIAM(美国工业和应用数学学会) 优化会议中提出的, 他们称其为滤子方法. 滤子方法利用多目标优化的思想, 分别讨论目标函数和约束违反度函数, 而不是它们的线性组合, 从而避免了罚因子的选取, 克服了罚函数方法的缺点. 该方法有良好的数值结果. 鉴于这一点, 此方法得到了越来越多的关注. 滤子方法第一次提出的时候是以序列线性规划 (Sequential Linear Progyamming, SLP) 方法[18] 为基础的, 随后还证明了这一方法的全局收敛性 [19], 之后又得到了序列二次规划滤子方法的全局收敛性 [23].

考虑如下问题:

$$\begin{aligned} &\min \quad f(x) \\ &\text{s.t.} \quad c_i(x) \leqslant 0, \quad i = 1, \cdots, m. \end{aligned} \tag{2.5.1}$$

假设 $f : \mathbb{R}^n \to \mathbb{R}, c_i : \mathbb{R}^n \to \mathbb{R}$ 二次连续可微, 令 $c(x) = (c_1(x), \cdots, c_m(x))^{\mathrm{T}}$.

在非线性规划中, 有两个相互竞争的目标, 一个是最小化目标函数 $f(x)$, 另一

个是要满足约束条件. 可以将这两个相互竞争的目标表达为

$$\min\ f(x) \quad \text{和} \quad \min\ h(x), \tag{2.5.2}$$

其中,

$$h(x) := \left\| c^-(x) \right\| \tag{2.5.3}$$

是约束违反度函数. $c^-(x) = \max\{0, c(x)\}$. 这里的范数选用的是 l_1 范数, 即 $h(x) = \sum\limits_{i=1}^{m} c_i^-(x)$. 当然也可以选择其他种类的范数.

与价值函数方法中将两个问题合并成一个最小化问题不同, 滤子方法将两个目标分开写成两个最小化形式. 如果点对 $(h(x_k^+), f(x_k^+))$ 不被滤子集合中的任意点对 $(h_l, f_l) = (h(x_l), f(x_l))$ 支配, 则接受试探点 x_k^+ 作为一个新的迭代. 为方便描述, 给出如下定义.

定义 2.2 (a) 对于试探点 x_k, x_l, 如果 $h_k \leqslant h_l$ 并且 $f_k \leqslant f_l$, 则点对 (h_k, f_k) 支配 (h_l, f_l);

(b) 滤子集合 $\mathcal{F}$ 是形如 (h_l, f_l) 的点对形成的集合, 集合中任一点对均不被其他点对支配;

(c) 如果 (h_k, f_k) 不被滤子中的任一点对所支配, 则称迭代点 x_k 被滤子集合接受.

当试探点被滤子集合接受时, 需要更新滤子集合, 即向滤子集合中添加 (h_k, f_k) 并去掉所有由 (h_k, f_k) 支配的点对, 其更新规则为: 如果 $\mathcal{F}$ 可以接受 x_k^+, 那么

$$\mathcal{F}_{k+1} = \mathcal{F}_k \cup \{(h_{k+1}, f_{k+1})\} \setminus D_{k+1}, \tag{2.5.4}$$

其中,

$$D_{k+1} = \{(h_j, f_j) | h_j \geqslant h_k \text{ 且 } f_j - \gamma h_j \geqslant f_k - \gamma h_k,\ \ \forall (h_j, f_j) \in \mathcal{F}\}. \tag{2.5.5}$$

图 2.3 显示了一个滤子集合, 其中每个滤子集合中的点对 (h_l, f_l) 用黑点表示. 滤子中的每个点都会创建一个 (无限的) 矩形区域, 这些矩形区域的并集定义了不被滤子接受的点集. 更具体地说, 如果 (h_k^+, f_k^+) 位于图 2.3 中实线的左方或者下方, 则滤子可以接受试探点 x_k^+.

为了比较滤子和价值函数方法, 图 2.4 中绘制了满足 $h + \mu f = h_k + \mu f_k$ 的点对 (h, f) 的集合的等值线, 其中 (h_k, f_k) 为当前迭代点 x_k 对应的函数值. 这条线左边的区域对应于减少价值函数 $\Phi(x;\mu) = h(x) + \mu f(x)$ 的点对的集合, 显然这个集合不同于滤子接受的点对的集合.

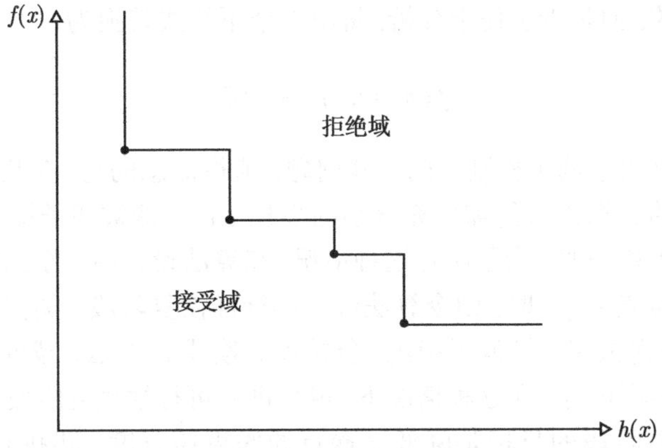

图 2.3 四对滤子示例图

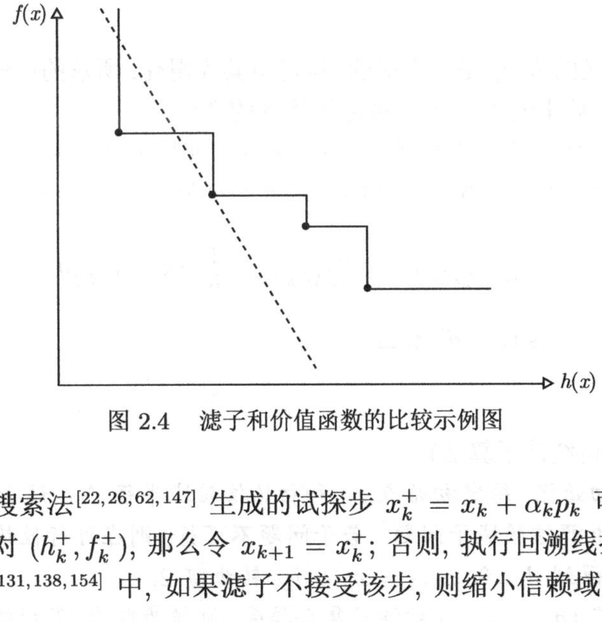

图 2.4 滤子和价值函数的比较示例图

如果用线搜索法[22,26,62,147] 生成的试探步 $x_k^+ = x_k + \alpha_k p_k$ 可以得到被滤子集合接受的点对 (h_k^+, f_k^+), 那么令 $x_{k+1} = x_k^+$; 否则, 执行回溯线搜索. 在信赖域方法[17,52,54,66,131,138,154] 中, 如果滤子不接受该步, 则缩小信赖域半径, 计算新的步长.

为了得到算法的全局收敛性和更好的实用性, 滤子方法得到了若干改进. 首先, 如果一个试探点对应的 (h, f) 与当前的 (h_k, f_k) 或滤子中的另一点对非常接近, 说明其改进效果不大, 则认为该点不被接受. 这可以通过修改可接受性标准和施加充分减少条件来实现. 即如果对滤子中的所有点对 (h_j, f_j), 有

$$h(x_k^+) \leqslant (1-\gamma)h_j \quad \text{或} \quad f(x_k^+) \leqslant f_j - \gamma h_j \tag{2.5.6}$$

成立, 其中 $\gamma \in (0,1)$, 那么试探迭代点 x_k^+ 对滤子是可以接受的. 虽然这个条件在

实践中是有效的, 但是为了便于分析, 将第二个不等式替换为

$$f(x_k^+) \leqslant f_j - \gamma h_k^+. \tag{2.5.7}$$

上述改进解决了滤子机制中的一些问题. 值得注意的是, 在某些情况下, 由线搜索技巧得到的试探点可能需要充分小的步长 α_k 才能被滤子接受. 这种现象可能导致算法终止和失败. 为了防止这种情况, 在算法设计中, 当回溯线搜索生成的步长小于给定阈值 $\alpha_{\min}$ 时, 则令算法进入可行性恢复阶段. 类似地, 在信赖域方法中, 如果一系列试探步被滤子拒绝, 会导致信赖域半径 Δ_k 减少太多, 以至于信赖域子问题变得不可行. 在这种情况下, 也会进入可行性恢复阶段.

可行性恢复阶段的目标是降低试探点的约束违反度, 即找到下述问题的近似解,

$$\min_x \quad h(x).$$

尽管 (2.5.3) 定义的 $h(x)$ 是不光滑的, 但可将其光滑化, 所求的近似解在该阶段终止于一个具有足够小的 h 值并且被滤子接受的迭代.

下面给出一个滤子方法的框架, 该框架以信赖域方法为基础. 在信赖域方法中, 通过求解问题 (2.5.1) 如下形式的信赖域子问题

$$\begin{aligned} \min \quad & q_k(d) = \nabla^{\mathrm{T}} f(x_k) d + \frac{1}{2} d^{\mathrm{T}} \nabla^2 f(x_k) d \\ \text{s.t.} \quad & \|d\| \leqslant \Delta_k \end{aligned}$$

得到搜索方向.

算法2.6 (传统滤子算法)

步骤 0 初始化. 给定初始点 x_0 和初始信赖域半径 Δ_0, 设 $k=0$.

步骤 1 求解信赖域子问题. 若子问题不可行, 则在可行性恢复阶段得新的点 x_{k+1}. 否则, 得到 d_k, 令 $x_{k+1} = x_k + d_k$, 转步骤 2.

步骤 2 若 (h_{k+1}, f_{k+1}) 被滤子集合接受, 则转步骤 3, 否则转步骤 4.

步骤 3 接受点 x_{k+1}, 添加 (h_{k+1}, f_{k+1}) 至滤子集合中, 并在滤子集合中移除被该点支配的其余点对, 增大信赖域半径 Δ_k. 令 $k=k+1$, 转步骤 5.

步骤 4 拒绝试探步, 设 $x_{k+1} = x_k$, 减小信赖域半径. 令 $k=k+1$, 转步骤 5.

步骤 5 判断算法是否收敛, 若收敛, 则算法终止; 否则进行步骤 1.

其他的滤子框架在实际中也会应用, 但它取决于算法的选择, 后面会对不同的算法框架进行讨论.

第 3 章　修正滤子方法及应用

3.1　修正子问题方法

3.1.1　修正 SQP 滤子方法

考虑非线性不等式约束优化问题[12,28,49,91,93,94,123,187](2.5.1):

$$\begin{aligned}&\min \quad f(x)\\&\text{s.t.} \quad c_i(x)\leqslant 0, \quad i\in I=\{1,2,\cdots,m\},\end{aligned}$$

其中 $f:\mathbb{R}^n\to\mathbb{R}, c_i:\mathbb{R}^n\to\mathbb{R}$ 二次连续可微.

序列二次规划 (SQP) 方法通过求解以下二次规划子问题, 生成一个搜索方向 d_k,

$$\begin{aligned}&\min \quad \nabla f(x_k)^{\mathrm{T}}d+\frac{1}{2}d^{\mathrm{T}}H_kd\\&\text{s.t.} \quad c_i(x_k)+\nabla c_i(x_k)^{\mathrm{T}}d\leqslant 0, \quad i\in I,\end{aligned} \tag{3.1.1}$$

其中 $H_k\in\mathbb{R}^{n\times n}$ 是一个对称正定矩阵.

序列二次规划方法[21,89] 有两个严重的缺点. 首先, 为了获得搜索方向, 每次迭代必须求解一个或多个二次规划子问题, 这造成算法的计算量非常大. 其次, SQP 方法要求相关的二次规划子问题每次迭代都是可解的, 但这很难满足. 此外, 序列二次子问题的解可能是无界的, 由此导致该方法生成发散的序列.

对二次子问题约束项的右端进行松弛, 得到可行解:

$$\begin{aligned}Q\left(x_k,H_k,\Delta_k\right):\ &\min \ \nabla f(x_k)^{\mathrm{T}}d+\frac{1}{2}d^{\mathrm{T}}H_kd\\&\text{s.t.} \ c_i\left(x_k\right)+\nabla c_i\left(x_k\right)^{\mathrm{T}}d\leqslant\Psi^{+}\left(x_k,\Delta_k\right), \quad i\in L_k\\&\qquad \|d\|\leqslant\Delta_k,\end{aligned} \tag{3.1.2}$$

其中 L_k 是点 x_k 的近似积极指标集, 且

$$\Psi^{+}\left(x_k,\Delta_k\right)=\max\left\{\Psi\left(x_k,\Delta_k\right),0\right\}, \tag{3.1.3}$$

$$\Psi\left(x_k,\Delta_k\right)=\min\left\{\bar{\Psi}\left(x_k;d_k\right):\|d_k\|\leqslant\Delta_k\right\},\tag{3.1.4}$$

其中 $\bar{\Psi}\left(x_k;d_k\right)$ 是 $\Psi\left(x_k+d_k\right)=\max\left\{c_i\left(x_k+d_k\right):i\in I\right\}$ 的一阶近似, 即

$$\bar{\Psi}\left(x_k;d_k\right)=\max\left\{c_i\left(x_k\right)+\nabla c_i\left(x_k\right)^{\mathrm{T}}d_k:i\in I\right\},\tag{3.1.5}$$

并且 $\Delta_k>0$.

上述 (3.1.4) 等同于以下线性规划:

$$LP(x_k,\Delta_k):\ \min\{\Psi^+:c_i(x_k)+\nabla c_i(x_k)^{\mathrm{T}}d_k\leqslant\Psi^+,\ i\in I,\ \|d_k\|\leqslant\Delta_k\},\tag{3.1.6}$$

即

$$\theta(x_k,\Delta_k)=\Psi(x_k,\Delta_k)-\Psi(x_k),\tag{3.1.7}$$

$$\theta^+(x_k,\Delta_k)=\Psi^+(x_k,\Delta_k)-\Psi(x_k),\tag{3.1.8}$$

$$\Omega_k=\{x_k:c_i(x_k)\leqslant 0,\ i\in I\}=\{x_k:\Psi(x_k)\leqslant 0\},\tag{3.1.9}$$

$$\Omega_k^c=\{x_k:\Psi(x_k)>0\}.\tag{3.1.10}$$

在该子问题的基础上, 应用滤子方法对是否接受当前试探点为新的迭代点进行判别. 所得到的算法具有以下优点: 它只需要求解一个信赖域子问题, 且该问题中只有一个可能的积极约束集; 起始点是任意的; 子问题在每个迭代点都是可行的, 并且不需要考虑罚因子.

引理 3.1[27] 对于任意的 $x\in\Omega_k^c$, 如果在 x 处满足 Mangasarian-Fromovitz 约束规范 (简称 MFCQ), 则对于任意 $\Delta>0$, 有 $\theta(x,\Delta)<0$.

证明 令 $I(x)=\{i:c_i(x)\geqslant 0,i\in I\}$. 对于所有的 $x\in\Omega_k^c$, 存在 $d\in\mathbb{R}^n$ 且 $\|d\|\leqslant\Delta$ 使得

$$c_i\left(x\right)+\nabla c_i\left(x\right)^{\mathrm{T}}d\leqslant c_i\left(x\right),\quad i\in I(x),\tag{3.1.11}$$

$$c_i\left(x\right)+\nabla c_i\left(x\right)^{\mathrm{T}}d\leqslant 0,\quad i\in I\backslash I(x).\tag{3.1.12}$$

则有 $\bar{\Psi}\left(x;d\right)<\Psi(x)$. 因此 $\Psi\left(x;d\right)<\Psi(x)$, 即 $\theta(x,\Delta)<0$. □

引理 3.2[27] $\Psi(x,\Delta),\Psi^+(x,\Delta),\theta(x,\Delta),\theta^+(x,\Delta)$ 在 $\mathbb{R}^n\times\mathbb{R}^+$ 上都是连续的.

引理 3.3[27] 对任意的 $x\in\Omega_k^c$, 如果 $\theta(x,\Delta)<0$, 则 $\theta^+(x,\Delta)<0$.

证明 对于所有的 $x\in\Omega_k^c$, 有 $\Psi(x)>0$. 根据 (3.1.3), (3.1.7) 和 (3.1.8) 可知

$$\begin{aligned}\theta^+(x,\Delta)&=\Psi^+(x,\Delta)-\Psi(x)\\&=\max\{\Psi(x,\Delta)-\Psi(x),-\Psi(x)\}\\&=\max\{\theta(x,\Delta),-\Psi(x)\}\\&<0.\end{aligned}\tag{3.1.13}$$

□

为了避免罚函数的使用, 采用滤子方法, 将约束违反度和目标函数值与滤子中收集的前一次迭代值进行比较, 来确定试探点的可接受性. 其接受规则和更新规则如 2.5 节中的 (2.5.6) 和 (2.5.4) 所示, 分别为

(1) 对于滤子集 $\mathcal{F}$ 中的点对 (h_j, f_j), 称试探点 x_k^+ 对滤子是可接受的当且仅当对于所有的 $(h_j, f_j) \in \mathcal{F}$, 有

$$h(x_k^+) \leqslant (1-\gamma)h_j \quad 或 \quad f(x_k^+) \leqslant f_j - \gamma h_j$$

成立, 其中 γ 接近于零.

(2) 如果 $\mathcal{F}$ 可以接受 x_k^+, 那么

$$\mathcal{F}_{k+1} = \mathcal{F}_k \cup \{(h_{k+1}, f_{k+1})\} \setminus D_{k+1},$$

其中 $D_{k+1} = \{(h_j, f_j) | h_j \geqslant h_k \text{ 且 } f_j - \gamma h_j \geqslant f_k - \gamma h_k, \forall (h_j, f_j) \in \mathcal{F}\}$.

给定 $x \in \mathbb{R}^n, \Delta > 0$. $D(x, \Delta)$ 定义为

$$D(x, \Delta) = \{d | c_i(x) + \nabla c_i(x)^{\mathrm{T}} d \leqslant \Psi^+(x, \Delta),\ i \in I\}. \tag{3.1.14}$$

如果 d^* 是 (3.1.6) 的解, 则 $d^* \in D(x, \Delta)$, 故 $D(x, \Delta)$ 是非空的. 那么二次子问题 (3.1.1) 就替换为凸规划问题 (3.1.2):

$$\begin{aligned} Q(x_k, H_k, \delta_k):\ \min\ & \nabla f(x_k)^{\mathrm{T}} d + \frac{1}{2} d^{\mathrm{T}} H_k d \\ \text{s.t.}\ & c_i(x_k) + \nabla c_i(x_k)^{\mathrm{T}} d \leqslant \Psi^+(x_k, \Delta_k), \quad i \in L_k, \\ & \|d\| \leqslant \Delta_k. \end{aligned}$$

由此可见, 凸规划 (3.1.2) 是可行的. 如果 H_k 是正定的, 那么 (3.1.2) 的解是唯一的. 凸规划问题具有以下性质:

定理 3.1[27] 假设 $x_k \in \mathbb{R}^n, H_k \in \mathbb{R}^{n\times n}$ 是对称正定矩阵. 如果在 x_k 处满足 MFCQ, 那么

(1) 凸规划问题 (3.1.2) 有满足 KKT 条件的唯一解 d_k, 即存在向量 $U^k = (u_i^k, i \in L_k)$ 使得

(a) $c_i(x_k) + \nabla c_i(x_k)^{\mathrm{T}} d_k \leqslant \Psi^+(x_k, \Delta_k), i \in L_k$;

(b) $u_i^k \geqslant 0, i \in L_k$;

(c) $\nabla f(x_k) + H_k d_k + A_k U^k = 0, A_k = (\nabla c_i(x_k), i \in L_k)$;

(d) $u_i^k (c_i(x_k) + \nabla c_i(x_k)^{\mathrm{T}} d_k) = 0, i \in L_k$.

(2) 如果 $d_k = 0$ 是 (3.1.2) 的解, 那么 x_k 是问题 (2.5.1) 的 KKT 点.

证明　(1) 因为 H_k 是对称且正定的, 由凸规划的基本理论易知成立.

(2) 假设 $\Psi^+(x_k,\Delta_k)>0$, 则 $x_k\in\Omega_k^c$. 根据引理 3.1 可知 $0\notin D(x_k,\Delta_k)$, 与 $d_k=0$ 相矛盾. 因此, $\Psi^+(x_k,\Delta_k)=0$, 结合 (1) 可以得到 x_k 是问题 (2.5.1) 的 KKT 点. □

引理 3.4　$\forall x\in\Omega_k,\ \ d\in D(x,\Delta)$, 有 $\bar{\Psi}(x;d)=0$.

不等式约束优化问题 (2.5.1) 的求解算法可以表述如下:

算法3.1

步骤 0　初始化. 给定 $x_0\in\mathbb{R}^n$, Σ 是一个由对称正定矩阵组成的紧集. $H_0\in\Sigma, k=0,\epsilon_0>0,\Delta_r>\Delta_l>0,\Delta_0\in[\Delta_l,\Delta_r],C>0,\eta,\alpha_1,\alpha_2\in(0,1)$, 初始滤子集 $\mathcal{F}_0$.

步骤 1　计算积极约束集 L_k.

步骤 1.1　令 $i=0,\epsilon_{k,i}=\epsilon_0$;

步骤 1.2　设

$$L_{k,i}=\{i\in I|-\epsilon_{k,i}\leqslant c_i(x_k)-\Phi(x_k)\leqslant 0\},$$

$$A_{k,i}=(\nabla c_i(x_k),i\in L_{k,i}),$$

如果 $\det(A_{k,i}^{\mathrm{T}}A_{k,i})\geqslant\epsilon_{k,i}$, 令 $L_k=L_{k,i},A_k=A_{k,i},i_k=i$, 转步骤 2; 否则, 转步骤 1.3;

步骤 1.3　设 $i=i+1,\epsilon_{k,i}=\epsilon_{k,i-1}/2$, 转步骤 1.2(内循环$A$).

步骤 2　方向 d_k 的计算. 计算 $\Psi(x,\Delta),\Psi^+(x,\Delta)$, 设 d_k 为凸规划问题 (3.1.2) 的解. 如果 d_k=0, 那么 x_k 是问题 (2.5.1) 的一个 KKT 点, 算法停止. 否则, 如果 $\|d_k\|\geqslant C$, 转步骤 4.

步骤 3　测试以接受试探步:

如果 x_k+d_k 不被滤子接受, 若 $h_k>\|d_k\|\{\eta,\alpha_1\|d_k\|^{\alpha_2}\}$, 调用恢复算法 (算法 3.2) 得到 $x_k^r=x_k+s_k^r$, 并且转步骤 2; 否则转步骤 4;

如果 x_k+d_k 被滤子接受, 令 $x_{k+1}=x_k+d_k$, 并且将 x_{k+1} 添加到滤子中, 转步骤 8.

步骤 4　方向 q_k 的计算.

令 A_k^1 是行为 A_k 的 $|L_k|$ 个线性独立行的矩阵, A_k^2 是行为 A_k 的其余 $n-|L_k|$ 行的矩阵. 则可以表示为 $A_k=\begin{pmatrix}A_k^1\\A_k^2\end{pmatrix}$.

和 A_k 一样, 也可以表示 $\nabla f(x_k)=\begin{pmatrix}\nabla f_1(x_k)\\\nabla f_2(x_k)\end{pmatrix}$. 计算

$$\rho_k=-\nabla f(x_k)^{\mathrm{T}}d_k,\qquad \pi_k=-(A_k^1)^{-1}\nabla f_1(x_k),$$

$$\tilde{d}_k = \frac{-\rho_k((A_k^1)^{-1})^{\mathrm{T}} e}{1+2|e^{\mathrm{T}}\pi_k|}, \qquad q_k = \rho_k(d_k + \bar{d}_k), \tag{3.1.15}$$

其中 $\bar{d}_k = \begin{pmatrix} \tilde{d}_k \\ 0 \end{pmatrix}, e = (1,1,\cdots,1)^{\mathrm{T}} \in \mathbb{R}^{|L_k|}$.

步骤 5 $\alpha_{k,0} = 1, l = 0$.

步骤 6 如果 $x_k + \alpha_{k,l} q_k$ 不被滤子接受, 转步骤 7; 否则, 令 $\alpha_k = \alpha_{k,l}, x_{k+1} = x_k + \alpha_k q_k$, 并且将 x_{k+1} 添加到滤子中, 转步骤 8.

步骤 7 $\alpha_{k,l+1} = \dfrac{\alpha_{k,l}}{2}, l = l+1$, 转步骤 6(内循环$B$).

步骤 8 更新.

选取 $H_{k+1} \in \Sigma, \Delta_{k+1} \in [\Delta_l, \Delta_r], k = k+1$. 如果 $h_k > \|d_k\|\{\eta, \alpha_1\|d_k\|^{\alpha_2}\}$, 调用恢复算法 (算法 3.2) 以获得 $x_k^r = x_k + s_k^r$, 并且转步骤 2, 否则转步骤 1.

注 3.1 H_{k+1} 可以通过 BFGS 或 DFP 迭代公式得到.

注 3.2 当 (3.1.2) 的解不被接受时, 可以充分利用 d 的良好性质通过求解线性方程组生成修正方向.

如果 $h_k > \|d_k\|\{\eta, \alpha_1\|d_k\|^{\alpha_2}\}$, 利用恢复算法来计算 x_k^r, 使得

$$h(x_k^r) \leqslant \eta \min\{h_k^I, \alpha_1\|d_k\|^{\theta}\}, \tag{3.1.16}$$

其中 $2 < \theta \leqslant 3, h_k^I = \min\{h_i | h_i > 0,\ (h_i, f_i) \in \mathcal{F}\}$.

因此, 在恢复算法中, 为减小 $h(x)$ 的值, 直接的方法是利用牛顿法 (见文献 [72,73,107,110,112,162]) 或类似的方法求解 $g(x+s)^+ = 0$.

算法3.2

步骤 1 令 $x_k^0 = x_k, \Delta_k^0 = \Delta_k, i = 0, \eta, \bar{\eta} \in (0,1), 2 < \theta \leqslant 3$.

步骤 2 如果 $h(x_k^i) \leqslant \eta \min\{h_k^I, \alpha_1\|d_k\|^{\theta}\}$, 则令 $x_k^r = x_k^i$ 并停止.

步骤 3 计算

$$\begin{aligned} \min \quad & h(x_k^i) - \|(g_k^i + A_k^i d)^+\|_\infty \\ \text{s.t.} \quad & \|d_k\| \leqslant \Delta_k^i, \end{aligned} \tag{3.1.17}$$

得到 s_k^i. 令 $r_k^i = \dfrac{h(x_k^i) - h(x_k^i + d)}{h(x_k^i) - \|(g_k^i + A_k^i d)^+\|_\infty}$.

步骤 4 如果 $r_k^i \leqslant \bar{\eta}$, 则令 $x_k^{i+1} = x_k^i, \Delta_k^{i+1} = \dfrac{1}{2}\Delta_k^i, i = i+1$ 并转步骤 3; 否则, 令 $x_k^{i+1} = x_k^i + s_k^i, \Delta_k^{i+1} = 2\Delta_k^i$, 得到 $A_k^{i+1}, i = i+1$ 并且转步骤 2.

上述恢复算法是 $g(x)^+ = 0$ 的牛顿法, 还有其他的恢复算法, 比如内点恢复算法、SLP 恢复算法等 [30].

为描述全局收敛性, 给出如下假设条件.

假设 3.1　目标函数 $f(x)$ 和约束函数 $c_i(x)(i \in I)$ 是二次连续可微的.

假设 3.2　对任意的 $x \in \mathbb{R}^n$, 向量 $\{\nabla c_i(x), i \in I(x)\}$ 是线性无关的, 其中 $I(x) = \{i \in I | c_i(x) = \Phi(x)\}$.

假设 3.3　迭代 $\{x_k\}$ 保持在一个封闭的有界凸子集 $S \subset \mathbb{R}^n$ 中.

假设 3.4　求解 (3.1.17) 时, 令 $h(x_k^i) - \|(g(x_k^i) + A_k^i d)^+\| \geqslant \beta \min\{h(x_k^i), \Delta_k^i\}$, 其中 $\beta > 0$ 是常数.

假设 3.5　对于所有的 k 和 $d \in \mathbb{R}^n$, 存在两个常数 $0 < a \leqslant b$, 使得

$$a\|d\|^2 \leqslant d^{\mathrm{T}} H_k d \leqslant b\|d\|^2.$$

假设 3.1 和假设 3.3 是标准假设. 假设 3.2 对于下面的引理 3.5 是必要的. 假设 3.4 是充分的还原条件并且是合理的.

在不失一般性的前提下, 假定存在 $M > 0$ 使得 $\|U^k\| \leqslant M$. 假设 3.1 和假设 3.3 都保证对于所有的 k 和两个常量 $f_{\min}, h_{\max} > 0$ 有

$$0 < h_k \leqslant h_{\max} \quad \text{且} \quad f_{\min} \leqslant f_k. \tag{3.1.18}$$

因此, (h, f) 空间中与滤子迭代相关的 (h, f) 对所在的部分被限制为矩形

$$A_0 = [0, h_{\max}] \times [f_{\min}, \infty]. \tag{3.1.19}$$

为说明算法 3.1 的全局收敛性, 首先需要确保算法是可实现的.

引理 3.5　对于任意的迭代 k, 算法 3.1 的步骤 1 中定义的索引 i_k 是有限的, 这意味着内部循环 3.1 在有限次内终止.

证明　反证法. 假设算法 3.1 非有限终止, 则

$$\det(A_{k,i}^{\mathrm{T}} A_{k,i}) < \frac{1}{2^i}\epsilon_0. \tag{3.1.20}$$

根据 $L_{k,i}$ 的定义, 可知 $L_{k,i+1} \subseteq L_{k,i}$. I 只有有限个可能的子集, 所以对于足够大的 i, 有 $L_{k,i+1} \equiv L_{k,i}$, 用 L_k^* 表示. 现令 $i \to \infty$, 可得

$$\det(A_{L_k^*}^{\mathrm{T}} A_{L_k^*}) = 0 \quad \text{且} \quad L_k^* = I(x_k), \tag{3.1.21}$$

与假设 3.2 相矛盾. □

引理 3.6　如果 $d_k \neq 0$, 有

$$\begin{cases} \nabla f(x_k)^{\mathrm{T}} d_k < 0, & \nabla f(x_k)^{\mathrm{T}} q_k \leqslant -\dfrac{1}{2}\rho_k^2 < 0, \\ \nabla c_i(x_k)^{\mathrm{T}} d_k = 0, & \nabla c_i(x_k)^{\mathrm{T}} q_k \leqslant -\dfrac{\rho_k^2}{1 + 2|e^{\mathrm{T}}\pi_k|} < 0. \end{cases} \tag{3.1.22}$$

证明 根据 L_k 的定义, 有 $I(x_k) \subseteq L_k$. 如果 $d_k \neq 0$, 那么根据 (3.1.2), 有

$$\nabla f(x_k)^{\mathrm{T}} d_k \leqslant -\frac{1}{2} d_k^{\mathrm{T}} H_k d_k < 0. \tag{3.1.23}$$

如果 x_k 不是可行点, 则 $\nabla c_i(x_k)^{\mathrm{T}} d_k \leqslant 0$. 如果 x_k 是可行点, 那么根据 $I(x_k)$ 的定义和引理 3.1, 有

$$\nabla c_i(x_k)^{\mathrm{T}} d_k \leqslant 0, \quad i \in I(x_k).$$

由 (3.1.15), 可得

$$\begin{aligned}
\nabla f(x_k)^{\mathrm{T}} q_k &= \rho_k \nabla f(x_k)^{\mathrm{T}} (d_k + \bar{d}_k) \\
&= \rho_k (\nabla f(x_k)^{\mathrm{T}} d_k + \nabla f(x_k)^{\mathrm{T}} \bar{d}_k) \\
&= \rho_k (-\rho_k + \nabla f_1(x_k)^{\mathrm{T}} \tilde{d}_k) \\
&= \rho_k \left(-\rho_k + \frac{\rho_k \pi_k^{\mathrm{T}} e}{1 + 2|e^{\mathrm{T}} \pi_k|}\right) \\
&\leqslant -\frac{1}{2} \rho_k^2 < 0.
\end{aligned} \tag{3.1.24}$$

此外,

$$A_k^{\mathrm{T}} \bar{d}_k = (A_k^1)^{\mathrm{T}} \tilde{d}_k = \frac{-\rho_k (A_k^1)^{\mathrm{T}} ((A_k^1)^{-1})^{\mathrm{T}} e}{1 + 2|e^{\mathrm{T}} \pi_k|} = -\frac{\rho_k e}{1 + 2|e^{\mathrm{T}} \pi_k|}, \tag{3.1.25}$$

$$\begin{aligned}
\nabla c_i(x_k)^{\mathrm{T}} q_k &= \rho_k (\nabla c_i(x_k)^{\mathrm{T}} d_k + \nabla c_i(x_k)^{\mathrm{T}} \bar{d}_k) \\
&\leqslant -\frac{\rho_k^2}{1 + 2|e^{\mathrm{T}} \pi_k|} < 0, \quad i \in I(x_k).
\end{aligned} \tag{3.1.26}$$

□

引理 3.7 *内部循环 B 在有限次内终止.*

证明 反证法. 假设算法 3.1 非有限终止, 则 $\alpha_{k,l} \to 0 (l \to \infty)$, 并且 $x_k + \alpha_{k,l} q_k$ 不被滤子所接受, 考虑以下两种情形:

情形 I: $h(x_k)$=0.

由 $h(x_k)$ 的定义, 有

$$\begin{aligned}
h(x_k + \alpha_{k,l} q_k) &= \max\{0, c_i(x_k + \alpha_{k,l} q_k)\} \\
&= \max\{0, c_i(x_k) + \alpha_{k,l} \nabla c_i(x_k)^{\mathrm{T}} q_k + o(\|\alpha_{k,l} q_k\|^2)\}.
\end{aligned} \tag{3.1.27}$$

根据引理 3.6, 有 $\nabla c_i(x_k)^{\mathrm{T}} q_k < 0$. 结合 $\alpha_{k,l} \to 0$, 可得存在一个常数 β, 使得

$$h(x_k + \alpha_{k,l} q_k) \leqslant \max\{0, \beta c_i(x_k)\} = \beta h(x_k) \triangleq (1-\gamma) h(x_k). \tag{3.1.28}$$

此外, 根据引理 3.6,

$$\nabla f(x_k)^{\mathrm{T}} q_k \leqslant -\frac{1}{2}\rho_k^2 < 0.$$

则

$$f(x_k + \alpha_{k,l} q_k) = f(x_k) + \alpha_{k,l} \nabla f(x_k)^{\mathrm{T}} q_k + O(\|\alpha_{k,l} q_k\|^2) \leqslant f(x_k). \tag{3.1.29}$$

结合 (3.1.28) 和 (3.1.29), $x_k + \alpha_{k,l} q_k$ 一定会被滤子和 x_k 所接受, 由此产生矛盾.

情形 II: $h(x_k) \neq 0$.

与情形 I 相似, 也可以得到关系式

$$h(x_k + \alpha_{k,l} q_k) \leqslant (1-\gamma) h(x_k). \tag{3.1.30}$$

因为 x_k 对滤子是可以接受的, 有

$$h_k \leqslant (1-\gamma) h_j \quad 或 \quad f_k \leqslant f_j - \gamma h_j, \quad \forall (h_j, f_j) \in \Omega_k. \tag{3.1.31}$$

根据假设, $x_k + \alpha_{k,l} q_k$ 不被滤子接受, 所以有

$$h(x_k + \alpha_{k,l} q_k) > (1-\gamma) h_j, \tag{3.1.32}$$

且

$$f(x_k + \alpha_{k,l} q_k) > f_j - \gamma h_j. \tag{3.1.33}$$

对于点 x_k, 如果 $h_k \leqslant (1-\gamma) h_j$, 那么根据引理 3.6 和 $\alpha_{k,l} \to 0$, 有

$$\begin{aligned} h(x_k + \alpha_{k,l} q_k) &= \max\{0, c_i(x_k + \alpha_{k,l} q_k)\} \\ &\leqslant \max\{0, c_i(x_k)\} \leqslant h_k \leqslant (1-\gamma) h_j, \end{aligned} \tag{3.1.34}$$

与 (3.1.32) 相矛盾.

如果 $f_k \leqslant f_j - \gamma h_j$, 那么同样根据引理 3.6 和 $\alpha_{k,l} \to 0$, 能得到

$$f(x_k + \alpha_{k,l} q_k) = f(x_k) + \alpha_{k,l} \nabla f(x_k)^{\mathrm{T}} q_k + O(\|\alpha_{k,l} q_k\|^2) \leqslant f_k \leqslant f_j - \gamma h_j, \tag{3.1.35}$$

与 (3.1.33) 相矛盾.

根据上面的分析, 结合情形 I, 结论成立. □

引理 3.7 表示存在一个常数 $\bar{\alpha} > 0$, 使得对于足够大的 k 有 $\alpha_k \geqslant \bar{\alpha}$.

引理 3.8 恢复算法 3.2 在有限次迭代后终止.

证明 反证法. 假设恢复算法 3.2 非有限终止. 显然, 如果 $\lim\limits_{i\to+\infty} h(x_k^i) = 0$, 那么终止条件会被满足. 因此假设存在一个常数 $\epsilon > 0$, 使得对于所有 i, 有 $h(x_k^i) > \epsilon$, 下面证明矛盾.

令 $\mathcal{K} = \{i : r_k^i \geqslant \bar{\eta}\}$, 那么有

$$\begin{aligned}\infty &> \sum_{i=1}^{\infty}(h(x_k^{i-1}) - h(x_k^i)) \\ &\geqslant \bar{\eta}\sum_{i=1}^{\infty}(h(x_k^{i-1}) - \|(g_k^{i-1} + A_k^{i-1}s_k^{i-1})^+\|_\infty) \\ &\geqslant \bar{\eta}\beta\sum_{k\in K}\min\{\epsilon, \Delta_k^i\}.\end{aligned} \tag{3.1.36}$$

因此, $\lim\limits_{i\to\infty}\Delta_k^i = 0$. 进一步, 有

$$h(x_k^i) - \|(g_k^i + A_k^i s_k^i)^+\|_\infty = h(x_k^i) - h(x_k^i + s_k^i) + o(\Delta_k^i) \tag{3.1.37}$$

成立. 根据恢复算法 3.2 的步骤 4 可知 $\Delta_k^{i+1} \geqslant \Delta_k^i$. 也就是说, 当 Δ_k^i 足够小的时候, $\{\Delta_k^i\}$ 是递增的. 这与 $\lim\limits_{i\to\infty}\Delta_k^i = 0$ 相矛盾. 因此结论成立. □

上面的陈述说明了算法 3.1 是可实现的. 下面证明算法 3.1 的全局收敛性.

定理 3.2[27] 假定在 $x_0 \in \mathbb{R}^n$ 处满足 MFCQ. 令 $\sigma_l > 0$, $\Omega = \{x|c_i(x) \leqslant 0, i \in I\}$, 那么存在一个 x_0 的邻域 $N(x_0)$ 使得

(1) $N(x_0)$ 内的任意一点都满足 MFCQ;

(2) 如果 $x_0 \in \Omega$, 那么对于所有的 $x \in N(x_0)$ 和 $\sigma \geqslant \sigma_l$, 有 $\Psi^0(x, \sigma) = 0$;

(3) 如果 $x_0 \in \Omega$, 则

$$\sup\left\{\sum_{i=1}^{m}\mu_i : H \in \Sigma, x \in N(x_0), \sigma \in [\sigma_l, \sigma_r]\right\} < \infty, \tag{3.1.38}$$

其中 $\Sigma \subset \mathbb{R}^{n\times n}$ 是由正定矩阵组成的紧集.

引理 3.9 假设滤子中添加了无数个点, 那么 $\lim\limits_{k\to\infty, k\in K} h_k = 0$, 其中 K 是一个无限集.

证明 反证法. 假设引理不成立, 就会有存在一个无限指标集 K_1 包含于 K, 使得对于任意 $k \in K_1$, 有 $h_k \geqslant \epsilon > 0$ 成立. 在每次迭代 k, (h_k, f_k) 被加入滤子中. 通过滤子的更新规则可以推断出, 点对 (h, f) 被加入滤子中, 在几何上表现为

它位于 $[h_k-\gamma\epsilon, h_k]\times[f_k-\gamma\epsilon, f_k]$ 内. 观察这些面积都是 $\gamma^2\epsilon^2$ 的正方形. 任意选择 $\kappa_f\geqslant f_{\min}$, 集合 $[0,h_{\max}]\times[f_{\min},\infty]\cap\{(h,f)|f\leqslant\kappa_f\}$ 被最多有限个这样的正方形完全覆盖. 由于 $(h_k,f_k)(k\in K_1)$ 不断被加到滤子中, 这意味着当 k 趋于无穷时, f_k 趋于无穷. 不失一般性, 对于足够大的 k, 令 $f_{k+1}\geqslant f_k$. 那么

$$h_{k+1}\leqslant(1-\gamma)h_k\leqslant h_k-\gamma\epsilon. \tag{3.1.39}$$

因此, $h_k\to 0(k\to\infty)$, 产生矛盾. 从而得出结论. □

定理 3.3 假定算法 3.1 用于求解问题 (2.5.1), 并且假设 3.1 和假设 3.2 保持不变. 设 $\{x_k\}$ 为算法生成的迭代序列. 那么就有以下两种可能的情况:

(1) 迭代在 KKT 点结束;

(2) $\{x_k\}$ 的任意聚点都是问题 (2.5.1) 的 KKT 点.

证明 (1) 根据算法 3.1 和引理 3.9、定理 3.2 可证.

(2) 根据算法 3.1, 生成序列 $\{x_k\}$ 有两种方式, 一种方式为 $x_{k+1}=x_k+d_k$, 另一种方式为 $x_{k+1}=x_k+\alpha_k q_k$. 分别证明如下.

情形 I: 假设 $\{x_k\}$ 的生成方式为 $x_{k+1}=x_k+d_k$. 通过假设 3.3, 一定存在一个点 x^* 使 $x_k\to x^*(k\in K)$, 其中 K 是一个无穷指标集. 同样, 根据引理 3.9, $h(x_k)\to 0(k\in K)$, 意味着 x^* 是一个可行点并且 $\Psi^0(x_k,\sigma_k)\to 0(k\in K)$. 假定 x^* 不是一个 KKT 点, 令 $K_1=\{k\in K|\nabla f(x_k)^{\mathrm T}d_k>-\frac{1}{2}d_k^{\mathrm T}H_kd_k\}$.

(i) K_1 是一个无限指标集.

如果 $\lim\limits_{k\in K_1,k\to\infty}\|d_k\|=0$, 那么很容易看出 x^* 是一个 KKT 点. 由此产生矛盾. 因此, 不失一般性, 假设对于 $k\in K_1$, 有 $\|d_k\|>\epsilon$.

通过 $h(x_k)\to 0(k\in K)$ 和假设 3.5, 可以设存在 k_0, 对于 $k>k_0, k\in K_1$, 有

$$h(x_k)\leqslant\frac{a\epsilon^2}{2M}\leqslant\frac{a\|d_k\|^2}{2M}\leqslant\frac{d_k^{\mathrm T}H_kd_k}{2M}. \tag{3.1.40}$$

通过问题 (3.1.1) 和定理 3.1 的 KKT 条件, 有

$$\nabla f(x_k)+H_kd_k+A_kU_k=0,\quad A_k=(\nabla c_i(x_k),\ i\in L_k).$$

结合 (3.1.40) 可以得到, 对于所有的 $k\in K_1, k>k_0$, 有

$$\begin{aligned}\nabla f(x_k)^{\mathrm T}d_k &= -d_k^{\mathrm T}H_kd_k-d_k^{\mathrm T}A_kU^k\\ &= -d_k^{\mathrm T}H_kd_k-(U^k)^{\mathrm T}c(x_k)\\ &\leqslant -d_k^{\mathrm T}H_kd_k+\|U^k\|_\infty h(x_k)\\ &\leqslant Mh(x_k)-d_k^{\mathrm T}H_kd_k\end{aligned}$$

$$\leqslant -\frac{1}{2}d_k^{\mathrm{T}}H_kd_k, \tag{3.1.41}$$

与 K_1 的定义产生矛盾.

(ii) K_1 是一个有限指标集.

K_1 是一个有限指标集意味着当 k 足够大时,

$$\nabla f(x_k)^{\mathrm{T}}d_k \leqslant -\frac{1}{2}d_k^{\mathrm{T}}H_kd_k.$$

那么

$$\begin{aligned} f(x_k)-f(x_{k+1}) &= -\nabla f(x_k)^{\mathrm{T}}d_k + O(\|d_k\|^2) \\ &\geqslant -\nabla f(x_k)^{\mathrm{T}}d_k \\ &\geqslant \frac{1}{2}d_k^{\mathrm{T}}H_kd_k \\ &\geqslant \frac{a}{2}\|d_k\|^2. \end{aligned} \tag{3.1.42}$$

由于 f 是有下界的, 对于某个整数 i_0, 有

$$\infty > \sum_{k=i_0}^{\infty}(f(x_k)-f(x_{k+1})) \geqslant \sum_{k=i_0}^{\infty}\frac{a}{2}\|d_k\|^2, \tag{3.1.43}$$

从而

$$\sum_{k=i_0}^{\infty}\|d_k\|^2 < +\infty.$$

也就是说 $\|d_k\| \to 0$. 因此 x^* 是一个 KKT 点.

情形 II: 假设 $\{x_k\}$ 的生成方式为 $x_{k+1} = x_k + \alpha_k q_k$.

反证法. 假设 $\|d_k\| > \epsilon,\ \ k \in K$. 对于任意的 $x \in \bar{\Omega}^c$, 如果 $\theta(x,\sigma) < 0$, 则 $\theta^0(x,\sigma) < 0$, 有 $\alpha_k > \bar{\alpha} > 0$. 不失一般性, 假定 $q_k \to q^*$. 由 $\|d_k\| > \epsilon$, 可以看出 $f(x^*)^{\mathrm{T}}q^* < 0$. 因为 $\Psi(x,\sigma), \Psi^0(x,\sigma), \theta(x,\sigma), \theta^0(x,\sigma)$ 在 $\mathbb{R}^n \times \mathbb{R}^+$ 上都是连续的, 则

$$\begin{aligned} 0 &= \lim_{k\in K}(f(x_{k+1})-f(x_k)) \\ &= \lim_{k\in K}(\alpha_k\nabla f(x_k)^{\mathrm{T}}q_k + O(\|\alpha_kq_k\|^2)) \\ &\leqslant \lim_{k\in K}(\alpha_k\nabla f(x_k)^{\mathrm{T}}q_k) \end{aligned}$$

$$\leqslant \bar{\alpha}\nabla f(x^*)^{\mathrm{T}}q^* < 0. \tag{3.1.44}$$

由此产生矛盾.

结合情形 I 和情形 II, 结论成立. □

为了研究超线性收敛性, 需要如下正则性假设.

假设 3.6 当 $k\to\infty$, 矩阵 H_k 极限存在, 极限矩阵为 H^*.

假设 3.7 在 KKT 点 x^* 和对应的乘子向量 λ^* 处满足二阶充分条件, 即

$$d^{\mathrm{T}}\nabla_{xx}^2\mathcal{L}(x^*,\lambda^*)d>0,\quad \forall d\in\{d|\nabla c_i(x^*)^{\mathrm{T}}d=0,\ i\in I(x^*)\}, \tag{3.1.45}$$

其中,

$$\mathcal{L}(x,\lambda)=f(x)+\sum_{i=1}^{m}\lambda_i c_i(x),\quad I(x^*)=\{i|c_i(x^*)=0\}.$$

假设 3.8 在 x^* 处, 线性独立约束规范条件成立.

假设 3.9 矩阵 H_k 是对称正定矩阵, 满足以下条件

$$\lim_{k\to\infty}\frac{\|(H_k-\nabla_{xx}^2\mathcal{L}(x^*,\lambda^*))d\|}{\|d_k\|}=0. \tag{3.1.46}$$

引理 3.10[31] 由算法 3.1 产生的序列 $\{x_k\}$ 收敛于问题 (2.5.1) 的解 x^*.

根据定理 3.3 和引理 3.9 可知 $\|d_k\|\to 0$. 因此, 当 k 足够大时, $\|d_k\|$ 可以满足 $\|d_k\|\leqslant\sigma_k$. 引理 3.8 表明, 当 k 足够大时, $\Psi^0(x_k,\sigma_k)=0$. 因此, 当 k 足够大时, (3.1.2) 等价于下面的二次规划子问题:

$$\begin{aligned}\min\quad & \nabla f(x_k)^{\mathrm{T}}d+\frac{1}{2}d^{\mathrm{T}}H_kd\\ \text{s.t.}\quad & c_i(x_k)+\nabla c_i(x_k)^{\mathrm{T}}d\leqslant 0,\quad i\in L_k.\end{aligned} \tag{3.1.47}$$

引理 3.11 对于 $k\to\infty$, 有 $L_k\equiv I(x^*)=I_*, d_k\to 0, \lambda_k\to(\lambda_i^*, i\in I_*)$, $U^k\to\lambda^*$, 其中 (d_k,λ_k) 为上述二次规划子问题的 KKT 点对.

证明 由引理 3.9 可知, $H_k\to H^*$, 当 $k\to\infty$ 时, 有 $d_k\to 0$. 根据引理 3.5 和 $x_k\to x^*$, 可得 $I_*\subset L\equiv L_k$.

首先, 证明 $\lambda_k\to\lambda_i^*, i\in L$.

若 x^* 是问题 (2.5.1) 的一个 KKT 点, 有

$$\nabla f(x^*)+A_*\lambda_L^*=0,\quad \lambda_L^*\geqslant 0,\quad \lambda_i^*=0,\quad i\in I\setminus L, \tag{3.1.48}$$

其中, $\lambda_L^*=(\lambda_i^*,\ i\in L)$, $A_*=(\nabla c_i(x^*),\ i\in L)$.

从引理 3.5 和 $x_k \to x^*$ 中可以发现, $A_*^{\mathrm{T}} A_*$ 是非奇异的, 并且

$$(A_k^{\mathrm{T}} A_k)^{-1} \to (A_*^{\mathrm{T}} A_*)^{-1}.$$

因此,

$$\lambda_L^* = -(A_*^{\mathrm{T}} A_*)^{-1} A_*^{\mathrm{T}} \nabla f(x^*).$$

此外, 根据问题 (3.1.1) 的 KKT 条件, 有

$$\nabla f(x_k) + H_k d_k + A_k \lambda_k = 0, \tag{3.1.49}$$

因此,

$$\lambda_k = -(A_k^{\mathrm{T}} A_k)^{-1} A_k^{\mathrm{T}} (\nabla f(x_k) + H_k d_k) \to -(A_*^{\mathrm{T}} A_*)^{-1} A_*^{\mathrm{T}} \nabla f(x^*) = \lambda_L^*.$$

易见 $U^k \to \lambda^*$.

其次, 证明 $L \subset I_*$.

对于 $i_0 \notin L$, 反证法, 令 $i_0 \notin I_*$, 此时必然存在一个常数 $\xi_0 > 0$, 使得 $c_{i_0}(x^*) \leqslant -\xi_0 < 0$. 又由于 $c_{i_0}(x)$ 是连续可微的, 并且 $d_k \to 0$ $(k \to \infty)$, 那么对于足够大的 k 有

$$c_{i_0}(x^*) + \nabla c_{i_0}(x^*)^{\mathrm{T}} d_k \leqslant -\frac{\xi_0}{2} < 0,$$

这意味着 $i_0 \notin L$, 与上述假设产生矛盾. 因此 $L \equiv L_k \equiv I_*$. □

引理 3.12 假设 3.1—假设 3.9 成立, 那么对于足够大的 k, 有 $x_{k+1} = x_k + d_k$.

证明 假设 x_k 对于滤子而言是可接受的, 下面证明当 k 足够大时, $x_k + d_k$ 对于滤子也是可接受的.

由引理 3.9 和引理 3.11可知, 当 $k \to \infty$ 时, $d_k \to 0, h_k \to 0$. 通过算法 3.1 的构造, 可以得到 $h(x_k+d_k) = o(\|d_k\|^2)$. 下面只需证明 $f(x_k+d_k) \leqslant f(x_k)+\gamma h(x_k)$.

令 $s_k = f(x_k + d_k) - f(x_k) - \gamma h(x_k)$, 有

$$s_k = \nabla f(x_k)^{\mathrm{T}} d_k + \frac{1}{2} d_k^{\mathrm{T}} \nabla^2 f(x_k) d_k + o(\|d_k\|^2). \tag{3.1.50}$$

而根据问题 (3.1.1) 和 $h_k \to 0$ 的 KKT 条件, 有

$$\nabla f(x_k)^{\mathrm{T}} d_k = -d_k^{\mathrm{T}} H_k d_k - \sum_{i=1}^{m} u_i^k \nabla c_i(x_k)^{\mathrm{T}} d_k, \tag{3.1.51}$$

$$c_i(x_k) + \nabla c_i(x_k)^{\mathrm{T}} d_k + \frac{1}{2} d_k^{\mathrm{T}} \nabla^2 c_i(x_k) d_k = o(\|d_k\|^2). \tag{3.1.52}$$

因此,

$$
\begin{aligned}
s_k &= -d_k^{\mathrm{T}} H_k d_k + \sum_{i=1}^{m} u_i^k c_i(x_k) + \frac{1}{2} d_k^{\mathrm{T}} \nabla^2 \mathcal{L}(x_k, U^k) d_k + o(\|d_k\|^2) \\
&= -\frac{1}{2} d_k^{\mathrm{T}} H_k d_k + \sum_{i=1}^{m} u_i^k c_i(x_k) + \frac{1}{2} d_k^{\mathrm{T}} (\nabla^2 \mathcal{L}(x_k, U^k) - H_k) d_k + o(\|d_k\|^2).
\end{aligned}
\tag{3.1.53}
$$

根据 $u_i^k \to \lambda_i^* > 0,\ c_i(x_k) \to c_i(x^*) < 0 (i \in I_*)$ 和假设 3.5, 有

$$
\begin{aligned}
s_k \quad \leqslant \quad & -\frac{a}{2}\|d_k\|^2 + \frac{1}{2} d_k^{\mathrm{T}} (\nabla_{xx}^2 \mathcal{L}(x_k, U^k) - \nabla_{xx}^2 \mathcal{L}(x^*, \lambda^*)) d_k \\
& + \frac{1}{2} d_k^{\mathrm{T}} (\nabla_{xx}^2 \mathcal{L}(x^*, \lambda^*) - H_k) d_k + o(\|d_k\|^2).
\end{aligned}
\tag{3.1.54}
$$

由 $x_k \to x^*, U^k \to \lambda^*$ 和假设 3.3, 有

$$
d_k^{\mathrm{T}} (\nabla_{xx}^2 \mathcal{L}(x_k, U^k) - \nabla_{xx}^2 \mathcal{L}(x^*, \lambda^*)) d_k = o(\|d_k\|^2). \tag{3.1.55}
$$

假设 3.9 表明

$$
d_k^{\mathrm{T}} (\nabla_{xx}^2 \mathcal{L}(x^*, \lambda^*) - H_k) d_k = o(\|d_k\|^2). \tag{3.1.56}
$$

因此, 当 k 足够大时, 有

$$
s_k \leqslant -\frac{a}{2}\|d_k\|^2 + o(\|d_k\|^2) \leqslant 0. \tag{3.1.57}
$$

所以, 对于所有足够大的 k, $x_k + d_k$ 可以被滤子所接受. □

在此基础上, 很容易得到以下的收敛定理.

定理 3.4　在上述所有假设下, 算法都是超线性收敛的, 即算法生成的序列 $\{x_k\}$ 满足 $\|x_{k+1} - x^*\| = o(\|x_k - x^*\|)$.

最后, 为证明本节所提出方法的有效性, 下面给出了一些数值实验.

(1) H_k 的更新通过下式实现:

$$
H_{k+1} = \begin{cases} H_k, & \text{若} \quad s_k^{\mathrm{T}} y_k \leqslant 0, \\ H_k + \dfrac{y_k^{\mathrm{T}} y_k}{y_k^{\mathrm{T}} s_k} - \dfrac{H_k s_k s_k^{\mathrm{T}} H_k}{s_k^{\mathrm{T}} H_k s_k}, & \text{若} \quad s_k^{\mathrm{T}} y_k > 0. \end{cases} \tag{3.1.58}
$$

(2) 停止准则: 对于给定的足够小的 $\varepsilon > 0$, 有 $\|d_k\| < \varepsilon$.

(3) 如果原问题中存在一个等式约束 $c(x) = 0$, 则可以用两个对应的不等式约束 $c(x) \leqslant 0$ 和 $c(x) \geqslant 0$ 替代, 进而可以应用上述算法.

(4) 算法参数设置为 $\sigma_l = 1, \sigma_r = 2, \gamma = 0.1, H_0 = I \in \mathbb{R}^{n\times n}$.

注意, 下例中的 Iter 表示算法终止时的迭代次数.

例 3.1

$$\begin{aligned}
\min\quad & f(x) = x - \frac{1}{2} + \frac{1}{2}\cos^2(x) \\
\text{s.t.}\quad & x \geqslant 0, \\
& x_0 = 2, \quad x^* = 0, \quad f(x^*) = 0, \quad \text{Iter} = 2.
\end{aligned}$$

例 3.2

$$\begin{aligned}
\min\quad & f(x) = x_1^2 + x_2^2 + x_3^2 + x_4^2 \\
\text{s.t.}\quad & 6 - x_1^2 - x_2^2 - x_3^2 - x_4^2 \leqslant 0, \\
& x_0 = (2, 2, 2, 2)^{\mathrm{T}}, \\
& x^* = (1.2247, 1.2247, 1.2247, 1.2247)^{\mathrm{T}}, \\
& f(x^*) = 6, \quad \text{Iter} = 5.
\end{aligned}$$

例 3.3

$$\begin{aligned}
\min\quad & f(x) = \sum_{i=1}^{3} x_i^2 x_{i+1}^2 + x_1 x_4 \\
\text{s.t.}\quad & 4 - \sum_{i=1}^{4} x_i \leqslant 0, \\
& 1 - \sum_{i=1}^{4} (-1)^{i+1} x_i \leqslant 0, \\
& x_0 = (2.5, 1.5, 0, 0)^{\mathrm{T}}, \\
& x^* = (1.2400, 0.7533, 1.2600, 0.7467)^{\mathrm{T}}, \\
& f(x^*) = 3.5844, \quad \text{Iter} = 6.
\end{aligned}$$

例 3.4

$$\begin{aligned}
\min\quad & f(x) = \frac{4}{3}(x_1^2 - x_1 x_2 + x_2^2)^{\frac{3}{4}} - x_3 \\
\text{s.t.}\quad & x \geqslant 0, \\
& x_3 \leqslant 2, \\
& x_0 = (0, 0.25, 0)^{\mathrm{T}},
\end{aligned}$$

$$x^* = (0,0,2)^{\mathrm{T}},$$
$$f(x^*) = -2, \quad \mathrm{Iter} = 7.$$

3.1.2 信赖域滤子方法

考虑非线性半无限规划问题 (SIP) 如下:

$$\begin{aligned} (\mathrm{SIP}):\ &\min_{x\in\mathbb{R}^n}\ f(x) \\ &\text{s.t.}\ \ g(x,t)\leqslant 0,\quad t\in T, \end{aligned} \tag{3.1.59}$$

其中 T 是闭集, $f:\mathbb{R}^n\to\mathbb{R}$ 和 $g:\mathbb{R}^n\times T\to\mathbb{R}$ 都是连续可微的. 为方便起见, 本节仅考虑 $T=[a,b]$ 的情况, 其中 a,b 都是实数.

半无限规划问题出现在近似理论、最优控制、特征值计算、材料的机械应力、污染控制和统计设计等各种应用中[57–59,139–141,150,153,156,157,159,160]. 对于半无限规划问题的研究可以追溯到线性半无限规划 [33], 在关于 Fritz-John 条件的研究 [34] 中也有所提及. 之后, Charnes, Coopper, Kortanek 在 1962 年 [35] 正式提出半无限规划. 由于 (SIP) 问题中的约束条件是无限的, 所以求解 (SIP) 问题是困难的. 求解 (SIP) 问题的数值方法可分为离散方法和连续方法. 离散方法[151,164,165] 基于将原问题离散化得到的非线性规划问题, 并与一些网格细化策略相结合 [36,37].

对于连续方法, Hettich 和 Honstede 提出了一种迭代方法, 尝试找到满足原问题最优性条件[190] 的解. 然而, 该方法仅具有局部收敛性, 对实际应用具有很大的限制性 [38]. Jian 等[39] 提出了一种具有全局收敛性的可行方向算法的范数松弛方法. Coope 和 Watson [40] 提出了一种序列二次规划 (SQP) 方法, 该方法利用了精确罚函数 L_1, 具有全局收敛性. Tanaka 等[41] 利用精确罚函数 L_∞ 和信赖域方法, 提出了一种求解 (SIP) 问题的全局收敛 SQP 方法. 罚函数方法对于具有光滑不等式约束的优化问题来说, 通常是一种有效的方法. 在文献 [42, 43] 中, 为了求解 (SIP) 问题, 利用罚函数的概念, 将积分形式的光滑近似函数附加到目标函数上, 但不能避免采用连续不等式约束的光滑近似所造成的误差. 此外, 也很难找到一个合适的罚因子. 如果罚因子太大, 那么任何单调方法都将被迫严格遵循非线性约束, 从而导致牛顿步长大大缩短, 收敛速度缓慢.

将 (SIP) 问题离散化, 考虑以下问题:

$$\begin{aligned} (\mathrm{SIP}_q):\ &\min_{x\in\mathbb{R}^n}\ f(x) \\ &\text{s.t.}\ \ g(x,t)\leqslant 0,\quad t\in T_q, \end{aligned} \tag{3.1.60}$$

其中,

$$T_q=\left\{t\in T|t=a+i\cdot\frac{b-a}{q},i=0,1,2,\cdots,q\right\}$$

是 (SIP) 问题 (3.1.59) 中出现的 T 的离散子集. q 是一个正整数 (通常 $q\geqslant 100$), 表示离散水平. a 和 b 是实数, 假设 $q\geqslant 100|b-a|$.

对于任意的 $x\in\mathbb{R}^n$, 记 $\varphi(x)=\max\{0,g(x,t),t\in T_q\}$, 定义

$$\begin{aligned}
&T^-(x)=\{t\in T_q|g(x,t)\leqslant 0\},\\
&T^+(x)=\{t\in T_q|g(x,t)>0\},\\
&T_0^-(x)=\left\{t\in T^-(x)|g(x,t)=0\right\},\\
&T_0^+(x)=\left\{t\in T^+(x)|g(x,t)=\varphi(x)\right\},\\
&T_0(x)=T_0^-(x)\cup T_0^+(x),\\
&X=\{x_k|g(x_k,t)\leqslant 0,w\in T_q\}.
\end{aligned}\tag{3.1.61}$$

假设当前迭代点是 $x_k\in\mathbb{R}^n$, 则

$$\begin{aligned}
&\varphi_k=\max\{0,g(x_k,t),t\in T_q\},\\
&T_k^-(x)=\{t\in T^q|g(x_k,t)\leqslant 0\},\\
&T_k^+=\{t\in T^q|g(x_k,t)>0\},\\
&T_k=T_k^-(x)\cup T_k^+.
\end{aligned}\tag{3.1.62}$$

为了提高 (SIP) 问题最优解的精度, 考虑到信赖域方法能在优化算法中保证全局收敛的同时保持快速局部收敛, 因此在 (3.1.60) 的二次子问题中加入信赖域条件.

对于当前第 k 次迭代, d_k 由以下修正的信赖域二次子问题 (QP) 得到

$$\begin{aligned}
\text{(QP)}:\ \min\quad & \gamma_0 z+\frac{1}{2}d^{\mathrm{T}}H_kd\\
\text{s.t.}\quad & \nabla f(x_k)^{\mathrm{T}}d\leqslant\gamma_0 z,\\
& g(x_k,t)+\nabla_x g(x_k,t)^{\mathrm{T}}d\leqslant\gamma_t z,\quad \forall t\in T_k^-,\\
& g(x_k,t)+\nabla_x g(x_k,t)^{\mathrm{T}}d\leqslant\gamma_t z+\varphi_k,\quad \forall t\in T_k^+,\\
& \|d\|\leqslant\Delta_k,
\end{aligned}\tag{3.1.63}$$

其中 $\gamma_0,\gamma_t>0$ 是正常数, H_k 是一个对称的正定矩阵, $\Delta_k\geqslant 0$ 是第 k 个信赖域半径. 记

$$q_k(z,d)=\gamma_0 z+\frac{1}{2}d^{\mathrm{T}}H_kd.\tag{3.1.64}$$

定义 $f(x)$ 的实际下降量为

$$\text{Ared}_k = f(x_k) - f(x_k + d_k), \tag{3.1.65}$$

$f(x)$ 的预测下降量为

$$\text{Pred}_k = q_k(0,0) - q_k(z_k, d_k), \tag{3.1.66}$$

其中 $q_k(z_k, d_k) = \gamma_0 z_k + \dfrac{1}{2} d_k^{\mathrm{T}} H_k d_k$.

定义

$$\rho_k = \frac{\text{Ared}_k}{\text{Pred}_k} = \frac{f(x_k) - f(x_k + d_k)}{q_k(0,0) - q_k(z_k, d_k)}, \tag{3.1.67}$$

参数 ρ_k 用于确定 $f(x)$ 的预测下降量与实际下降量是否接近. 对于试探点是否被接受为成功迭代, 采用滤子方法实现.

试探点 x 被接受为成功迭代, 当且仅当

$$h(x) \leqslant \beta h_j \quad \text{或者} \quad f(x) \leqslant f_j - \gamma h(x), \quad \forall (h_j, f_j) \in \mathcal{F}, \tag{3.1.68}$$

其中 $0 < \gamma < \beta < 1$ 是常数. 实际上 β 接近于 1, γ 接近于 0.

在当前第 k 次迭代中, 令 $h_k = \max\{0, g(x_k, t), t \in T_q\}$, $f_k = f(x_k)$, 下面给出本节的算法:

算法3.3

步骤 0　初始化. 给定 $x_0 \in \mathbb{R}^n, \Delta_0, \varepsilon > 0$. 令 $k = 0, \mathcal{F} = \Phi, q \geqslant 100|b - a|, \gamma > 0, \beta > 0, 0 \leqslant \varepsilon < 1, \rho_0 > 0, \gamma_0 > 0, \gamma_w > 0$.

步骤 1　求解 (3.1.63), 得到 d_k, z_k. 如果 $|z_k| \leqslant \varepsilon$, 算法停止; 否则, 令 $x_k^+ = x_k + d_k$, 转到步骤 2.

步骤 2　计算 $\rho_k = \dfrac{\text{Ared}_k}{\text{Pred}_k} = \dfrac{f(x_k) - f(x_k + d_k)}{q_k(0,0) - q_k(z_k, d_k)}$, 其中 $q_k(z_k, d_k) = \gamma_0 z_k + \dfrac{1}{2} d_k^{\mathrm{T}} H_k d_k$.

步骤 3　如果 $\rho_k \geqslant \rho_0$, 令 $k := k + 1, \Delta_k = 2\Delta_k$, 更新参数 H, 转到步骤 1; 否则, 转到步骤 4.

步骤 4　如果 (h_k, f_k) 对于当前滤子可接受, 将 (h_k, f_k) 添加至滤子, 令 $k := k + 1, \Delta_k = 2\Delta_k$, 更新参数 H, 转到步骤 1; 否则, 令 $k := k, \Delta_k = \dfrac{1}{2}\Delta_k$, 转到步骤 1.

假设 (QP) 问题 (3.1.63) 具有局部最优解 (d_k, z_k), 即 (d_k, z_k) 是 (QP) 问题的 KKT 点, 那么存在乘子 $\mu_k \in \mathbb{R}^n$ 及 $\mu_t^k \in \mathbb{R}^{q+1}, t \in T_q$ 满足

$$
\begin{aligned}
H_k d_k + \mu_k \nabla f(x_k) + \sum_{t \in Tq} \mu_t^k \nabla_x g(x_k, t) + \mu_d d = 0,& \\
\mu_k \gamma_0 + \sum_{t \in Tq} \mu_t^k \gamma_t = \gamma_0,& \\
\nabla f(x_k)^{\mathrm{T}} d - \gamma_0 z \leqslant 0,& \\
g(x_k, t) + \nabla_x g(x_k, t)^{\mathrm{T}} d - \gamma_t z \leqslant 0,& \quad \forall t \in T_k^-, \\
g(x_k, t) + \nabla_x g(x_k, t)^{\mathrm{T}} d - \gamma_t z - \varphi_k \leqslant 0,& \quad \forall t \in T_k^+, \\
\| d \| \leqslant \Delta_k,& \\
\mu_k \left(\nabla f(x_k)^{\mathrm{T}} d - \gamma_0 z \right) = 0,& \\
\mu_t^k \left(g(x_k, t) + \nabla_x g(x_k, t)^{\mathrm{T}} d - \gamma_t z \right) = 0,& \quad \forall t \in T_k^-, \\
\mu_t^k \left(g(x_k, t) + \nabla_x g(x_k, t)^{\mathrm{T}} d - \gamma_t z - \varphi_k \right) = 0,& \quad \forall t \in T_k^+, \\
\mu_d (\| d \| - \Delta_k) = 0,& \\
\mu_k, \mu_t^k, \mu_d \geqslant 0.&
\end{aligned}
\tag{3.1.69}
$$

类似地, 如果 x_k 是 (SIP$_q$) 问题的 KKT 点, 则存在乘子向量 $\mu_k \in \mathbb{R}^n$ 及 $\lambda_k \in \mathbb{R}^{q+1}$ 使得下式成立,

$$
\begin{aligned}
\mu_k \nabla f(x_k) + \sum_{t \in T} \lambda_k \nabla_x g(x_k, t) = 0,& \\
g(x_k, t) \leqslant 0,& \quad t \in T, \\
\lambda_k g(x_k, t) = 0,& \\
\lambda_k \geqslant 0.&
\end{aligned}
\tag{3.1.70}
$$

假设 3.10 $f : \mathbb{R}^n \to \mathbb{R}$ 和 $g : \mathbb{R}^n \times T_q \to \mathbb{R}$ 是连续可微的.

引理 3.13 若假设 3.10 成立且 $x_k \in \mathbb{R}^n$, 则

(i) 子问题 (QP) 存在唯一解;

(ii) (z_k, d_k) 是子问题 (QP) 的最优解, 当且仅当 (z_k, d_k) 是它的一个 KKT 点.

证明　(i) 显然, $(z_k,d_k)=(0,0)$ 是子问题 (QP) 的可行解, 因为对于任意的 $t\in T_k^-, g(x_k,t)\leqslant 0$, 对于任意的 $t\in T_k^+, g(x_k,t)\leqslant \varphi_k$, 该可行解满足 $\nabla f(x_k)^{\mathrm{T}}d\leqslant \gamma_0 z$ 及 $\|d\|\leqslant \Delta_k$, 因此子问题 (QP) 的可行集非空.

另外, 对于子问题 (QP) 的每个可行解 (z,d), 根据子问题 (QP) 的第一个约束 $\nabla f(x_k)^{\mathrm{T}}d\leqslant \gamma_0 z$, 可知子问题 (QP) 的目标函数值满足以下不等式:

$$\gamma_0 z_k+\frac{1}{2}d_k^{\mathrm{T}}H_kd_k\geqslant \nabla f(x_k)^{\mathrm{T}}d_k+\frac{1}{2}d_k^{\mathrm{T}}H_kd_k. \tag{3.1.71}$$

因此, 由于 B_k 的对称正定的性质, 子问题 (QP) 的目标函数值有下界, 即存在一个常数 a 满足

$$\inf\left\{\gamma_0 z_k+\frac{1}{2}d_k^{\mathrm{T}}H_kd_k:(z_k,d_k)\in X_k\right\}=a\in(-\infty,+\infty), \tag{3.1.72}$$

其中, 可行集

$$\begin{aligned}X_k=&\{(z_k,d_k):\nabla f(x_k)^{\mathrm{T}}d_k\leqslant \gamma_0 z_k; g(x_k,t)+\nabla_x g(x_k,t)^{\mathrm{T}}d_k\leqslant \gamma_t z_k, t\in T_k^-;\\ &g(x_k,t)+\nabla_x g(x_k,t)^{\mathrm{T}}d_k\leqslant \gamma_t z_k+\varphi_k, t\in T_k^+; \|d_k\|\leqslant \Delta_k\}.\end{aligned} \tag{3.1.73}$$

根据 Bolzano-Weierstrass 定理, 有界级数必须具有收敛的子序列. 因此, 存在一个子序列 $\left\{z_{k_j},d_{k_j}\right\}\subset X_k$ 满足

$$\gamma_0 z_{k_j}+\frac{1}{2}d_{k_j}^{\mathrm{T}}H_kd_{k_j}\to a,\quad j\to\infty. \tag{3.1.74}$$

此外, 对于足够大的 j 有

$$a+\frac{1}{2}\geqslant \gamma_0 z_{k_j}+\frac{1}{2}d_{k_j}^{\mathrm{T}}H_kd_{k_j}\geqslant \nabla f(x_k)^{\mathrm{T}}d_k+\frac{1}{2}d_{k_j}^{\mathrm{T}}H_kd_{k_j}. \tag{3.1.75}$$

注意, 矩阵 B_k 是正定的, 并且序列 $\left\{b_{k_j}\right\}$ 是有界的, 所以序列 $\left\{z_{k_j}\right\}$ 是有界的. 因此, 存在一个子集 K 满足

$$\lim_{j\in K}(z_{k_j},d_{k_j})=(z_k,d_k)\in X_k,\quad a=\gamma_0 z_k+\frac{1}{2}d_k^{\mathrm{T}}H_kd_k. \tag{3.1.76}$$

因此, (z_k,d_k) 是子问题 (QP) 的最优解. 此外, 子问题 (QP) 等价于以下约束优化问题:

$$\min_{d_k\in\mathbb{R}^n}\quad \frac{1}{2}d_k^{\mathrm{T}}H_kd_k+\max\left\{\nabla f(x_k)^{\mathrm{T}}d_k;\frac{\gamma_0}{\gamma_t}(g(x_k,t)+\nabla_x g(x_k,t)^{\mathrm{T}}d_k),t\in T_k^-;\right.$$

$$\left.\frac{\gamma_0}{\gamma_t}(g(x_k,t)+\nabla_x g(x_k,t)^{\mathrm{T}}d_k-\varphi_k),t\in T_k^+\right\} \tag{3.1.77}$$

$$\text{s.t.} \quad \|d_k\|\leqslant \Delta_k.$$

显然, 目标函数的第一项对变量 d_k 是严格凸的, 第二项对变量 d_k 是凸的, 可得上述问题的目标函数是严格凸的 [45]. 此外, (3.1.77) 的约束函数是一个凸函数. 结合 $\mathbb{R}^n$ 的凸性, 上述问题 (3.1.77) 是一个凸规划, 其最优解 d_k 是唯一的. 因此, 子问题 (QP) 的最优解是唯一的.

(ii) 如果 (z_k,d_k) 是子问题 (QP) 的一个 KKT 点, 并且由于子问题 (QP) 是一个凸规划, 所以它是子问题 (QP) 的最优解. 相反, 如果 (z_k,d_k) 是子问题 (QP) 的最优解, 而子问题 (QP) 的约束是线性的, 所以 Abadie 约束条件 [46] 自动成立, 那么 (z_k,d_k) 是子问题 (QP) 的一个 KKT 点.

根据引理 3.13, 可知子问题 (QP) 只有最优解 (z_k,d_k), 即子问题 (QP) 只有 KKT 点. 因此, 存在乘子 $\mu_k\in\mathbb{R}^n,\mu_w^k\in\mathbb{R}^{q+1},w\in\Omega_q$ 满足 (3.1.69).

类似地, 如果 x_k 是问题 (SIP_q) 的一个 KKT 点, 则存在乘子向量 $\mu_k\in\mathbb{R}^n,\lambda_k\in\mathbb{R}^{q+1}$ 满足 (3.1.70). □

假设 3.11 假设 Mangasarian-Fromovitz 约束规范 (MFCQ) 在任何 $x\in\mathbb{R}^n$ 都成立, 即存在一个向量 d 使得 $\left\{d|\nabla_x g(x,t)^{\mathrm{T}}d<0,\forall t\in T_0(x)\right\}\neq\varnothing$.

引理 3.14 设假设 3.10 和假设 3.11 成立, (z_k,d_k) 是子问题 (QP) 的一个最优解, 那么

(i) $\gamma_0 z_k+\frac{1}{2}d_k^{\mathrm{T}}H_kd_k\leqslant 0, z_k\leqslant 0$;

(ii) $z_k=0$ 当且仅当 $d_k=0$ 当且仅当 x_k 是子问题 (QP) 的 KKT 点.

证明 (i) 易知 $(z_k,d_k)=(0,0)$ 是子问题 (QP) 的可行解, 由 (z_k,d_k) 是该子问题的最优解可得

$$\gamma_0 z_k+\frac{1}{2}d_k^{\mathrm{T}}H_kd_k\leqslant 0,\quad z_k\leqslant 0.$$

由 H_k 是正定的, $\gamma_0>0$, 有

$$z_k\leqslant -\frac{1}{2}d_k^{\mathrm{T}}H_kd_k\leqslant 0.$$

(ii) 根据 (i), 有

$$\gamma_0 z_k+\frac{1}{2}d_k^{\mathrm{T}}H_kd_k\leqslant 0.$$

如果 $z_k=0$, 则

$$\frac{1}{2}d_k^{\mathrm{T}}H_kd_k\leqslant 0,$$

考虑到 H_k 的正定性, 有 $d_k=0$. 相反, 如果 $d_k=0$, 表示问题 (SIP_q) 的可行集为

$$X=\{x_k|g(x_k,t)\leqslant 0,t\in T_q\}. \tag{3.1.78}$$

分别考虑 $x_k\in X$ 和 $x_k\notin X$. 首先, 假设 $x_k\in X$, 即 $\varphi_k=0$, 由子问题 $\nabla f(x_k)^{\mathrm{T}}d\leqslant\gamma_0 z$ 的第一个约束, 有

$$0=\nabla f(x_k)^{\mathrm{T}}d_k\leqslant\gamma_0 z_k.$$

结合 $z_k\leqslant 0$ 和 $\gamma_0>0$, 可得 $z_k=0$ 是成立的. 现在假设 $x_k\notin X$, 即 $\varphi_k>0$, 设 $\hat{T}_k^+(x_k)\neq 0$ 及 $t_0\in T_q$, 使得 $g(x,t_0)=\varphi_k$. 因此, 从约束 $g(x_k,t)+\nabla_x g(x_k,t)^{\mathrm{T}}d_k\leqslant\gamma_t z_k+\varphi_k$ 的子问题 (QP) 中, 可以得到

$$z_k\geqslant\frac{g(x_k,t)-\varphi_k+\nabla_x g(x_k,t)^{\mathrm{T}}d_k}{\gamma_t}=\frac{\nabla_x g(x_k,t)^{\mathrm{T}}d_k}{\gamma_t}=0. \tag{3.1.79}$$

结合 $z_k\leqslant 0$, 可以得到 $z_k=0$. 得出结论 (ii). □

引理 3.15 假设 $z_k=0,x_k\notin X$, 定义 X 为 (3.1.78), 则集合 $\{d\mid\nabla_x g(x,t)^{\mathrm{T}}d<0,\forall t\in T_0(x)\}=\varnothing$.

证明 反证法. 根据 X 的定义和 $x_k\notin X$, 有 $\Omega_k^+\neq\varnothing$. 假设存在一个向量 $\overline{d}\in\mathbb{R}^n$, 使得

$$\nabla_x g(x,t)^{\mathrm{T}}\overline{d}<0,\quad\forall t\in T_0(x). \tag{3.1.80}$$

如果参数 $\lambda>0$ 足够小, 则以下结果成立:

$$\begin{aligned}\overline{z}(\lambda)=\max\bigg\{&\frac{1}{\gamma_0}(\nabla f(x_k)^{\mathrm{T}}(\lambda\overline{d});\frac{1}{\gamma_t}(g(x_k,t)+\nabla_x g(x_k,t)^{\mathrm{T}}(\lambda\overline{d})),t\in T_k^-;\\&\frac{1}{\gamma_t}(g(x_k,t)+\nabla_x g(x_k,t)^{\mathrm{T}}(\lambda\overline{d})-\varphi_k),t\in T_k^+\bigg\}.\end{aligned} \tag{3.1.81}$$

显然, 对于足够小的 $\lambda>0,(\overline{z},\lambda\overline{d})$ 是问题 (3.1.63) 的可行解.

同时, $\gamma_0\overline{z}+\dfrac{1}{2}(\lambda\overline{d})^{\mathrm{T}}H_K(\lambda\overline{d})<0$. 因此,

$$z_k\leqslant z_k+\frac{1}{2}(d_k)^{\mathrm{T}}H_k(d_k)\leqslant\overline{z}+\frac{1}{2\gamma_0}(\lambda\overline{d})^{\mathrm{T}}H_K(\lambda\overline{d})<0. \tag{3.1.82}$$

这与 $z_k=0$ 相矛盾. 因此, 引理 3.15 成立. □

引理 3.16 设假设 3.10 和假设 3.11 成立, X 定义为 (3.1.78), 如果 $x_k\notin X$, 则 $z_k<0$.

证明 反证法. 假设 $x_k \notin X$ 不成立, 则 $z_k = 0$, 得到

$$\{d \mid \nabla_x g(x,t)^{\mathrm{T}} d < 0, \forall t \in T_0(x)\} = \varnothing,$$

这一结论与假设 3.11 相矛盾. □

引理 3.17 设假设 3.10 和假设 3.11 成立, 那么乘子序列 $\{\mu_k\}$ 和 $\mu_t^k (t \in T_q)$ 都是有界的.

证明 根据公式 $\gamma_0 = \mu_k \gamma_0 + \sum\limits_{t \in T_q} \mu_t^k \gamma_t$, 乘子 μ_t^k, γ_t 的非负性, 以及参数 $\gamma_0 > 0$, 可以得到序列 $\{\mu_k\}, \{\mu_t^k\}$ 的有界性. □

引理 3.18 设假设 3.10 和假设 3.11 成立, (z_k, d_k) 是子问题 (QP) 的最优解, 那么 $z_k = 0$ 当且仅当 x_k 是 (SIP_q) 的 KKT 点.

证明 假设 $z_k = 0$, 通过引理 3.14 得到 $d_k = 0, x_k \in X, \varphi_k = 0$, 因此, $T_k^+(x_k) = \varnothing$, $T_k^-(x_k) = T_q$ 及 KKT 条件 (3.1.69) 可以写为

$$\begin{aligned} \mu_k \nabla f(x_k) + \sum_{t \in T_q} \mu_t^k \nabla_x g(x_k, t) &= 0, \\ \mu_k \gamma_0 + \sum_{t \in T_q} \mu_t^k \gamma_t &= \gamma_0, \\ g(x_k, t) &\leqslant 0, \quad \forall t \in T_q, \\ \mu_t^k g(x_k, t) &= 0, \quad \forall t \in T_q, \\ \mu_k, \mu_t^k &\geqslant 0. \end{aligned} \tag{3.1.83}$$

根据公式 $\gamma_0 = \mu_k \gamma_0 + \sum\limits_{t \in T_q} \mu_t^k \gamma_t$, 乘子 μ_t^k, γ_t 的非负性, 以及参数 $\gamma_0 > 0$, 可以得到序列 $\{\mu_k\}$, $\{\mu_t^k\}$ 的有界性.

下证 $\mu_k \neq 0$. 反证法. 假设 $\mu_k = 0$, 则根据方程 $\gamma_0 = \mu_k \gamma_0 + \sum\limits_{t \in T_q} \mu_t^k \gamma_t$ 可以得到 $\mu_t^k \neq 0$, 即 $g(x_k, t) < 0, \forall t \in T_q$, 由于 $\mu_t^k g(x_k, t) = 0$, 可得 $\mu_t^k = 0$. 因此,

$$\mu_k \nabla f(x_k) + \sum_{t \in T_q} \mu_t^k \nabla_x g(x_k, t) = 0$$

变为

$$\sum_{t \in T_q} \mu_t^k \nabla_x g(x_k, t) = 0. \tag{3.1.84}$$

选择在点 x_k 处满足 MFCQ 的向量 d^*, 将上面的等式与 $t \in T_0(x)$ 的子问题的约

束分别都乘以 d^*, 得到

$$\sum_{t\in T_q}\mu_t^k\nabla_x g(x_k,t)d^*=0,\quad \nabla_x g(x_k,t)d^*<0, \tag{3.1.85}$$

产生矛盾, 即 $\mu_k\neq 0$.

令

$$\lambda_k=\frac{\mu_t^k}{\mu_k},\quad t\in T_q(x_k), \tag{3.1.86}$$

那么, (SIP_q) 的 KKT 条件在 x_k 处成立, 乘子向量为 λ_k, 所以 x_k 是 (SIP_q) 的 KKT 点.

下面证明定理的必要性. 如果 x_k 是 (SIP_q) 的一个 KKT 点, 即 (3.1.83) 成立, 那么 $(0,0)^{\mathrm{T}}$ 满足带乘子的 (SIP_q) 的 KKT 条件 (3.1.83),

$$\mu_k=\frac{\gamma_0-\sum\limits_{t\in T_q}\mu_t^k\gamma_t}{\gamma_0}, \tag{3.1.87}$$

$$\mu_t^k=\lambda_k\mu_k. \tag{3.1.88}$$

根据引理 3.13, 可得 KKT 点的唯一性. KKT 点的唯一性表明了 $z_k=0$. □

根据引理 3.18, $z_k=0$ 可以作为终止条件.

引理 3.19 算法 3.3 不能在内循环中循环无限多次 (步骤 1→ 步骤 2→ 步骤 4→ 步骤 1).

证明 反证法. 由算法 3.3 知 $\Delta_k\to 0, d_k\to 0$, 同时保持 $\rho_k\leqslant\rho_0$. 因此, 有

$$|\rho_k-1|=\frac{|\mathrm{Ared}_k-\mathrm{Pred}_k|}{|\mathrm{Pred}_k|}\leqslant\frac{o\|d_k\|^2}{|\nabla f(x_k)^{\mathrm{T}}d_k+\dfrac{1}{2}d_k^{\mathrm{T}}H_kd_k|}. \tag{3.1.89}$$

所以

$$\begin{aligned}0\leqslant|\rho_k-1|&=\frac{|\mathrm{Ared}_k-\mathrm{Pred}_k|}{|\mathrm{Pred}_k|}\\&\leqslant\frac{o\|d_k\|^2}{|\nabla f(x_k)^{\mathrm{T}}d_k+\dfrac{1}{2}d_k^{\mathrm{T}}H_kd_k|}\\&\to 0,\quad \Delta_k\to 0.\end{aligned} \tag{3.1.90}$$

这表明, 最终有 $\rho_k>\rho_0$. 因此产生矛盾, 原命题成立. □

在适当的条件下使原命题成立, 则算法 3.3 具有收敛性.

假设 3.12 假设由算法 3.3 生成的序列 $\{x_k\}$ 是有界的.

引理 3.20 若假设 3.5 和假设 3.12 成立, 则由算法 3.3 生成的序列 $\{d_k\}$ 和 $\{z_k\}$ 是有界的.

证明 首先证明 $\{d_k\}$ 是有界的.

反证法. 假设 $\{d_k\}$ 是无界的, 则存在无限指标集 K, 当 $k\in K, k\to+\infty$, 满足 $\|d_k\|\to+\infty$. 结合 $z_k\leqslant 0$, 与 $\nabla f(x_k)^{\mathrm{T}}d_k\leqslant\gamma_0 z$ 相矛盾, 所以 $\{d_k\}$ 是有界的.

那么, 由于 $\{d_k\}$ 是有界的, 而 $f(x)$ 是连续可微的, 因此 $\{\nabla f(x_k)^{\mathrm{T}}d_k\}$ 是有界的. 根据 $\nabla f(x_k)^{\mathrm{T}}d_k\leqslant\gamma_0 z, \gamma_0>0$ 有

$$\frac{\nabla f(x_k)^{\mathrm{T}}d_k}{\gamma_0}\leqslant z_k. \tag{3.1.91}$$

此外, 结合 $z_k\leqslant 0$, 有 $\{z_k\}$ 是有界的. □

定理 3.5 设假设 3.5 和假设 3.12 成立, K 是一个无限迭代的指标集, 如果 $d_k\to 0, k\in K$, 那么由算法 3.3 生成的 $\{x_k\}(k\in K)$ 的任意聚点都是 (SIP_q) 的 KKT 点.

证明 假设 x^* 是 $\{x_k, k\in K\}$ 的聚点. 记

$$L_0^-(x_k)=\{t\in T_q^-\mid g(x_k,t)+\nabla g(x_k,t)^{\mathrm{T}}d_k=\gamma_t z_k\}, \tag{3.1.92}$$

$$L_0^+(x_k)=\{t\in T_q^+\mid g(x_k,t)+\nabla g(x_k,t)^{\mathrm{T}}d_k=\gamma_t z_k+\varphi_k\}, \tag{3.1.93}$$

$$L_0(x_k)=L_0^-(x_k)\cup L_0^+(x_k), \tag{3.1.94}$$

其中, $L_0(x_k)$ 是 T_q 的子集.

首先, 证明 $z_k\to 0, k\in K$ 等同于 $d_k\to 0, k\in K$.

如果 $\varphi_k=0$, $x_k\in X_q$, 而且 $\nabla f(x_k)^{\mathrm{T}}d_k\leqslant\gamma_0 z_k$, $z_k\leqslant 0$, 则

$$\frac{\nabla f(x_k)^{\mathrm{T}}d_k}{\gamma_0}\leqslant z_k\leqslant 0,$$

因此 $z_k\to 0$, $d_k\to 0, k\in K$.

如果 $\varphi_k>0$, $T_q^+\neq\varnothing$, 则存在 $T_q^+\neq\varnothing$ 使得

$$\nabla g(x_k,t_0)^{\mathrm{T}}d^k\leqslant\gamma_{t_0}z_k\leqslant 0,\quad k\in K.$$

因此 $z_k\to 0, k\in K$. 同样 $d_k\to 0, k\in K$.

之后通过引理 3.17 和 3.18 得到结论. □

引理 3.21 假设在滤子中添加了无限多个点, 则

$$\lim_{i\to\infty}h(x_i)=0. \tag{3.1.95}$$

证明 反证法. 假设结论不成立, 则定义的 $K_1=\{k \mid h_k>\varepsilon\}$ 为无限集, 不失一般性, 对所有的 k, 有 $|f_k|\leqslant M$ 成立, 其中 M 是一个正常数. 分别考虑以下两种情况.

(i) $\min\limits_{i\in K_1}\{f_i(x)\}$ 存在.

令

$$f_{\min}=\min_{i\in K_1}\{f_i(x)\},$$

$$h_{\min}=\min_{i\in K_1}h(x)=\min_{i\in K_1}\parallel g^+\parallel,$$

$$g^+=\max\{0,g(x_k,t)\}.$$

根据滤子的定义, 滤子中位于 $x_{\min}$ 之后的其他部分满足

$$h_k\leqslant\beta h_{\min},\quad f_k\geqslant f_{\min}. \tag{3.1.96}$$

在 $x_{\min}$ 之后进入滤子的所有滤子都可以用一个面积不超过 $2Mh_{\min}$ 的正方形覆盖. 该区域位于这个正方形中的滤子的西南方向. 当一个新的点 x_{np} 进入滤子时, 下一个点 x_{np+1} 应该位于滤子 $\mathcal{F}_{np}$ 的西南, 并且正方形中 $\mathcal{F}_{np}$ 西南的面积小于 $\mathcal{F}_{np+1}$. 因此, 如果一个新的点进入滤子, 面积就会减少. 当一个点被添加到滤子中时, 它的 h 小于位于这个点左边的每个点, 大于 $(1-\beta)\varepsilon$. 它的 f 小于在这一点右边的每一点, 大于 $\gamma\varepsilon$. 因此, 该正方形的面积的减少将大于 $(1-\beta)\gamma\varepsilon^2$. 所以, 在有限的时间后, 面积将减少为 0. 当面积为零时, 这意味着有一个点没有进入 K_1, 这与 K_1 的无穷大性相矛盾.

(ii) $\min\limits_{i\in K_1}\{f_i(x)\}$ 不存在.

因为 $f(x)$ 和 $g(x,w)$ 是连续可微的, 令

$$f_{\min}=\inf_{i\in K_1}\{f_i(x)\}. \tag{3.1.97}$$

根据 $\inf f(x)$ 的定义, 存在 f_{np} 使得 $f_{np}\geqslant f_{\min}$ 及 $f_{np}\leqslant f_{\min}+\gamma\varepsilon$. 根据滤子的定义, 位于滤子中 x_{np} 之后的其他部分满足

$$h_k\leqslant\beta h_{np}\quad 且\quad f_k\geqslant f_{np}-\gamma\varepsilon. \tag{3.1.98}$$

利用与 (i) 相同的方法, 也可以得到与 K_1 无穷大性相矛盾的结论. 所以 K_1 是无穷大的, 得到结论.

由此可见, 原命题成立. □

对于在滤子中添加有限多个点的情况, 以下结论显然是正确的.

引理 3.22 假设在滤子中添加了有限多个点，则 $h(x_k)=0$，其中 k 是添加到滤子中的点数.

证明 从算法 3.3 中步骤 2 的终止条件可以得到 $z_k=0, d_k=0$ 且 $h(x_k)=0$. 因此，如果在滤子中添加了有限数量的点，那么最后一个点的指标就是添加到滤子中点的个数. □

定理 3.6 设假设 3.5 和假设 3.12 成立，如果由算法生成的 $\{x_k\}$ 是一个有界序列，则 $\{x_k\}$ 有一个满足 (SIP_q) 的 KKT 条件的聚点.

证明 假设 x^* 是序列 $\{x_k\}$ 的聚点，通过引理 3.21, $\lim\limits_{i\to\infty} h(x_i)=0$，所以存在 K 使得 $h(x_i)\to 0, i\to\infty, i\in K$. 根据子问题的 KKT 条件 (3.1.69) 和 $h(x_i)$ 的极限，结合引理 3.17，有 $\varphi(x^*)=0$, $h(x^*)=0$，所以 $x^*\in X_q$，因此 x^* 是 (SIP_q) 的 KKT 点. □

算法 3.3 在 Matlab 中的实现. 数值结果展示了算法 3.3 与算法 ENA [47] 的性能，并测试了下述四个问题. 在整个计算实验过程中，算法中使用的参数分别为 $q=100$, $\gamma=0.95$, $\beta=0.05$, $\varepsilon=10^{-4}$, $\rho_0=0.75$, $\gamma_0=1$, $\gamma_t=1$.

例 3.5

$$\begin{aligned}
\min_{x\in\mathbb{R}^n}\quad & f(x)=1.21e^{x_1}+e^{x_2}\\
\text{s.t.}\quad & g(x,t)=t-e^{x_1+x_2}\leqslant 0,\quad t\in T=[0,1],\\
& x_0=(0.8,0.9)^{\mathrm{T}}.
\end{aligned}$$

例 3.6

$$\begin{aligned}
\min_{x\in\mathbb{R}^n}\quad & f(x)=(x_1-2x_2+5x_2^2-x_2^3-13)^2+(x_1-14x_2+x_2^2+x_2^3-29)^2\\
\text{s.t.}\quad & g(x,t)=x_1^2+2x_2t^2+e^{x_1+x_2}-e^t\leqslant 0,\quad t\in T=[0,50],\\
& x_0=(1,1)^{\mathrm{T}}.
\end{aligned}$$

例 3.7

$$\begin{aligned}
\min_{x\in\mathbb{R}^n}\quad & f(x)=\frac{1}{3}x_1^2+\frac{1}{2}x_1+x_2^2\\
\text{s.t.}\quad & g(x,t)=(1-x_1^2t^2)^2-x_1t^2-x_2^2+x_2\leqslant 0,\quad t\in T=[0,1],\\
& x_0=(-2,-2)^{\mathrm{T}}.
\end{aligned}$$

例 3.8

$$\min_{x\in\mathbb{R}^n} \quad f(x)=\sum_{i=1}^{n} e^{x_i}$$

$$\text{s.t.} \quad g(x,t)=\frac{1}{1+t^2}-\sum_{i=1}^{n} x_i t^{i-1}\leqslant 0, \quad t\in T=[-1,1],$$

$$x_0=(1,0,\cdots,0,\cdots,0)^{\mathrm{T}}.$$

在表 3.1 中, x 的维数用 n 表示, 迭代次数用 Iter 表示, 最优解用 x^* 表示, 最优值用 $f(x^*)$ 表示.

表 3.1　相同条件下算法 3.3 与算法 ENA [47] 的比较

	n	算法 3.3			算法 ENA	
		Iter	x^*	$f(x^*)$	Iter	$f(x^*)$
例 3.5	2	2	$(-0.0952, 0.0953)^{\mathrm{T}}$	2.200132	3	2.200142
例 3.6	2	4	$(0.7199, -1.1504)^{\mathrm{T}}$	97.159372	9	97.16956
例 3.7	2	2	$(0.7500, -0.6181)^{\mathrm{T}}$	0.194599	17	0.194726
例 3.8	15	2	$(1.0001, -0.0193, -0.0366, -0.0370, \cdots, -0.0370)^{\mathrm{T}}$	16.22755	9	16.22757
例 3.8	20	2	$(1.0001, -0.0193, -0.0266, -0.0267, \cdots, -.00267)^{\mathrm{T}}$	21.22514	7	21.22519

在表 3.1 中, 有限的数值结果表明, 算法 3.3 能够快速给出精确的解 (迭代次数小于算法 ENA), 这表明该算法是有效的. 此外, 计算结果对初始点和参数 n 的选择不太敏感, 表明该算法是稳定的.

3.2　修正函数方法

3.2.1　改进的 ODE 型滤子信赖域方法

本节将非线性不等式问题转化为非线性方程[32, 103, 106], 提出了一种改进的 ODE 型滤子信赖域方法, 采用滤子方法来确定是否接受试探点. ODE 方法是沿着常微分方程组的解的曲线进行的, 比传统的牛顿算法[99, 104, 105, 111, 161, 168, 172, 181] 和拟牛顿算法[48,87] 更可靠、准确和有效.

考虑非线性不等式约束优化问题 (2.5.1) 的拉格朗日函数[44]

$$L(x,\lambda)=f(x)+\lambda^{\mathrm{T}}c(x)=f(x)+\sum_{i=1}^{m}\lambda_i c_i(x), \quad i=1,2,\cdots,m, \tag{3.2.1}$$

其中, $\lambda=(\lambda_1,\lambda_2,\cdots,\lambda_m)^{\mathrm{T}}\in\mathbb{R}^m$ 是乘子向量. 在不引起混淆的情况下, 用 (x,λ) 来表示 $(x^{\mathrm{T}},\lambda^{\mathrm{T}})^{\mathrm{T}}$.

将满足如下条件的点 $(x,\lambda)\in\mathbb{R}^{n+m}$ 称为问题 (2.5.1) 的 KKT 点:

$$\begin{aligned}&\nabla_x L(x,\lambda)=0,\\ &\lambda_i\geqslant 0,\quad c_i(x)\leqslant 0,\quad \lambda_i c_i(x)=0,\quad i=1,2,\cdots,m.\end{aligned}\tag{3.2.2}$$

定义 3.1 设 $c:\mathbb{R}^n\to\mathbb{R}^n$ 是局部连续的, c 在 $x\in\mathbb{R}^n$ 处的 ***B*-微分** 定义为

$$\partial_B(c(x))=\left\{V\in\mathbb{R}^{n\times n}\middle|V=\lim_{x_k\to x}\nabla c\left(x_k\right),x_k\in D_c\right\},\tag{3.2.3}$$

c 在 x 处的克拉克意义上的**广义雅可比矩阵**被定义为

$$\partial(c(x))=\mathrm{conv}_B(c(x)),\tag{3.2.4}$$

其中, $D_c=\{x\in\mathbb{R}^n: x\text{ 在} c\text{ 是可微的}\}$, $\mathrm{conv}(x)$ 表示集合 S 的凸包.

定义 3.2 设 $G:\mathbb{R}^n\to\mathbb{R}^n$ 是局部连续的, 如果对于所有的 $h\in\mathbb{R}^n$ 都存在

$$\lim_{V\in\partial G(x+th')\cdot h'\to h\cdot t\downarrow 0}(Vh'),\tag{3.2.5}$$

则称 $\boldsymbol{G}$ 在 $\boldsymbol{X}$ **上半光滑**.

定义 3.3 如果 $\varphi(a,b)=0$ 当且仅当$a\geqslant 0,b\geqslant 0,ab=0$, 则将函数 $\varphi:\mathbb{R}^2\to\mathbb{R}$ 称为 NCP 函数.

较为常用的 NCP 函数之一为 Fischer-Burmeister NCP 函数 [50], 简记为 F-B NCP 函数, 它具有如下形式:

$$\varphi(a,b)=\sqrt{a^2+b^2}-a-b.\tag{3.2.6}$$

定义 3.4 设函数 ∇f 在 $\mathbb{R}^n$ 上 X 处半光滑, 那么 ∇f 是可微的, 对于 $\forall V\in\partial(\nabla f(x+h))$, 当 h 无限小时, 有

(i)$Vh-(\nabla f)'(x;h)=o(\|h\|)$;

(ii) $\nabla f(x+h)=\nabla f(x)+(\nabla f)'(x;h)+o(\|h\|)$,

其中,

$$(\nabla f)'(x;h)=\lim_{t\downarrow 0}\left(\frac{\nabla f(x+th)-\nabla f(x)}{t}\right)\tag{3.2.7}$$

称为在 x 点沿 h 方向的方向导数 ∇f.

引理 3.23　设 V 是 x 的邻域, $\varphi: \mathbb{R}^n \to \mathbb{R}^n$ 是一个 LC^1 函数, 那么对于 $x+d \in V$, 存在 $\beta > 0$ 使得

$$\left|\varphi(x+d) - \varphi(x) - \nabla\varphi(x)^{\mathrm{T}} d\right| \leqslant \frac{\beta\|d\|^2}{2}. \tag{3.2.8}$$

通过利用 F-B NCP 函数 φ, KKT 条件可以被重新表述为以下形式:

$$H(z) = \begin{pmatrix} \nabla_x(L(x,\lambda)) \\ \phi(x,\lambda) \end{pmatrix} = 0, \tag{3.2.9}$$

其中,

$$z = (x^{\mathrm{T}}, \lambda^{\mathrm{T}}),$$

$$\phi(x,\lambda) = \left(\varphi\left(-c_1(x), \lambda_1\right), \varphi\left(-c_2(x), \lambda_2\right), \cdots, \varphi\left(-c_m(x), \lambda_m\right)\right)^{\mathrm{T}}.$$

基于 Tong [51] 分裂的思想, 可以将不可微函数 [129] $H(z)$ 分为

$$H(z) = p(z) + q(z), \tag{3.2.10}$$

其中, $p(z)$ 是一个光滑函数, $q(z)$ 是一个非光滑函数[61, 108, 128], 但与 $p(z)$ 相比, $q(z)$ 在范数的意义上相对较小.

注 3.3　实际上, 对于 $\forall\varepsilon > 0$, 定义函数 $\varphi^{\varepsilon}: \mathbb{R}^2 \to \mathbb{R}$ 如下:

$$\phi^{\varepsilon}(a,b) = \begin{cases} \varphi(a,b), & \sqrt{a^2+b^2} \geqslant \varepsilon, \\ \varphi(a,b) + \dfrac{\left(\sqrt{a^2+b^2}-\varepsilon\right)^2}{2\varepsilon}, & \text{其他}. \end{cases} \tag{3.2.11}$$

设

$$\phi^{\varepsilon}(x,\lambda) = \left(\varphi^{\varepsilon}\left(-c_1(x), \lambda_1\right), \varphi^{\varepsilon}\left(-c_2(x), \lambda_2\right), \cdots, \varphi^{\varepsilon}\left(-c_m(x), \lambda_m\right)\right)^{\mathrm{T}}, \tag{3.2.12}$$

$$p(z) = \begin{pmatrix} \nabla_x(L(x,\lambda)) \\ \phi^{\varepsilon}(x,\lambda) \end{pmatrix}, \tag{3.2.13}$$

$$q(z) = H(z) - p(z) = \begin{pmatrix} 0 \\ \phi(x,\lambda) - \phi^{\varepsilon}(x,\lambda) \end{pmatrix} = 0, \tag{3.2.14}$$

很容易证明 $p(z)$ 是连续可微的, 而 $q(z)$ 是连续的, 但其不可微,

$$\|q(z)\| \leqslant \frac{1}{2}\sqrt{k\varepsilon}, \quad \forall z \in \mathbb{R}^{n+m}. \tag{3.2.15}$$

上式表明, 分裂方程 $H(z)=p(z)+q(z)$ 是有意义的. 在 Fletcher 和 Leyffer [30] 提出的滤子方法中, 通过比较约束违反度和目标函数的值与滤子中收集的之前迭代值来确定试探步的可接受性. 与传统的滤子方法不同, 用 $l(z)=\|\nabla L(x,\lambda)\|$ 定义目标函数, 用 $\theta(z)=\|\phi(x,\lambda)\|$ 定义约束违反度函数. 一个试探点应该减少约束违反度函数 $\theta(z)$ 的值或函数 $l(z)$ 的值.

对于非光滑线性方程 (3.2.9), 在第 k 次迭代时, 使用 ODE 型滤子信赖域方法 [53] 得到搜索方向 d_k, 即求解下面的线性方程组

$$\left[h_k\left(\nabla p\left(z_k\right)\nabla p\left(z_k\right)^{\mathrm{T}}+B_k\right)+\frac{I}{h_k}\right]d=-\nabla p\left(z_k\right)H\left(z_k\right), \tag{3.2.16}$$

或其等价形式

$$\left[\left(\nabla p\left(z_k\right)\nabla p\left(z_k\right)^{\mathrm{T}}+B_k\right)+I\right]d=-h_k\nabla\left(z_k\right)H\left(z_k\right), \tag{3.2.17}$$

其中, $h_k>0$ 是积分步长, $\nabla p\left(z_k\right)$ 是光滑函数 p 在该点 z_k 上的梯度.

矩阵 B_k 为 $n+m$ 阶对称矩阵, 可通过 SR1 校正[45] 进行更新, 即

$$B_{k+1}=B_k+\frac{\left(y_k-B_kd_k\right)\left(y_k-B_kd_k\right)^{\mathrm{T}}}{\left(y_k-B_kd_k\right)^{\mathrm{T}}d_k}, \tag{3.2.18}$$

其中,

$$y_k=\nabla p\left(z_{k+1}\right)H\left(z_{k+1}\right)-\nabla p\left(z_k\right)H\left(z_k\right)-\nabla p\left(z_{k+1}\right)p\left(z_{k+1}\right)^{\mathrm{T}}d_k. \tag{3.2.19}$$

注 3.4 该方法得到 d_k 的计算规模远远小于求解二次子问题的计算规模, 同时在参数空间中调整 h_k 更加容易.

算法3.4

步骤 0 初始化. 选择参数 $z_1,h_1>0,\bar{\varepsilon}\geqslant 0,0<\eta<l,0<\gamma<1$. 初始分割控制值 $\varepsilon_1>0$, 设 $k=1$.

步骤 1 计算 $H(z)=p(z)+q(z)$ 和 $\nabla p\left(z_k\right)$.

步骤 2 如果 $\|\nabla p\left(z_k\right)H\left(z_k\right)\|\leqslant\bar{\varepsilon}$, 则算法停止.

如果 $h_k\left(\nabla p\left(z_k\right)\nabla p\left(z_k\right)^{\mathrm{T}}+B_k\right)+I$ 正定, 转步骤 3. 否则, 设 m_k 是使对称矩阵 $2^{-m_k}h_k\left(\nabla p\left(z_k\right)\nabla p\left(z_k\right)^{\mathrm{T}}+B_k\right)+I$ 为正定的最小整数, 设 $h_k=2^{-m_k}h_k$.

步骤 3 解得 d_k. 设 $z_k^+=z_k+d_k$, 计算 $\rho_k=\dfrac{M\left(z_k\right)-M\left(z_k^+\right)}{M\left(z_k\right)-q_k\left(z_k\right)}$, 其中,

$$M(z)=\frac{1}{2}\|H(z)\|^2,q(d)=\frac{1}{2}\left\|H(z)+\nabla p\left(z_k\right)^{\mathrm{T}}d\right\|^2+\frac{1}{2}d^{\mathrm{T}}B_kd.$$

步骤 4 $l_k^+ = l\left(z_k^+\right), \theta_k^+ = \theta\left(z_k^+\right)$. 如果 $\left(l_k^+, \theta_k^+\right)$ 不被滤子接受, 转步骤 5. 否则 $z_{k+1} = z_k^+$, 转步骤 6.

步骤 5 如果 $\rho_k \geqslant \eta, z_{k+1} = z_k^+, h_{k+1} = 2h_k$, 转步骤 7. 否则 $h_k = \frac{1}{2}h_k, \varepsilon_k = \|d_k\|^2$, 转步骤 3 (内循环).

步骤 6 如果 $\rho_k \geqslant \eta, h_{k+1} = 2h_k$, 转步骤 7. 否则, 增添点对 $\left(l_k^+, \theta_k^+\right)$ 至滤子 $\mathcal{F}$ 中, 并且更新 $h_k = \frac{1}{2}h_k$, 转步骤 7.

步骤 7 设 $\varepsilon_{k+1} = \|d_k\|^2$, 更新 $B_{k+1}, k = k+1$, 转步骤 1(外循环).

下面基于假设 3.3 和假设 3.5 给出算法 3.4 的全局收敛性证明.

设 $\mathrm{Ared}_k = M(z) - M\left(z_k^+\right), \mathrm{Pred}_k = M\left(z_k\right) - q_k\left(d_k\right)$, 有 $\rho_k = \frac{\mathrm{Ared}_k}{\mathrm{Pred}_k}$. 由引理 3.23 可以得到以下结论.

引理 3.24 $|\mathrm{Ared}_k - \mathrm{Pred}_k| = O\left(\|d_k\|^2\right)$.

引理 3.25 $\mathrm{Pred}_k \geqslant \frac{1}{2h_k}\|d_k\|^2$.

证明 由 (3.2.17), 有

$$
\begin{aligned}
\mathrm{Pred}_k =& M\left(z_k\right) - q_k\left(d_k\right) \\
=& \frac{1}{2}\|H(z)\|^2 - \frac{1}{2}d^{\mathrm{T}}B_k d_k - \frac{1}{2}\left\|h\left(z_k\right) + \nabla p\left(z_k\right)^{\mathrm{T}} d_k\right\|^2 \\
=& -\left(\nabla p\left(z_k\right)^{\mathrm{T}} H\left(z_k\right) d_k - \frac{1}{2}d_k^{\mathrm{T}}\left(\nabla p\left(z_k\right)\nabla p\left(z_k\right)^{\mathrm{T}} + B_k\right) d_k\right) \\
=& d_k^{\mathrm{T}}\left(\nabla p\left(z_k\right)\nabla p\left(z_k\right)^{\mathrm{T}} + B_k + \frac{1}{h_k}I\right) d_k - \frac{1}{2}d_k^{\mathrm{T}}\left(\nabla p\left(z_k\right)\nabla p\left(z_k\right)^{\mathrm{T}} + B_k\right) d_k^{\mathrm{T}} \\
=& \frac{1}{2}d_k^{\mathrm{T}}\left(\nabla p\left(z_k\right)\nabla p\left(z_k\right)^{\mathrm{T}} + B_k + \frac{1}{h_k}I\right) d_k + \frac{1}{2h_k}d_k^{\mathrm{T}}d_k \\
\geqslant& \frac{1}{2h_k}\|d_k\|^2.
\end{aligned}
\tag{3.2.20}
$$

□

定理 3.7 算法 3.4 的内循环在有限次内终止.

证明 反证法. 当 k 无限增加时, $\rho_k < \eta$. 由 (3.2.17), 保持 $d_k \to 0$, 有

$$
|\rho_k - 1| = \left|\frac{\mathrm{Ared}_k - \mathrm{Pred}_k}{\mathrm{Pred}_k}\right| \leqslant \frac{O\left(\|d_k\|^2\right)}{\frac{1}{2h_k}\|d_k\|^2} \to 0. \tag{3.2.21}
$$

结果表明, 当 k 无限增加时, $\rho_k \geqslant \eta$, 结论成立. □

为了分析该算法的收敛性, 定义一些集合如下:

$A = \left\{k \mid \left(l_k^+, \theta_k^+\right)\right\}$ 表示被滤子 $\mathcal{F}_k$ 接受的指标集;

$N = \left\{k \mid z_{\{k+1\}} = z_k^+\right\}$ 表示成功迭代的指标集;

$S = \left\{k \mid \left(l_k^+, \theta_k^+\right) \text{添至滤子集合}\right\}$ 表示由滤子更新的指标集.

基于算法, $A \subseteq N$, 有以下几种情况:

(1) $|A| < \infty, |N| < \infty$ ($|S| < \infty$ 一定成立);

(2) $|A| < \infty, |N| = \infty$ ($|S| < \infty$ 一定成立);

(3) $|A| = \infty, |N| < \infty$ ($|S| = \infty$ 一定成立);

(4) $|S| < \infty$ ($|A| = \infty, |N| = \infty$ 一定成立).

然后分别根据这四种情况讨论了该算法 3.4 的收敛性.

引理 3.26 假设在滤子中添加了有限多的点 ($|A| < \infty$), 并且成功迭代是有限的 ($|N| < \infty$), 则该算法可以有限终止, 即 $\nabla p\left(z_k\right) H\left(z_k\right) = 0$.

证明 反证法. 假设存在一个常数 $\varepsilon > 0$, 使得 $\left\|\nabla p\left(z_k\right) H\left(z_k\right)\right\| \geqslant \varepsilon$. 假设 k_0 是最后一次成功迭代的指标, 对任意的 j, 有 $z_{k_0+1} = z_{k_0+j}$ 和 $z_{k_0+j} < \eta$. 基于该算法, $h_k \to 0 (k \to \infty)$. 类似于定理 3.7, 得到矛盾. □

引理 3.27 假设在滤子中添加了有限多的点 ($|A| < \infty$), 且有无限次成功迭代 ($|N| = \infty$), 那么

$$\liminf_{k \to \infty} \left\|\nabla p\left(z_k\right) H\left(z_k\right)\right\| = 0. \tag{3.2.22}$$

证明 根据算法 3.4, 如果 $|A| < \infty, |N| = \infty$, 因为 k 无限增加, 这意味着 $\left(l_k^+, \theta_k^+\right)$ 不被滤子接受. 由定理 3.7, $\rho_k \geqslant \eta$ 成立且存在 $h > 0$ 使得当 k 无限增加时, $h_k \geqslant h$. 反证法. 假设存在一个常数 $\varepsilon > 0$ 和一个正指数集 k_0, 使得当 $k \geqslant k_0$ 时, $\left\|\nabla p\left(z_k\right) H\left(z_k\right)\right\| \geqslant \varepsilon$. 通过算法 3.4 和引理 3.26, 得到

$$\begin{aligned}
\operatorname{Ared}_k \geqslant \eta \operatorname{Pred}_k &\geqslant \frac{\eta}{2} d_k^{\mathrm{T}} \left(\nabla p\left(z_k\right) \nabla p\left(z_k\right)^{\mathrm{T}} + B_k + \frac{1}{h_k} I\right) d_k \\
&= -\frac{\eta}{2} \left(\nabla p\left(z_k\right) H\left(z_k\right)\right)^{\mathrm{T}} d_k \geqslant 0.
\end{aligned} \tag{3.2.23}$$

因此, 序列 $\{h_k\}$ 是单调递减的, 并且根据假设 3.3, 它是有下界的, 所以 $h_k - h_{k+1} \to 0 (k \to \infty)$, 则

$$\left(\nabla p\left(z_k\right) H\left(z_k\right)\right)^{\mathrm{T}} d_k \to 0, \quad k \to \infty. \tag{3.2.24}$$

另外

$$\left|\left(\nabla p\left(z_k\right) H\left(z_k\right)\right)^{\mathrm{T}} d_k\right|$$

$$= (\nabla p(z_k) H(z_k)) \left(\nabla p(z_k) \nabla p(z_k)^{\mathrm{T}} + B_k + \frac{1}{h_k} I\right)^{-1} (\nabla p(z_k) H(z_k))$$

$$\geqslant \frac{\|\nabla p(z_k) H(z_k)\|^2}{\left\|\nabla p(z_k) \nabla p(z_k)^{\mathrm{T}} + B_k + \frac{1}{h_k} I\right\|} \geqslant \frac{\varepsilon^2}{C^2 + M + \frac{1}{h}} > 0, \tag{3.2.25}$$

这与 (3.2.24) 相矛盾. 即证. □

引理 3.28 如果存在无限点列被滤子所接受 ($|A| = \infty$), 并且将有限多的点添加到滤子中 ($|S| < \infty$), 则

$$\liminf_{k \to \infty} \|\nabla p(z_k) H(z_k)\| = 0. \tag{3.2.26}$$

引理 3.28 的证明类似于引理 3.27.

引理 3.29 假设有无限多个点被添加到滤子中 ($|S| = \infty$), 则

$$\liminf_{k \to \infty} \|\nabla p(z_k) H(z_k)\| = 0. \tag{3.2.27}$$

证明 反证法. 假设存在一个常数 $\varepsilon > 0$, 使得 $\|\nabla p(z_k) H(z_k)\| \geqslant \varepsilon$. 考虑 S 中的迭代. 假设存在一个子序列 $\{k_i\}$, 使得 $S = \{k_i\}$, 那么 $z_{k_i} = z^+_{k_i - 1}$. 因此, 存在一个子序列 $\{k_l\} \subseteq \{k_i\}$ 使得

$$\liminf_{l \to \infty} (\nabla p(z_{k_l}) H(z_{k_l})) = \nabla p(z_\infty) H(z_\infty), \quad \|\nabla p(z_\infty) H(z_\infty)\| \geqslant \varepsilon. \tag{3.2.28}$$

根据 $\{k_i\}$ 的定义, 对于任意的 l, z_{k_l} 被滤子所接受. 当 l 无限增加时,

$$h_{k_l} \leqslant h_{k_l - 1} - \gamma \min\{\|H_{k_l}\|, H_{k_l - 1}\} \quad 或 \quad \theta_{k_l} \leqslant \theta_{k_l - 1} - \gamma \min\{\|H_{k_l}\|, H_{k_l - 1}\} \tag{3.2.29}$$

成立. 根据假设, 存在 $\bar{\delta} > 0$, 使得 $\min\{\|H_{k_l}\|, H_{k_l - 1}\} \geqslant \bar{\delta}$, 则有

$$h_{k_l} - h_{k_l - 1} \leqslant -\gamma\bar{\delta} < 0 \quad 或 \quad \theta_{k_l} - \theta_{k_l - 1} \leqslant -\gamma\bar{\delta} < 0. \tag{3.2.30}$$

由 (3.2.28), 不等式的左边趋于 0, 产生矛盾, 所以有

$$\liminf_{i \to \infty} \|\nabla p(z_{k_i}) H(z_{k_i})\| = 0. \tag{3.2.31}$$

现在考虑 $l \not\subseteq \{k_i\}$, 设 $\{k_{i(l)}\}$ 是 $z_{k_{i(l)}}$ 添加到滤子之前的最后一次迭代. 通过算法 3.4, 对于 $l \not\subseteq \{k_i\}$, $\rho_k \geqslant \eta$, 并且

$$\|\nabla p(z_{k_l}) H(z_{k_l})\| \leqslant \left\|\nabla p\left(z_{k_{i(l)}}\right) H\left(z_{k_{i(l)}}\right)\right\| \tag{3.2.32}$$

成立. 结合 (3.2.31) 和 $k_{i(l)} \in \{k_i\}$ 得到结论. □

通过引理 3.26 和引理 3.29, 得到有关收敛性的结论.

定理 3.8 若假设 3.3 和假设 3.5 成立, 且 $\nabla p(z)$ 对所有的 $z \in S$ 都是非奇异的, 则算法 3.4 生成的序列 $\{z_k\}$ 满足以下两种情况:

(1) 迭代终止于原问题 (2.5.1) 的 KKT 点;

(2) 每个聚点都是原问题 (2.5.1) 的一个 KKT 点.

定理 3.9 假设 $z_k \to z^*, h_k \to \infty$, 且 $\nabla p(z_k) H(z_k)$ 在 ∇z^* 上是半光滑的, 对于任意 k, 存在常数 μ_1, μ_2 以及 $V_k \in \partial(\nabla p(z_k) H(z_k))$, 有

$$d^{\mathrm{T}}\left(\theta_k + \frac{1}{h_k}\right) d \geqslant \mu_1 \|d\|^2 \quad \text{且} \quad \|V_k - Q_k\| \leqslant \frac{\mu_2}{h_k} \tag{3.2.33}$$

成立, 其中 $Q_k = \nabla p(z_k) \nabla p(z_k)^{\mathrm{T}} + B_k$. 如果 $\forall z \in S$ 并且 $\nabla p(z)$ 非奇异的, 则

(1) z^* 是原问题的 KKT 点;

(2) $\{z_k\}$ 超线性收敛到 z^*.

证明 该定理的前一部分遵循定理 3.8. 现在来证明这个定理的第二部分. $\nabla p(z_k) H(z_k)$ 在 z^* 是半光滑的, 当 h 无限减小时, 有

$$\nabla p(z_k + h) H(z_k + h) = \nabla p(z_k) H(z_k) + V_k + o(\|z^* - z_k\|). \tag{3.2.34}$$

当 k 无限增加时, $z_k \to z^*$,

$$\nabla p(z^*) H(z^*) = \nabla p(z_k) H(z_k) + V_k(z_k - z^*) + o(\|z^* - z_k\|) \tag{3.2.35}$$

成立. z^* 是原问题的 KKT 点, 也就是 $H(z^*) = 0$, 那么

$$\nabla p(z_k) H(z_k) = V_k(z_k - z^*) + o(\|z_k - z^*\|). \tag{3.2.36}$$

通过 (3.2.34)—(3.2.36) 及 $h_k \to \infty$, 有

$$\begin{aligned}
&\|z_{k+1} - z^*\| \\
=& \|z_k + d_k - z^*\| = \left\| z_k - z^* - \left(Q_k + \frac{1}{h_k} I\right)^{-1} \nabla p(z_k) H(z_k) \right\| \\
\geqslant& \left\| \left(Q_k + \frac{1}{h_k} I\right)^{-1} \right\| \left\| \left(Q_k + \frac{1}{h_k} I\right)(z_k - z^*) - \nabla p(z_k) H(z_k) \right\| \\
\geqslant& \left\| \left(Q_k + \frac{1}{h_k} I\right)^{-1} \right\| \left(\|Q_k(z_k - z^*) - \nabla p(z_k) H(z_k)\| + \frac{\|z_k - z^*\|}{h_k} \right)
\end{aligned}$$

$$
\begin{aligned}
&\geqslant\left\|\left(Q_k+\frac{1}{h_k}I\right)^{-1}\right\| \\
&\quad\times\left(\left\|V_k\left(z_k-z^*\right)-\nabla p\left(z_k\right)H\left(z_k\right)\right\|+\left\|V_k-Q_k\right\|\left\|z_k-z^*\right\|+\frac{\left\|z_k-z^*\right\|}{h_k}\right) \\
&=o\left(\left\|z_k-z^*\right\|\right).
\end{aligned}
\tag{3.2.37}
$$

得出结论. □

3.2.2 带 NCP 函数的信赖域滤子方法

考虑非线性不等式约束优化问题 (2.5.1) 的拉格朗日函数 (3.2.1),

$$
L(x,\lambda)=f(x)+\lambda^{\mathrm{T}}c(x)=f(x)+\sum_{i=1}^{m}\lambda_i c_i(x),\quad i\in I=\{1,2,\cdots,m\}.
$$

在 3.2.1 节中提出的 F-B NCP 函数 (3.2.6) 和 KKT 条件 (3.2.9), 分别表述为以下形式:

$$
\varphi(a,b)=\sqrt{a^2+b^2}-a-b,
$$

$$
\begin{pmatrix}\nabla_x(L(x,\lambda))\\ \phi(x,\lambda)\end{pmatrix}=0,
$$

其中, $\phi(x,\lambda)=\left(\varphi\left(-c_1(x),\lambda_1\right),\varphi\left(-c_2(x),\lambda_2\right),\cdots,\varphi\left(-c_m(x),\lambda_m\right)\right)^{\mathrm{T}}$.

下面回忆一些滤子的相关概念.

为考察目标函数值和约束违反度函数值, 首先给出约束违反度函数 (2.5.3), 本节中使用无穷范数, 即 $h(x):=\|c^-(x)\|_\infty$, 其中 $c_i^-(x)=\max\{0,c_i(x)\},i\in I$. 易见, 若约束违反度函数 $h(x)=0$, 则意味着 x 是非线性规划问题 (2.5.1) 的可行解.

为了提供一种有效的算法工具, 需要定义试探点不被接受的准则. 如果迭代点 x_{k+1} 对应的函数对 (h_{k+1},f_{k+1}) 的值非常接近 x_k 对应的函数对的值, 或者接近已经存在于滤子中的函数对的值, 那么它就会被过滤掉. 这意味着在平面 (h,f) 上, 对于不被滤子接受的点所在的区域建立了一个小的边界. 滤子的接受准则和更新准则分别为 (3.1.68) 和 (2.5.4).

为了充分利用 NCP 函数和 KKT 条件之间的关系, 以及 NCP 函数几乎处处可微的性质, 将滤子中的度量进行改造, 把约束违反度函数 $h(x)$ 修正为

$$
h(x,\mu)=\|\phi(x,\mu)\|_\infty=\max_{1\leqslant i\leqslant m}|\varphi(-c_i(x),\mu_i)|,\tag{3.2.38}
$$

其中, $\varphi(-c_i(x),\mu_i)=\sqrt{c_i^2(x)+(\mu_i)^2}+c_i(x)-\mu_i$. 点 x_k 处对应的函数 h 和 f 的值简记为 (h_k,f_k).

为避免 h 值过大的点进入滤子, 采用一个上界作为接受迭代点的必要条件:

$$h(x,\mu)\leqslant u, \tag{3.2.39}$$

其中, u 为一个大的正数. 于是初始化滤子集合为 $\mathcal{F}_0=\{(u,-\infty)\}$.

对于一个给定的迭代点 $x_k\in\mathbb{R}^n$, 求解二次规划子问题 (3.1.1) 得到 d_k (同时可以得到二次规划子问题对应于 d_k 的乘子 λ_k):

$$\begin{aligned}\min\quad&\nabla f(x_k)^{\mathrm{T}}d+\frac{1}{2}d^{\mathrm{T}}H_kd\\ \text{s.t.}\quad&c_i(x_k)+\nabla c_i(x_k)^{\mathrm{T}}d\leqslant 0,\quad i\in I,\end{aligned}$$

其中 H_k 是拉格朗日函数的近似黑塞矩阵.

然而, 正如 3.1.1 节中提到的, 由于牛顿迭代法的局部收敛性, 序列二次规划算法具有严重的缺点, 迭代生成的序列 $\{d_k\}$ 可能是发散的. 克服此问题的一个办法是定义一个价值函数, 利用信赖域或者线搜索方法来最小化价值函数, 同时在合理的假设下保证整体收敛性. 但是为了避免使用罚函数, 通常考虑不带罚函数的信赖域方法. 具体做法是在范数意义下限制迭代步 d_k 使 x_k+d_k 保持在以 x_k 为中心的信赖域范围内, 即用如下定义的问题 $\mathrm{QP}(x_k,\Delta_k)$ 来替代上述二次规划子问题:

$$\begin{aligned}\mathrm{QP}\left(x_k,\Delta_k\right):\ \min\ &q^k(d)=\nabla f(x_k)^{\mathrm{T}}d+\frac{1}{2}d^{\mathrm{T}}H_kd\\ \text{s.t.}\ \ &c_i\left(x_k\right)+\nabla c_i\left(x_k\right)^{\mathrm{T}}d\leqslant 0,\quad i\in I,\\ &\|d\|\leqslant\Delta_k.\end{aligned}\tag{3.2.40}$$

需要指出的是, 如果 x_k+d_k 不能够被接受, 但是却非常接近最优解, 则出现了所谓的 Maratos 效应. 为了克服此现象, 在 x_k+d_k 不被滤子接受时计算二阶矫正步 (SOC), 即求解以下子问题:

$$\begin{aligned}\mathrm{QP}_s\left(x_k,\Delta_k\right):\ \min\ &\nabla f(x_k)^{\mathrm{T}}(d_k+d)+\frac{1}{2}(d_k+d)^{\mathrm{T}}H_k(d_k+d)\\ \text{s.t.}\ \ &c_i\left(x_k\right)+\nabla c_i\left(x_k\right)^{\mathrm{T}}\left(d_k+d\right)\leqslant 0,\quad i\in I,\\ &\|(d_k+d)\|\leqslant\Delta_k,\end{aligned}\tag{3.2.41}$$

其中 d_k 是子问题 $\mathrm{QP}(x_k,\Delta_k)$ 的解. 求解上述子问题 $\mathrm{QP}_s\left(x_k,\Delta_k\right)$ 得到解 $\bar{d}_k$, 于是下一步迭代为 $x_{k+1}=x_k+d_k+\bar{d}_k$.

用 $\mathrm{Ared}_k = f(x_k) - f(x_k + d_k)$ 表示 $f(x_k)$ 的实际下降量, $\mathrm{Pred}_k = q_k(0) - q_k(d) = -\nabla f(x_k)^{\mathrm{T}} d - \frac{1}{2} d_k^{\mathrm{T}} H_k d_k$ 表示 $f(x_k)$ 的预测下降量. 定义

$$\rho_k = \frac{\mathrm{Ared}_k}{\mathrm{Pred}_k} = \frac{f(x_k) - f(x_k + d_k)}{q_k(0) - q_k(d)}, \tag{3.2.42}$$

参数 ρ_k 用于确定 $f(x)$ 的预测下降量与实际下降量是否接近, $f(x_k)$ 的充分下降条件表示为 $\rho \geqslant \tau$, 其中 τ 是某常数.

算法3.5

步骤 0 初始化. 给定 $x_0 \in \mathbb{R}^n$, 初始对称正定矩阵 H_0, 初始信赖域半径 Δ_0, 常数 $\mu_0 \geqslant 0, \tau \in \left(0, \frac{1}{2}\right), 0 < \gamma < \beta < 1, h_0 = h(x_0, \mu_0), k = 0$. 设初始滤子集为 $\mathcal{F}_k = \{(u, -\infty)\}$, 其中 $u = M \max\{1, h_0\}, M > 0$.

步骤 1 求解 $\mathrm{QP}(x_k, \Delta_k)$, 若问题不可行, 则进入可行性恢复阶段, 找到点 x_{k+1} 使得 $\mathrm{QP}(x_{k+1}, \Delta_{k+1})$ 是可行的. $k = k + 1$, 并得到解 d_k.

步骤 2 如果 d_k=0, 那么 x_k 是 KKT 点, 算法停止. 否则计算拉格朗日乘子估计 λ_k. 记 $x_k^+ = x_k + d_k$, $\mathrm{Ared}_k = f(x_k) - f(x_k + d_k)$, $\mathrm{Pred}_k = -\nabla f(x_k)^{\mathrm{T}} d - \frac{1}{2} d_k^{\mathrm{T}} H_k d_k$, $\rho_k = \frac{\mathrm{Ared}_k}{\mathrm{Pred}_k}$.

步骤 3 测试以接受试探步: 如果 (x_k^+, λ_k) 被 $\mathcal{F}_k \cup (x_k, \mu_k)$ 接受, 转步骤 4, 否则转步骤 5.

步骤 4 若 $\rho < \tau$ 且 $\mathrm{Pred}_k > 0$ 成立, 转步骤 6, 否则转步骤 7.

步骤 5 计算二阶校正步:

步骤 5.1 求解 $\mathrm{QP}_s(x_k, \Delta_k)$ 得到 $\bar{d}_k, \bar{\lambda}_k$, 记 $\bar{x}_k = x_k + d_k + \bar{d}_k$, $\overline{\mathrm{Ared}_k} = f(x_k) - f(x_k + d_k + \bar{d}_k)$, $\overline{\mathrm{Pred}_k} = q_k(0) - q_k(d_k + \bar{d}_k)$, $\bar{\rho}_k = \frac{\overline{\mathrm{Ared}_k}}{\overline{\mathrm{Pred}_k}}$.

步骤 5.2 如果 $(\bar{x}_k, \bar{\lambda}_k)$ 被 $\mathcal{F}_k \cup (x_k, \mu_k)$ 接受, 转步骤 5.3, 否则转步骤 6.

步骤 5.3 若 $\bar{\rho}_k < \tau$ 且 $\overline{\mathrm{Pred}_k} > 0$ 成立, 转步骤 6, 否则转步骤 5.4.

步骤 5.4 $x_{k+1} = x_k + d_k + \bar{d}_k, \mu_{k+1} = \bar{\lambda}_k$. 若 $\overline{\mathrm{Pred}_k} \leqslant 0$, 则将 $(\bar{x}_k, \bar{\lambda}_k)$ 加入滤子, 转步骤 8.

步骤 6 $x_{k+1} = x_k, \mu_{k+1} = \mu_k, \Delta_{k+1} = \frac{1}{2}\Delta_k, k = k + 1$, 转步骤 1.

步骤 7 $x_{k+1} = x_k + d_k, \mu_{k+1} = \lambda_k, \Delta_{k+1} = \frac{1}{2}\Delta_k$, 若 $\mathrm{Pred}_k \leqslant 0$, 则将 (x_k^+, λ_k) 加入滤子, 转步骤 8.

步骤 8 更新矩阵 H_k 为 $H_{k+1}, k = k + 1$, 转步骤 1.

在上述算法中, 可行性恢复阶段的目的是使子问题 $\mathrm{QP}(x_k, \Delta_k)$ 可行, 其方法可参见 Fletcher [30] 提出的 SLP 恢复阶段方法. 所以经过可行性恢复阶段总可以找到点 x_k 使得 $\mathrm{QP}(x_k, \Delta_k)$ 可解. 矩阵 H_k 的更新可以采用 BFGS 校正公式, 该方法是由 Broyden, Fletcher, Goldfard 和 Shanno 于 1970 年提出的, 简称为 BFGS 公式.

从算法中可以看出, 并不是所有被滤子接受的点都被加入滤子集合, 只有当 $\mathrm{Pred}_k < 0$ 时, 迭代点才被加入滤子, 此时 f 的值可能增大; 而当 f 的值下降良好时, 并不将迭代加入滤子.

为对算法进行收敛性分析, 做出如下假设:

假设 3.13 迭代 $(x_k, \mu_k), (x_k + d_k, \lambda_k), (x_k + d_k + \bar{d}_k, \bar{\lambda}_k)$ 均位于 $\mathbb{R}^{n+m}$ 的有界紧凸集 S 中.

假设 3.14 子问题 QP (x_k, Δ_k) 的 KKT 乘子 $\bar{\lambda}_k$ 一致有界.

由假设 3.1 和假设 3.13 可知, 对于任意的 k, 有

$$f_{\min} \leqslant f(x_k) \quad 且 \quad 0 \leqslant h_k \leqslant h_{\max}, \tag{3.2.43}$$

其中 $f_{\min} > 0, h_{\max} > 0$ 为两常数. 故在 (h, f) 平面上, 被滤子接受的点对 (h, f) 位于矩形 $[0, h_{\max}] \times [f_{\min}, \infty]$ 内. 同时由假设 3.1, 假设 3.5, 假设 3.13 和假设 3.14 可知, 存在 $M > 0$, 使得

$$\|H_k\| \leqslant M, \quad \|\nabla^2 f(x)\| \leqslant M, \quad \|\nabla^2 c_i(x)\| \leqslant M, \quad i \in I,$$

$$\|\lambda_k\| \leqslant M, \quad \|\bar{\lambda}_k\| \leqslant M.$$

由上述说明可知, 可行性恢复阶段总是成功的. 对算法 3.5 进行分析, 可以发现算法只存在以下三个使迭代不成功 (即 $x_{k+1} = x_k$) 的循环:

(1) 循环 1: 步骤 1→ 步骤 2→ 步骤 3→ 步骤 5.1→ 步骤 5.2→ 步骤 6→ 步骤 1;

(2) 循环 2: 步骤 1→ 步骤 2→ 步骤 3→ 步骤 5.1→ 步骤 5.2→ 步骤 5.3→ 步骤 6→ 步骤 1;

(3) 循环 3: 步骤 1→ 步骤 2→ 步骤 3→ 步骤 4→ 步骤 6→ 步骤 1.

为了证明算法 3.5 是有效的, 迭代是成功的, 下面利用三个引理来说明上述三个循环是有限终止的.

引理 3.30 算法 3.5 中循环 1 有限终止, 即当 k 充分大时, $(x_k + d_k + \bar{d}_k, \bar{\lambda}_k)$ 必被 $\mathcal{F}_k \cup (x_k, \mu_k)$ 接受.

证明 记 $\hat{d}_k = d_k + \bar{d}_k, \bar{x}_k = x_k + \hat{d}_k, \bar{h}_k = h(\bar{x}_k, \bar{\lambda}_k), \bar{f}_k = f(\bar{d}_k)$, 分两部分进行证明.

(1) 当 k 充分大时, 证明 $(\bar{x}_k, \bar{\lambda}_k)$ 可以被 (x_k, μ_k) 接受, 即满足

$$\bar{h}_k \leqslant \beta h_k \quad 或 \quad f_k - \bar{f}_k \geqslant \gamma \bar{h}_k. \tag{3.2.44}$$

假设循环非有限终止, 由算法 3.5 可知存在 $\{k\}\subset K(K$ 是无限集), 使得 $\Delta_k\to 0(k\in K,k\to\infty)$, 而由 $\|\hat{d}_k\|\leqslant\Delta_k$ 可知 $\hat{d}_k\to 0(k\in K,k\to\infty)$. 考虑以下两种情形.

情形 I: $h_k=h(x_k,\mu_k)=0$.

此时有 $\phi(x_k,\mu_k)=0$, 于是对于任意的 i, 有 $\varphi(-c_i(x_k),(\mu_k)_i)=0$. 由 φ 的定义可知

$$c_i(x_k)\leqslant 0,\quad (\mu_k)_i\geqslant 0,\quad (\mu_k)_i c_i(x_k)=0,\quad i\in I.$$

下证 $f_k-\bar{f}_k\geqslant\gamma\bar{h}_k$ 成立.

$$\begin{aligned}\bar{h}_k=&h(x_k+\hat{d}_k,\bar{\lambda}_k)\\ =&\max_{i\in I}\left|\sqrt{c_i^2(x_k+\hat{d}_k)+(\bar{\lambda}_k)_i^2}+c_i(x_k+\hat{d}_k)-(\bar{\lambda}_k)_i\right|\\ =&\max_{i\in I}\left|\sqrt{\left(c_i(x_k)+\nabla c_i(x_k)^{\mathrm T}\hat{d}_k+O(\|\hat{d}_k\|^2)\right)^2+(\bar{\lambda}_k)_i^2}\right.\\ &\left.+c_i(x_k)+\nabla c_i(x_k)^{\mathrm T}\hat{d}_k+O(\|\hat{d}_k\|^2)-(\bar{\lambda}_k)_i\right|.\end{aligned}\tag{3.2.45}$$

由 $(\bar{\lambda}_k)_i$ 的定义可以得到:

(a) 当 $c_i(x_k)=0$ 时, 有

$$(\bar{\lambda}_k)_i>0,\quad \nabla c_i(x_k)^{\mathrm T}\hat{d}_k=0$$

或者

$$(\bar{\lambda}_k)_i=0,\quad \nabla c_i(x_k)^{\mathrm T}\hat{d}_k\leqslant 0.$$

对前者结合 (3.2.45) 有

$$\varphi(-c_i(\bar{x}_k),(\bar{\lambda}_k)_i)=O(\|\hat{d}_k\|^2);$$

后者则直接有

$$\varphi(-c_i(\bar{x}_k),(\bar{\lambda}_k)_i)=0.$$

(b) 当 $c_i(x_k)<0$ 时, 对 $(\bar{\lambda}_k)_i>0$, 有

$$c_i(x_k)+\nabla c_i(x_k)^{\mathrm T}\hat{d}_k=0,$$

于是由 (3.2.45) 有

$$\varphi(-c_i(\bar{x}_k),(\bar{\lambda}_k)_i)=O(\|\hat{d}_k\|^2);$$

对于 $(\bar{\lambda}_k)_i=0$, 有

$$c_i(x_k)+\nabla c_i(x_k)^{\mathrm T}\hat{d}_k\leqslant 0,$$

于是直接有

$$\varphi(-c_i(\bar{x}_k),(\bar{\lambda}_k)_i)=0.$$

结合 (a) 和 (b), 此时有 $\bar{h}_k=O(\|\hat{d}_k\|^2)$, 又由 $\hat{d}_k$ 的定义知, 必存在 $\gamma>0$ 使得

$$f_k-\bar{f}_k=f(x_k)-f(x_k+\hat{d}_k)=-\nabla f_i(x_k)^{\mathrm{T}}\hat{d}_k+O(\|\hat{d}_k\|^2)>\gamma\bar{h}_k. \tag{3.2.46}$$

情形 II: $h_k=h(x_k,\mu_k)\neq 0$.

此时证明 $\bar{h}_k\leqslant\beta h_k$ 成立.

$$\bar{h}_k\leqslant\beta h_k=\max_{i\in I}|\sqrt{c_i^2(x_k)+(\mu_k)_i^2}+c_i(x_k)-(\mu_k)_i|, \tag{3.2.47}$$

若 $h_k\neq 0$, 则必定存在 i 使得 $c_i(x_k)>0,(\mu_k)_i\geqslant 0$ 或者 $c_i(x_k)<0,(\mu_k)_i\geqslant 0$. 于是, 对于前者有

$$2c_i(x_k)\geqslant\sqrt{c_i^2(x_k)+(\mu_k)_i^2}+c_i(x_k)-(\mu_k)_i\geqslant c_i(x_k), \tag{3.2.48}$$

对于后者有

$$-c_i(x_k)\geqslant|\sqrt{c_i^2(x_k)+(\mu_k)_i^2}+c_i(x_k)-(\mu_k)_i|\geqslant 0. \tag{3.2.49}$$

若 $(\lambda_k)_i=0$, 由 (3.2.45) 可知

$$\varphi(-c_i(\bar{x}_k),(\bar{\lambda}_k)_i)=0. \tag{3.2.50}$$

或者若 $(\lambda_k)_i>0$, 有

$$\varphi(-c_i(\bar{x}_k),(\bar{\lambda}_k)_i)=O(\|\hat{d}_k\|^2). \tag{3.2.51}$$

因此, 当 $k\in K,k\to\infty$ 时, 必存在 β, 使 $\bar{h}_k\leqslant\beta h_k$ 成立.

(2) 当 k 充分大时, 证明 $(\bar{x}_k,\bar{\lambda}_k)$ 可以被 $\mathcal{F}_k$ 接受.

设 $\eta_k=\min\limits_{(h_l,f_l)\in\mathcal{F}}h_l>0$, 由于 $\bar{d}_k$ 是 $\mathrm{QP}_s(x_k,\Delta_k)$ 的解, 故

$$\varphi(-c_i(\bar{x}_k),(\bar{\lambda}_k)_i)\leqslant 0,$$

于是

$$\begin{aligned}\bar{h}_k=&h(x_k+\hat{d}_k,\bar{\lambda}_k)\\=&\max_{i\in I}\left|\sqrt{c_i^2(x_k+\hat{d}_k)+(\bar{\lambda}_k)_i^2}+c_i(x_k+\hat{d}_k)-(\bar{\lambda}_k)_i\right|\end{aligned}$$

$$
\begin{aligned}
&= \max_{i\in I}\left|\sqrt{\left(c_i(x_k)+\nabla c_i(x_k)^{\mathrm{T}}\hat{d}_k+\frac{1}{2}(\hat{d}_k)^{\mathrm{T}}\nabla^2 c_i(y_i)\hat{d}_k\right)^2+(\bar{\lambda}_k)_i^2}\right.\\
&\quad\left.+c_i(x_k)+\nabla c_i(x_k)^{\mathrm{T}}\hat{d}_k+\frac{1}{2}(\hat{d}_k)^{\mathrm{T}}\nabla^2 c_i(y_i)\hat{d}_k-(\bar{\lambda}_k)_i\right|\\
&\leqslant\left|\frac{1}{2}(\hat{d}_k)^{\mathrm{T}}\nabla^2 c_i(y_i)\hat{d}_k\right|+(\bar{\lambda}_k)_i+(\hat{d}_k)^{\mathrm{T}}\nabla^2 c_i(y_i)\hat{d}_k-(\bar{\lambda}_k)_i\\
&\leqslant|(\hat{d}_k)^{\mathrm{T}}\nabla^2 c_i(y_i)\hat{d}_k|,
\end{aligned}
\tag{3.2.52}
$$

此处 y 表示 x_k 到 $x_k+\hat{d}_k$ 的连线上的一点. 由 $|\nabla^2 c_i(y_i)|\leqslant M, \|\hat{d}_k\|\leqslant\Delta_k$, 有 $\bar{h}_k\leqslant M\Delta_k^2$, 即当 $\Delta_k<\sqrt{\dfrac{\beta\eta_k}{M}}$ 时, $(\bar{x}_k,\bar{\lambda}_k)$ 可以被 $\mathcal{F}_k$ 接受. 若 Δ_k 不满足此要求, 则算法中 Δ_k 会不断减小, 直至满足此条件.

综合 (1), (2) 可知, 当 k 充分大时, $(x_k+d_k+\bar{d}_k,\bar{\lambda}_k)$ 必被 $\mathcal{F}_k\cup(x_k,\mu_k)$ 接受. □

在证明算法 3.5 的循环 2 和循环 3 有限终止之前, 首先给出引理 3.31.

引理 3.31[45]　d_k 是子问题 $\mathrm{QP}(x_k,\Delta_k)$ 的解, 则有

$$
\begin{aligned}
\mathrm{Pred}_k&=q_k(0)-q_k(d_k)\\
&\geqslant\frac{1}{2}\|\nabla f(x_k)\|\min\left\{\Delta_k,\frac{\|\nabla f(x_k)\|}{\|H_k\|}\right\}.
\end{aligned}
\tag{3.2.53}
$$

证明　由 d_k 的定义, 对于任意的 $0\leqslant\alpha\leqslant 1$ 有

$$
\begin{aligned}
q_k(0)-q_k(d_k)&\geqslant q_k(0)-q_k\left(-\alpha\frac{\Delta_k}{\|\nabla f(x_k)\|}\nabla f(x_k)\right)\\
&=\alpha\Delta_k\|\nabla f(x_k)\|-\frac{1}{2}\alpha^2\Delta_k^2\frac{\nabla f(x_k)^{\mathrm{T}}H_k\nabla f(x_k)}{\|\nabla f(x_k)\|^2}\\
&\geqslant\alpha\Delta_k\|\nabla f(x_k)\|-\frac{1}{2}\alpha^2\Delta_k^2\|H_k\|,
\end{aligned}
\tag{3.2.54}
$$

故有

$$
\begin{aligned}
\mathrm{Pred}_k&\geqslant\max_{0\leqslant\alpha\leqslant 1}\left(\alpha\Delta_k\|\nabla f(x_k)\|-\frac{1}{2}\alpha^2\Delta_k^2\|H_k\|\right)\\
&\geqslant\frac{1}{2}\|\nabla f(x_k)\|\min\left\{\Delta_k,\frac{\|\nabla f(x_k)\|}{\|H_k\|}\right\}.
\end{aligned}
\tag{3.2.55}
$$

□

引理 3.32 算法 3.5 中循环 2 有限终止.

证明 反证法. 假设结论不成立, 则存在 $\{k\} \subset K$(K 是无限集), 使得 $\Delta_k \to 0(k \in K, k \to \infty)$, 并且有

$$\frac{\Delta \bar{f}_k}{\Delta \bar{h}_k} < \tau, \quad k = 1, 2, \cdots \tag{3.2.56}$$

成立. 由泰勒展开式可得

$$\Delta \bar{f}_k - \Delta \bar{h}_k = O(\|\hat{d}_k\|^2) = O((\Delta_k)^2). \tag{3.2.57}$$

由引理 3.31 可得

$$\Delta \bar{h}_k \geqslant \frac{1}{2}\|\nabla f(x_k)\|\Delta_k,$$

于是

$$\left|\frac{\Delta \bar{f}_k}{\Delta \bar{h}_k} - 1\right| = \frac{|\Delta \bar{f}_k - \Delta \bar{h}_k|}{|\Delta \bar{h}_k|} \leqslant \frac{2O((\Delta_k)^2)}{\|\nabla \bar{f}(x_k)\|\Delta_k}. \tag{3.2.58}$$

因为 $\Delta_k \to 0(k \in K, k \to \infty)$, 故可得

$$\left|\frac{\Delta \bar{f}_k}{\Delta \bar{h}_k} - 1\right| \to 0,$$

这说明当 k 充分大时, 必有

$$\frac{\Delta \bar{f}_k}{\Delta \bar{h}_k} \geqslant \tau,$$

因此产生矛盾. □

将引理 3.32 中的 $\Delta \bar{f}_k, \Delta \bar{h}_k$ 分别用 $\Delta f_k, \Delta h_k$ 替换, 即可得引理 3.33.

引理 3.33 算法 3.5 中循环 3 有限终止.

由引理 3.30—引理 3.33 可以看出算法 3.5 是可执行的, 且在迭代过程中有 $x_k = x_k + d_k$ 或者 $x_k = x_k + d_k + \bar{d}_k$ 成立.

下面证明算法 3.5 的全局收敛性.

定理 3.10 假定算法 3.5 用于求解问题 (2.5.1), 并且假设 3.1, 假设 3.5, 假设 3.13 和假设 3.14 成立. 设 $\{x_k\}$ 为算法生成的迭代序列. 那么就有以下两种可能的情况:

(1) 迭代在 KKT 点结束;

(2) 至少存在一个聚点是问题 (2.5.1) 的 KKT 点.

证明　仅需要对第二种情况给出证明. 由引理 3.30—引理 3.33 可知, 成功迭代的次数为无数次, 又由假设 3.13 知, 必存在聚点 x^*, 不妨设 $\lim\limits_{k\in K,k\to+\infty} x_k=x^*$, 其中 K 为无限集. 不失一般性, 假设这样的无限循环出现在解 $\mathrm{QP}_s(x_k,\Delta_k)$ 的分支上, 由算法 3.5 可知会出现以下两种情况:

情形 I: 有无穷多个点加入滤子.

(1) 由加入滤子的条件可知 $\bar{h}_k>0$, 那么 $\bar{h}_k\to 0(k\in K,k\to\infty)$, 即得 x^* 为可行点并且满足

$$\mu_i(x^*)\geqslant 0,\quad c_i(x^*)\leqslant 0,\quad \mu_i c_i(x^*)=0,\quad i\in I,$$

其中 μ^* 为相应的拉格朗日乘子.

(2) 若 x^* 不是 KKT 点, 即存在无限指标集

$$K_1=\{k|\nabla f(x_k)^{\mathrm{T}}\hat{d}_k>-\frac{1}{2}(\hat{d}_k)^{\mathrm{T}}H_k\hat{d}_k\},$$

若存在 $K_2\subset K_1$ 使得

$$\lim_{k\in K_2,k\to+\infty}\|\hat{d}_k\|=0,$$

则可得 x^* 为 KKT 点, 矛盾. 故设存在 $\epsilon>0$, 使得对于 $\forall k\in K_1$, 有 $\|\hat{d}_k\|>\epsilon$.

由子问题 $\mathrm{QP}_s(x_k,\Delta_k)$ 的 KKT 条件可知

$$\begin{aligned}\nabla f(x_k)^{\mathrm{T}}\hat{d}_k&=-(\hat{d}_k)^{\mathrm{T}}\nabla c(x_k)^{\mathrm{T}}\bar{\lambda}_k-(\hat{d}_k)^{\mathrm{T}}H_k\hat{d}_k\\&=(\bar{\lambda}_k)^{\mathrm{T}}c(x_k)-(\hat{d}_k)^{\mathrm{T}}H_k\hat{d}_k.\end{aligned}\tag{3.2.59}$$

当 $c_i(x_k)\leqslant 0$ 时, 有

$$\nabla f(x_k)^{\mathrm{T}}\hat{d}_k\leqslant-(\hat{d}_k)^{\mathrm{T}}H_k\hat{d}_k\leqslant-\frac{1}{2}(\hat{d}_k)^{\mathrm{T}}H_k\hat{d}_k,\tag{3.2.60}$$

当 $c_i(x_k)>0$ 时, 有

$$\nabla f(x_k)^{\mathrm{T}}\hat{d}_k\leqslant(\bar{\lambda}_k)^{\mathrm{T}}\bar{h}_k-(\hat{d}_k)^{\mathrm{T}}H_k\hat{d}_k.\tag{3.2.61}$$

由 $\|\bar{\lambda}_k\|\leqslant M,\bar{h}_k\to 0$ 可知, 存在 k_0, 当 $k\geqslant k_0$ 时,

$$\bar{h}_k\leqslant\frac{1}{2M}(\hat{d}_k)^{\mathrm{T}}H_k\hat{d}_k.$$

于是

$$\nabla f(x_k)^{\mathrm{T}}\hat{d}_k\leqslant-\frac{1}{2}(\hat{d}_k)^{\mathrm{T}}H_k\hat{d}_k,\tag{3.2.62}$$

由此产生矛盾.

情形 II: 有有限多个点加入滤子.

(1) 此时由假设以及算法 3.5 的构造可知, $f(x)$ 是单调递减有下界的, 故 $\bar{h}_k \to 0(k \in K, k \to \infty, K$ 为无限集). 这说明 x^* 是可行点, 并且满足

$$\mu_i(x^*) \geqslant 0, \quad c_i(x^*) \leqslant 0, \quad \mu_i c_i(x^*) = 0, \quad i \in I,$$

其中 μ^* 为相应的拉格朗日乘子.

(2) 由算法 3.5 的构造可知, 存在 k_0, 当 $k \geqslant k_0$ 时,

$$\bar{h}_k \leqslant \frac{1}{2M}(\hat{d}_k)^{\mathrm{T}} H_k \hat{d}_k,$$

并且

$$\frac{\Delta \bar{f}_k}{\Delta \bar{h}_k} \geqslant \tau.$$

又由 $(\bar{X}_k, \bar{\lambda}_k)$ 被 $\mathcal{F}_k \cup (x_k, \mu_k)$ 接受, 故有

$$f_k - f_{k+1} \geqslant \gamma h_{k+1} = \gamma O(\|\hat{d}_k\|^2),$$

此式两边从 $k+1$ 求和至无穷, 可得

$$\sum_{k=k_0+1}^{\infty} (f_k - f_{k+1}) \geqslant \sum_{k=k_0+1}^{\infty} \gamma O(\|\hat{d}_k\|^2), \tag{3.2.63}$$

而左边是有限数, 故有 $\|\hat{d}_k\| \to 0(k \to \infty)$, 因此 x^* 为 KKT 点.

当无限多的成功迭代出现在子问题 $\mathrm{QP}(x_k, \Delta_k)$ 的分支上时, 在上述的证明中用 d_k 代替 $\hat{d}_k$ 即可得到相同的结论. □

3.3 修正维数方法

考虑非线性半无限规划问题 (3.1.59):

$$\begin{aligned} (\mathrm{SIP}): \quad & \min_{x \in \mathbb{R}^n} f(x) \\ & \text{s.t.} \quad g(x,t) \leqslant 0, \quad t \in T, \end{aligned}$$

其中, $T = \{t \in \mathbb{R}^p \mid h_i(t) \leqslant 0,\ i = 1, 2, \cdots, p\}$ 是闭集, $f: \mathbb{R}^n \to \mathbb{R}, g: \mathbb{R}^n \times \mathbb{R}^p \to \mathbb{R}$ 以及 $h_i: \mathbb{R}^p \to \mathbb{R}(i = 1, 2, \cdots, p)$ 都是连续可微的.

定义 3.5 设 $x \in X$, 如果存在 p 个正数 λ_i 和 p 个向量 $t^i \in T(x)$ 使得

$$\nabla f(x)+\sum_{i=1}^{p} \lambda_i \nabla_x g\left(x, t^i\right)=0, \tag{3.3.1}$$

其中 $T(x)=\{t \in T \mid g(x, t)=0\}$, 那么 x 被称为 (SIP) 的一个稳定点.

定义 3.6 如果存在 $x \in X$ 和向量 $d \in \mathbb{R}^n$, 则扩展 Mangassarian-Fromovitz 约束规范 (EMFCQ) 在 x 处成立, 使得

$$\nabla_x g(x, t)^{\mathrm{T}} d<0, \quad \forall t \in T(x). \tag{3.3.2}$$

引理 3.34 假设 x 是 (SIP) 的局部最小解, 且 EMFCQ 成立, 那么存在 p 个正数 λ_i 和 p 个向量 $t^i \in T(x)$ 使 (3.3.1) 成立, 并且有 $\lambda_i(i=1, \cdots, p)$ 和 $t \in T(x)$ 满足 (3.3.1), 使得向量 $\{\nabla_x g(x, t)\}$ 是线性独立的.

为了得到 (SIP) 的局部最小解, 可以通过引理 3.34 找到 (SIP) 的稳定点, 再从稳定点中找到极小值点.

引理 3.35 假设 N_x 是 $x \in \mathbb{R}^n$ 的邻域并且 $\varphi: \mathbb{R}^n \rightarrow \mathbb{R}^m \in LC^1$, 即 φ 连续可微, 其梯度函数 $\nabla \varphi(x)$ 为局部 Lipschitz 连续的. 那么存在一个正常数 γ, 使得对于所有 $x+d \in N_x$, 有

$$\left|\varphi(x+d)-\varphi(x)-\nabla \varphi(x)^{\mathrm{T}} d\right| \leqslant \frac{\gamma\|d\|^2}{2}. \tag{3.3.3}$$

Fisher-Burmeister 函数 (3.2.6): $\varphi(a, b)=\sqrt{a^2+b^2}-a-b$ 满足下列条件:

引理 3.36 (1) $\varphi(a, b)=0 \Leftrightarrow a \geqslant 0, b \geqslant 0$ 且 $ab=0$;

(2) $\varphi(a, b)^2$ 是连续可微的;

(3) $\varphi(a, b)$ 在除零以外的任意点上都可微, 在原点连续, 并且 $\varphi(a, b)$ 也是半光滑的函数.

定义 3.7 对于所有的 $V \in \partial f(x+d)$ 和 $d \rightarrow 0$, 如果 $f: \mathbb{R}^n \rightarrow \mathbb{R}^m$ 在 $x \in \mathbb{R}^n$ 处是可微的, 那么局部 Lipschitz 函数 $f: \mathbb{R}^n \rightarrow \mathbb{R}^m$ 在 $x \in \mathbb{R}^n$ 处为半光滑的, 即

$$f'(x ; d)-V d=o(\|d\|^2), \tag{3.3.4}$$

其中 ∂f 是 Clarke [172] 定义的广义雅可比矩阵, 即

$$\partial f(x)=\operatorname{conv}\left\{\lim _{x_k \rightarrow x} \nabla f(x_k^{\mathrm{T}}) \mid f \text { 在} x_k \text { 处可微}\right\}. \tag{3.3.5}$$

此外, 如果 f 在 x 处是半光滑的并且当 $d \rightarrow 0$, 所有的 $V \in \partial f(x+d)$, 则 f 在 x 处严格半光滑,

$$f'(x ; d)-V d=O\left(\|d\|^2\right). \tag{3.3.6}$$

引理 3.37 假设 $f:\mathbb{R}^n\to\mathbb{R}^m$ 是局部 Lipschitz 的并且在 x 处半光滑, 那么对于任意 $V\in\partial f(x+r)$ 和 $r\to 0$, 有

$$f(x+r)=f(x)+Vh+o(\|r\|). \tag{3.3.7}$$

此外, 如果 f 严格半光滑, 则

$$f(x+r)=f(x)+Vr+O\left(\|r\|^2\right) \tag{3.3.8}$$

成立.

任意给定 $x_0\in X$, 如果 $t\in T(x_0)$, 那么根据函数 $g(\cdot,\cdot)$ 的连续性, t 是以下问题的局部最小解:

$$\begin{array}{ll}\min & f(x)\\ \text{s.t.} & h_i(t)\leqslant 0,\quad i=1,2,\cdots,p.\end{array} \tag{3.3.9}$$

设 Γ 为上述问题的解集并且给出如下假设:

假设 3.15 对于任意固定的 x, 问题 (3.3.9) 的解集 Γ 是有限的.

显然, 假设 3.15 在一些规则条件下成立, 并且在实际应用中总是成立的. 因此, 可将 $t^1(x_0),t^2(x_0),\cdots,t^i(x_0)$ 作为问题 (3.3.9) 的解. 根据半无限规划的可行域结构理论, 在一定条件下, 一定会存在 x_0 的邻域 $N(x_0)$, 对于所有 $x\in N(x_0)$, (SIP) 等价于非线性优化问题:

$$\begin{array}{ll}\min & f(x)\\ \text{s.t.} & g\left(x,t^i(x)\right)\leqslant 0,\quad i=1,2,\cdots,p.\end{array} \tag{3.3.10}$$

设 $g_i(x)=g\left(x,t^i(x)\right), i=1,2,\cdots,p$, 则问题 (3.3.9) 的拉格朗日函数 $L:\mathbb{R}^{n+p}\to\mathbb{R}$ 为

$$L(x,\lambda)=f(x)+\lambda^{\mathrm{T}}g(x)=f(x)+\sum_{i=1}^{p}\lambda_i g_i(x), \tag{3.3.11}$$

以及它的 KKT 系统为

$$\begin{aligned}&\nabla_x L(x,\lambda)=\nabla_x f(x)+\lambda^{\mathrm{T}}\nabla_x g(x)=\nabla_x f(x)+\sum_{i=1}^{p}\lambda_i\nabla_x g_i(x)=0,\\ &\lambda_i\geqslant 0,\quad -g_i(x)\geqslant 0,\quad \lambda_i g_i(x)=0,\ i=1,2,\cdots,p,\end{aligned} \tag{3.3.12}$$

其中 $\lambda=(\lambda_1,\lambda_2,\cdots,\lambda_p)^{\mathrm{T}}\in\mathbb{R}^p$ 是拉格朗日乘子向量.

假设 (x,λ) 是上述问题 (3.3.10) 的 KKT 点, 则去掉 $\lambda_i=0$ 的点后, (x,λ) 是 (SIP) 的一个稳定点. 因此, 要求解 (SIP) 的稳定点, 只需求出问题 (3.3.10) 的所有 KKT 点即可. 从这个意义上说, (SIP) 与问题 (3.3.10) 等价.

接下来, 利用 F-B NCP 函数将 KKT 系统 (3.3.12) 重新表述为一个等价的非线性方程组, 形式如下:

$$F(z)=\begin{bmatrix}\nabla_x L(x,\lambda)\\ -\Phi(x,\lambda)\end{bmatrix}=0, \tag{3.3.13}$$

其中,

$$z=\left(x^{\mathrm{T}},\lambda^{\mathrm{T}}\right)^{\mathrm{T}}\in\mathbb{R}^{n+p},$$

$$\Phi(x,\lambda)=\left(\varphi\left(-g_1(x),\lambda_1\right),\varphi\left(-g_2(x),\lambda_2\right),\cdots,\varphi\left(-g_p(x),\lambda_p\right)\right)^{\mathrm{T}}.$$

注 3.5　根据引理 3.36, $F(z)$ 在大多数情况下是不可微的, 但它是半光滑的. 特别地, 当 $\nabla_x f(x)$ 和每一个 $\nabla_x g_i(x)$ 都连续可微时, 它是严格半光滑的.

注 3.6　通过直接计算, 可以得到广义雅可比矩阵 $J\in\partial F(z)$ 有以下形式:

$$J=\begin{bmatrix}\nabla_{xx}^2 L(z) & \nabla_x g(z)\\ \operatorname{diag}\left(b_i(x,\lambda)\right)\nabla g(x)^{\mathrm{T}} & \operatorname{diag}\left(a_i(x,\lambda)\right)\end{bmatrix}. \tag{3.3.14}$$

当 $g_i^2(x)+\lambda_i^2>0(i=1,2,\cdots,p)$ 时, 有

$$a_i(x,\lambda)=\frac{\lambda_i(x)}{\sqrt{g_i(x)^2+\lambda_i^2}}+1,\quad b_i(x,\lambda)=\frac{g_i(x)}{\sqrt{g_i(x)^2+\lambda_i^2}}-1,\quad i=1,2,\cdots,p.$$

当 $g_i^2(x)+\lambda_i^2=0(i=1,2,\cdots,p)$ 时, 有

$$a_i(x,\lambda)=r\cos\alpha-1,\quad b_i(x,\lambda)=r\sin\alpha-1,\quad \alpha\in[0,2\pi],\ i=1,2,\cdots,p.$$

显然, 上述方程 (3.3.13) 可以等价地转换为最小二乘问题:

$$\min f(z)=\frac{1}{2}\|F(z)\|^2. \tag{3.3.15}$$

到目前为止, 已经有许多方法来处理问题 (3.3.15). 求解非光滑方程 (3.3.13) 的一种有效方法是使用 ODE 型信赖域方法[56]. 在第 k 次迭代时, 该方法通过求解一个线性方程组来得到搜索方向 d_k:

$$\left(J_k^{\mathrm{T}}J_k+B_k+\frac{1}{\alpha_k}I\right)d=-J_k^{\mathrm{T}}F\left(z_k\right), \tag{3.3.16}$$

它等价于

$$\left(\alpha_k\left(J_k^{\mathrm{T}}J_k+B_k\right)+I\right)d=-\alpha_kJ_k^{\mathrm{T}}F\left(z_k\right), \tag{3.3.17}$$

其中, $\alpha_k>0$ 是步长, $J_k\in\partial F\left(z_k\right)$, $B_k\in\mathbb{R}^{(n+p)\times(n+p)}$ 是 $f(z_k)$ 的二阶近似黑塞矩阵.

注 3.7 矩阵 B_k 可以通过 SR1 或 BFGS 迭代公式来更新.

注 3.8 可以通过求解算法中的一个线性方程组来计算试探步长 d_k, 从而避免求解一个二次规划子问题. 线性方程组形式如下:

$$\theta(z)=\left\|J^{\mathrm{T}}F(z)\right\|, \tag{3.3.18}$$

其中 $J\in\partial F(z)$.

当 $\theta\left(z_1\right)\leqslant\theta\left(z_2\right)$ 时, 称点 z_1 支配点 z_2. 滤子是 $\{\theta_j\}$ 的集合, 使得对于任意 $j\neq k$,$\theta_j=\theta\left(z_j\right)$, 有 $\theta_j<\theta_k$.

在第 k 次迭代中, 如果试探点 z_k^+ 不被 z_k 和滤子 $\mathcal{F}$ 中的其他任何点支配, 则可以接受试探点 z_k^+. 具体执行时, 试探点 z_k^+ 的接受准则如下:

当且仅当所有 $z_j\in\mathcal{F}$ 使得

$$\theta_k^+\leqslant\theta_j-\tau_\theta\delta\left(\left\|F_k^+\right\|,\|F_j\|\right), \tag{3.3.19}$$

则试探点 z_k^+ 被滤子 $\mathcal{F}$ 接受. 其中, $\theta_k^+=\theta\left(z_k^+\right)$ $(\tau_\theta\in(0,1))$ 是极小的正常数, 且

$$\delta\left(\left\|F_k^+\right\|,\|F_j\|\right)=\min\left\{\left\|F_k^+\right\|,\|F_j\|\right\}. \tag{3.3.20}$$

为了避免试探点落入“谷底”无法跳出, 也为了缓解 Maratos 效应, 采用如下的非单调判别准则:

$$\theta_k^+\leqslant\max_{0\leqslant j\leqslant m(k)}\left\{\theta_{k-l}-\tau_\theta\delta\left(\left\|F_k^+\right\|,\|F_j\|\right)\right\}, \tag{3.3.21}$$

其中 $m(0)=0,0\leqslant m(k)\leqslant\min\{m(k-1)+1,M\}$, M 为非负整数, $k\geqslant1$. 如果试探点 z_k^+ 可以被 (3.3.21) 接受, 那么将其添加到滤子中, $\mathcal{F}\leftarrow\mathcal{F}\cup\{\theta_j^+\}$ 并且在滤子中删除所有被 $\{\theta_j^+\}$ 支配的点.

下面给出算法的形式:

算法3.6

步骤 0 初始化. 给定 $z_1,h_1,\varepsilon\geqslant0,0<\rho_0<1,0<\tau_\theta<1$. 设 $\mathcal{F}=\varnothing,k:=1$.

步骤 1 解问题

$$\begin{aligned}&\min\ -g(x,t)\\&\text{s.t.}\quad h_i(t)\leqslant0,\quad i=1,2,\cdots,p.\end{aligned}$$

将它的解记作 $t^1, t^2, \cdots, t^p$.

步骤 2 计算 J_k, 如果 $\left\|J_k^{\mathrm{T}} F\left(z_k\right)\right\| \leqslant \varepsilon$, 则算法停止.

步骤 3 构造对称矩阵 B_k. 如果 $\alpha_k\left(J_k^{\mathrm{T}} J_k+B_k\right)+I$ 正定, 转步骤 4; 否则, 设 m_k 是使 $2^{-m_k} \alpha_k\left(J_k^{\mathrm{T}} J_k+B_k\right)+I$ 正定的最小的正常数. 令 $\alpha_k=2^{-m_k} \alpha_k$.

步骤 4 解等式 (3.3.17) 得 d_k, $z_k^{+}=z_k+d_k$. 计算

$$\rho_k=\frac{\mathrm{Ared}_k}{\mathrm{Pred}_k}=\frac{\max\limits_{0 \leqslant j \leqslant m(k)}\left\{f\left(z_{k-j}\right)-f\left(z_k+d_k\right)\right\}}{f\left(z_k\right)-q_k\left(d_k\right)},$$

其中 $m(0)=0, 0 \leqslant m(k) \leqslant \min \{m(k-1)+1, \bar{m}\}$, $\bar{m}$ 为一个非负整数, $k \geqslant 1$, 且

$$q_k\left(d_k\right)=\frac{1}{2}\left\|F\left(z_k\right)+J_k d\right\|^2+\frac{d^{\mathrm{T}} B_k d}{2}.$$

步骤 5 如果 θ_k^{+} 不被当前滤子接受, 转步骤 6; 否则, 设 $z_{k+1}=z_k^{+}$ (成功迭代), 转步骤 7.

步骤 6 如果 $\rho_k \geqslant \rho_0$, 那么设 $z_{k+1}=z_k^{+}, \alpha_{k+1}=2 \alpha_k$, 转步骤 8; 否则, 设 $\alpha_k:=\dfrac{1}{2} \alpha_k$, 转步骤 3(内循环).

步骤 7 如果 $\rho_k \geqslant \rho_0$, 那么设 $z_{k+1}=z_k^{+}, \alpha_{k+1}=2 \alpha_k$, 转步骤 8; 否则, 增加 θ_k^{+} 至滤子 $\mathcal{F}$ 中, 设 $\alpha_k:=\dfrac{1}{2} \alpha_k$, 转步骤 8.

步骤 8 更新矩阵 B_k 为 B_{k+1} 且设 $k:=k+1$ (外循环), 转步骤 2.

注 3.9 如果 $\alpha_k\left(J_k^{\mathrm{T}} J_k+B_k\right)+I$ 不是正定的, 则存在最小的正整数 m_k, 使 $2^{-m_k} \alpha_k\left(J_k^{\mathrm{T}} J_k+B_k\right)+I$ 正定. 因此, 线性方程 (3.3.17) 具有唯一解.

为了得到全局收敛性, 进行如下假设:

假设 3.16 序列 $\{B_k\}$ 一致有界, 即存在常数 $M>0$ 使得对于所有 k, 有

$$\left\|B_k\right\| \leqslant M.$$

注 3.10 假设 3.3, 引理 3.36 和 ∂F 的上连续性表明, 对于所有的 $z \in \Omega, J \in \partial F(z)$, $\|F(z)\| \leqslant C$, $\left\|J^{\mathrm{T}} F(z)\right\| \leqslant C$, 且 $\left\|J^{\mathrm{T}} J\right\| \leqslant C$.

从引理 3.35, 假设 3.1, 注 3.5 和注 3.10 可知, $f(z)=\dfrac{1}{2}\|F(z)\|^2$ 是强半光滑的. 进而可以得到以下引理:

引理 3.38 (1) $\mathrm{Pred}_k=\dfrac{1}{2} d_k^{\mathrm{T}}\left(J_k^{\mathrm{T}} J_k+B_k+\dfrac{1}{\alpha_k}\right) d_k+\dfrac{1}{2 \alpha_k} d_k^{\mathrm{T}} d_k$;

(2) $\mathrm{Ared}_k-\mathrm{Pred}_k=O\left(\|d\|^2\right)$.

引理 3.39 从上面的描述和算法的思想, 可以看到算法定义良好, 即对于任意 k, 内循环 (步骤 3 → 步骤 4 → 步骤 5 → 步骤 6 → 步骤 3) 有限终止.

证明 反证法. 若结论不成立, 那么根据 (3.3.17) 和注 3.10, 算法生成的 h_k 一直减少, 即 h_k 趋于零. 因此, 从引理 3.38 中可知, 当 $d_k \to 0$, 有

$$|\rho_k - 1| = \frac{|\,\mathrm{Pred}_k - \mathrm{Ared}_k\,|}{|\mathrm{Pred}_k|} \to 0, \tag{3.3.22}$$

这表明 $\rho_k \geqslant \rho_0$ 充分小. 由步骤 6, 与 $\rho_k < \rho_0$ 矛盾. 因此得出结论. □

基于以上结果和算法迭代, 可知在算法中生成的序列 $\{z_k\}$ 有四种情况:

(a) 滤子可接受的试探点数量有限, 成功迭代的次数有限;

(b) 滤子可接受的试探点数量有限, 成功迭代的次数无限;

(c) 滤子可接受的试探点数量无限, 但只有有限多的试探点被添加到滤子中. 因此, 成功迭代的次数有限;

(d) 滤子可接受的试探点数量无限, 并且有无限多个试探点被添加到滤子中, 因此, 成功迭代的次数无限.

对于上述四种情况, 分别按照以下定理来讨论算法的收敛性.

定理 3.11 假设 3.1、假设 3.3 和假设 3.16 成立, 则

(1) 对于情况 (a), 存在 k, 使得 $\left\|J_k^{\mathrm{T}} F(z_k)\right\| = 0$;

(2) 对于情况 (b), (c) 和 (d), 有 $\liminf\limits_{k\to+\infty} \left\|J_k^{\mathrm{T}} F(z_k)\right\| = 0$.

证明 反证法. 设存在 $\varepsilon > 0$ 和正常数 $\bar{k}$, 使得对于 $k \geqslant \bar{k}$, 有

$$\left\|J_k^{\mathrm{T}} F(z_k)\right\| \geqslant \varepsilon.$$

设 k_0 是上次成功迭代的指标, 则对于任意 j, 有 $z_{k_0+1} = z_{k_0+j}$ 和 $\rho_{k_0+j} < \rho_0$. 在情况 (a) 下, 有 $\alpha_k \to 0$. 与引理 3.39 的证明类似, 可得结论成立.

在情况 (b) 下, 由于 k 足够大, θ_k^+ 不被滤子接受. 由引理 3.39 知, 对于足够大的 k, 有 $\rho_k \geqslant \rho_0$. 同时, 存在 $\hat{\alpha} > 0$ 使得 $\alpha_k \geqslant \hat{\alpha}$.

反证法. 假设存在 $\varepsilon > 0$ 和一个正整数 $\bar{k}_1$, 使得对 $k \geqslant \bar{k}_1$, 有

$$\left\|J_k^{\mathrm{T}} F(z_k)\right\| \geqslant \varepsilon.$$

由引理 3.38 和算法 3.6 的步骤 4, 有

$$\begin{aligned}
\mathrm{Ared}_k &= \max_{0\leqslant j\leqslant m(k)} f(z_{k-j}) - f(z_k + d_k) \\
&\geqslant \rho_0 \mathrm{Pred}_k \\
&\geqslant \frac{\rho_0}{2} d_k^{\mathrm{T}} \left(J_k^{\mathrm{T}} J_k + B_k + \frac{1}{\alpha_k} I\right) d_k + \frac{\rho_0}{2\alpha_k} d_k^{\mathrm{T}} d_k
\end{aligned}$$

$$\begin{aligned}
&\geqslant \frac{\rho_0}{2} d_k^{\mathrm{T}} \left(J_k^{\mathrm{T}} J_k + B_k + \frac{1}{\alpha_k} I \right) d_k \\
&= -\frac{\rho_0}{2} \left(J_k^{\mathrm{T}} F(z_k) \right) d_k \\
&\geqslant 0,
\end{aligned} \tag{3.3.23}$$

即

$$\max_{0 \leqslant j \leqslant m(k)} f(z_{k-j}) \geqslant f(z_k + d_k). \tag{3.3.24}$$

设 $l(k)$ 是满足 $k - m(k) \leqslant I(k) \leqslant k$ 的整数, 则

$$f\left(z_{l(k)}\right) = \max_{0 \leqslant j \leqslant m(k)} f(z_{k-j}).$$

由于序列 $\left\{f\left(z_{l(k)}\right)\right\}$ 是单调递减的, 考虑到 $m(k+1) \leqslant m(k)$, 有

$$\begin{aligned}
f\left(z_{l(k+1)}\right) &= \max_{0 \leqslant j \leqslant m(k+1)} f(z_{k+1-j}) \\
&\leqslant \max_{0 \leqslant j \leqslant m(k)+1} f(z_{k+1-j}) = \max\left\{f\left(z_{l(k)}\right), f(z_{k+1})\right\} \\
&\leqslant f\left(z_{l(k)}\right).
\end{aligned} \tag{3.3.25}$$

此外由假设 3.3, 序列 $\left\{f\left(z_{l(k)}\right)\right\}$ 有下界.

由 $k \to +\infty$, 有

$$f\left(z_{l(k)}\right) - f\left(z_{l(k+1)}\right) \to 0,$$

即

$$\left|J_{(k)}^{\mathrm{T}} F\left(z_{l(k)}\right)\right|^{\mathrm{T}} d_k \to 0.$$

因此, 当 $k \to +\infty$, 有

$$\left|J_k^{\mathrm{T}} F(z_k)\right|^{\mathrm{T}} d_k \to 0.$$

另外, 根据注 3.10 的结论, 对于足够大的 $\bar{k}_1$, 当 $k \geqslant \bar{k}_1$, 有

$$\begin{aligned}
\left|\left[J_k^{\mathrm{T}} F(z_k)\right]^{\mathrm{T}} d_k\right| &= \left[J_k^{\mathrm{T}} F(z_k)\right]^{\mathrm{T}} \left[J_k^{\mathrm{T}} J_k + B_k + \frac{1}{\alpha_k} I\right]^{-1} \left[J_k^{\mathrm{T}} F(z_k)\right] \\
&\geqslant \frac{\left\|J_k^{\mathrm{T}} F(z_k)\right\|^2}{\left\|J_k^{\mathrm{T}} J_k + B_k + \dfrac{1}{\alpha_k} I\right\|} \geqslant \frac{\varepsilon^2}{C^2 + M + 1/\hat{\alpha}} > 0.
\end{aligned} \tag{3.3.26}$$

显然, 与 $\left|J_k^{\mathrm{T}} F(z_k)\right|^{\mathrm{T}} d_k \to 0$ 相矛盾.

情况 (c) 类似于对情况 (b) 的讨论.

最后, 在情况 (d) 中, 为证明结论

$$\lim_{k\to+\infty}\|\theta(z_k)\|=0 \tag{3.3.27}$$

成立, 首先定义滤子迭代集合的指标集为

$$A=\left\{k \mid \left(\theta_k^+\right) 添加至滤子中\right\}=\{k_i\}. \tag{3.3.28}$$

由注 3.10 知, 序列 $\left\{\left\|J_k^{\mathrm{T}}F(z_k)\right\|\right\}$ 是有界的并且下界非零. 因此, 存在序列 $\{k_j\}\subseteq\{k_i\}$ 使得

$$\lim_{j\to+\infty}\left\|J_{k_j}^{\mathrm{T}}F\left(z_{k_j}\right)\right\|\geqslant\varepsilon. \tag{3.3.29}$$

根据 $\{k_j\}$ 的定义, 在每次迭代 j, $\theta_{k_j}^j$ 可被滤子接受. 因此, 下列不等式

$$\theta_{k_j+1}\leqslant\max_{0\leqslant l\leqslant m(k_j)-1}\theta_{k_j-l}-\tau_\theta\delta\left(\left\|F_{k_j+1}\right\|,\|F_j\|\right) \tag{3.3.30}$$

成立. 同样由 (3.3.27), 存在 ε_0, 对于足够大的 j, $\delta\left(\left\|F_{k_j+1}\right\|,\|F_j\|\right)\geqslant\varepsilon_0$ 成立. 进而有

$$\theta_{k_j+1}-\max_{0\leqslant l\leqslant m(k_j)-1}\theta_{k_j-l}\leqslant-\tau_\theta\delta\left(\left\|F_{k_j+1}\right\|,\|F_j\|\right)\leqslant-\tau_\theta\varepsilon_0\leqslant 0.$$

因此,

$$\theta_{k_j+1}\leqslant\max_{0\leqslant l\leqslant m(k_j)}\theta_{k_j-l}.$$

定义 $\theta_{l(k_j)}=\max\limits_{0\leqslant i\leqslant m(k_j)-1}\theta_{k_j-i}$, 则序列 $\left\{\theta_{l(k_j)}\right\}$ 是单调递减有下界. 与 (3.3.25) 的证明相似, 可得 $\left\{\theta_{l(k_j)}\right\}\to 0$, 故 $\left\{\theta_{k_j}\right\}\to 0$.

根据 $\{k_j\}\subseteq\{k_i\}$, (3.3.27) 成立. □

根据引理 3.34, 注 3.7, 假设 3.1, 假设 3.3 和假设 3.16, 得出如下结论.

定理 3.12 若假设 3.1、假设 3.3 和假设 3.16 成立, 且对于任意 $z\in\Omega$ 都有矩阵 $J\in\partial F(z)$ 非奇异, 则由算法生成的序列 $\{z_k\}$ 的任意聚点是 $F(z)=0$ 的解, 在二阶充分条件下, 序列 $\{z_k\}$ 的聚点同样也是问题 (3.3.9) 或 (SIP) 的稳定点.

3.4 修正滤子方法的应用

3.4.1 修正 SQP 滤子方法在非线性互补问题中的应用

考虑非线性互补问题 (NCP)[46, 65, 66, 68, 109]:

$$x\geqslant 0,\quad F(x)\geqslant 0,\quad x^{\mathrm{T}}F(x)=0, \tag{3.4.1}$$

其中 $x \in \mathbb{R}^n$, $F : \mathbb{R}^n \to \mathbb{R}$ 是一个连续可微映射.

上述问题可以转化为一个最小化问题, 目标函数为 $\|xF(x)\|^2$, 约束条件为 $x \geqslant 0, F(x) \geqslant 0$, 其中 $X = \mathrm{diag}(x_1, x_2, \cdots, x_n)$. 问题 (3.4.1) 的等价形式如下:

$$
\begin{aligned}
\min \quad & \sum_{i=1}^{n} F_i^2(x) x_i^2 \\
\text{s.t.} \quad & F_j(x) \geqslant 0, \quad j = 1, 2, \cdots, n, \\
& x \geqslant 0.
\end{aligned} \tag{3.4.2}
$$

很容易看出, 如果设 $c(x) = (-x_1, \cdots, -x_n, -F_1, \cdots, -F_n)$, 则问题 (3.4.2) 可以写为

$$
\begin{aligned}
\min \quad & \sum_{i=1}^{n} F_i^2(x) x_i^2 \\
\text{s.t.} \quad & c(x) \leqslant 0.
\end{aligned} \tag{3.4.3}
$$

那么, 相应地可以将本节的目标函数和约束违反度函数分别表示为

$$
p(x) = \sum_{i=1}^{n} x_i^2 F_i^2 + \sigma h(x), \tag{3.4.4}
$$

$$
h(x) = \max\{0, -c_j(x) : j = 1, 2, \cdots, n\}, \tag{3.4.5}
$$

其中 σ 是一个常数, σ 的值不需要很大. 如果 $\sigma = 0$, 则为传统的滤子方法. 如果 $\sigma < 0$, 则放宽可接受条件. 因此, 通过适当选择 σ, 可以克服 Maratos 效应. 滤子的接受准则如 2.5 节中的 (2.5.4) 和 (2.5.6) 所示.

在 3.1.1 节中定义了函数 $\Psi^+(x_k, \Delta_k)$, $\Psi(x_k, \Delta_k)$, 形式为 (3.1.3) 和 (3.1.4):

$$
\Psi^+(x_k, \Delta_k) = \max\{\Psi(x_k, \Delta_k), 0\},
$$

$$
\Psi(x_k, \Delta_k) = \min\left\{\bar{\Psi}(x_k; d_k) : \|d_k\| \leqslant \Delta_k\right\},
$$

其中 $\bar{\Psi}(x_k; d_k)$ 是 $\Psi(x_k + d_k) = \max\{c_j(x_k + d_k) : j = 1, 2, \cdots, n\}$ 的一阶近似, 即

$$
\bar{\Psi}(x_k; d_k) = \max\left\{c_j(x_k) + \nabla c_j(x_k)^{\mathrm{T}} d_k : j = 1, 2, \cdots, n\right\},
$$

并且 $\Delta_k > 0$.

因此, 仿照 3.1.1 节的思想, 可以将非线性互补问题 (3.4.1) 的改进二次子问题表示为如下形式:

$$
\begin{aligned}
Q\left(x_k, H_k, \rho_k, \Delta_k\right): \quad & \min \quad \nabla\left(\sum_{i=1}^{n} x_i^2 F_i^2\right)^{\mathrm{T}} d+\frac{1}{2} d^{\mathrm{T}} H_k d \\
& \text{s.t.} \quad c_j\left(x_k\right)+\nabla c_j\left(x_k\right)^{\mathrm{T}} d \leqslant \Psi^{+}\left(x_k, \Delta_k\right), \ j=1,2,\cdots,n, \\
& \qquad \|d\| \leqslant \Delta_k .
\end{aligned} \tag{3.4.6}
$$

如果 $d=0$ 是子问题 $Q\left(x_k, H_k, \rho_k, \Delta_k\right)$ 的解, 则 x 是 (3.4.1) 的一个 KKT 点.

定义实际下降量为

$$
\operatorname{Ared}_k=\sum_{i=1}^{n}(x_k)_i^2(F_k)_i^2-\sum_{i=1}^{n}(x_k+d_k)_i^2(F(x_k+d_k))_i^2, \tag{3.4.7}
$$

预测下降量为

$$
\operatorname{Pred}_k=-\left(\left(\sum_{i=1}^{n} x_i^2 F_i^2\right)_k^{\mathrm{T}} d_k+\frac{1}{2} d_k^{\mathrm{T}} H_k d_k\right), \tag{3.4.8}
$$

实际下降量与预测下降量之比为

$$
\rho_k=\frac{\operatorname{Ared}_k}{\operatorname{Pred}_k}.
$$

下面给出求解 NCP 的改进 SQP 滤子算法:

算法3.7

步骤 0 选定 $x_0 \in \mathbb{R}^n$, $0<\delta_l<\delta_r<\bar{\Delta}, \delta_0 \in[\delta_l, \delta_r], \Delta_0 \in(\delta_0, \bar{\Delta}]$, $H_0=I, \beta \in(\frac{1}{2}, 1), \gamma \in(0, \frac{1}{2}), \sigma>0, \eta>0$, 设 $k=0, \mathcal{F}=\{(h^0, p^0)\}$.

步骤 1 求解 (3.4.6) 得到 d_k.

步骤 2 如果 $d_k=0$, 停止; 否则, 转步骤 3.

步骤 3 如果 x_k+d_k 不被滤子接受, 则 $\Delta_{k+1}=\Delta_k/2$, $x_{k+1}=x_k$, 转步骤 1. 否则, 执行步骤 4.

步骤 4 如果 $\rho_k>\eta$ 和 $\operatorname{Pred}_k \geqslant 0$, 则 $\Delta_{k+1}=\Delta_k/2$, $x_{k+1}=x_k$, 转步骤 1. 否则, 如果 $\operatorname{Pred}_k<0$, 则添加 x_k 到滤子.

步骤 5 $x_{k+1}=x_k+d_k$, 更新 H_k 至 H_{k+1}, $\delta_{k+1} \in[\delta_l, \delta_r], \Delta_{k+1} \in(\delta_{k+1}, \bar{\Delta}]$, $k=k+1$ 并且转步骤 1.

算法的全局收敛性证明与 3.1.1 节类似, 在此不进行赘述.

下面给出了一些数值实验以证明提出方法的成功性.

(1) H_k 的更新由 (3.1.58) 来完成.

(2) 停止标准为 $\|d_k\|$ 足够小, 容错度设为 10^{-6}.

(3) 算法参数设置如下: $\sigma_l = 2, \sigma_r = 3, H_0 = I \in \mathbb{R}^{n\times n}, \beta = 0.98, \gamma = 0.02, \eta = 0.25$.

例 3.9

令 $F(x) = Mx + q$, 其中 $q = (-1, -1, \cdots, -1)^{\mathrm{T}}$, 初始点为 $x_0 = (0, 0, \cdots, 0)^{\mathrm{T}}$, 表 3.2 给出了不同维度下的数值结果.

表 3.2　例 3.9 在不同维度下的数值结果

	$n=4$	$n=8$	$n=16$	$n=32$	$n=64$
NF	2	2	2	2	2
NG	2	2	2	2	2
迭代的次数	2	2	2	2	2

注: “NF” 和 “NG” 分别为算法 NCPFM [64] 中的 f 和梯度的计算次数. 与算法 NCPFM 相比, 本算法效果更好.

例 3.10

$$
\begin{aligned}
F_1(x) &= 3x_1^2 + 2x_1x_2 + 2x_2^2 + x_3 + 3x_4 - 6,\\
F_2(x) &= 2x_1^2 + x_1 + x_2^2 + 10x_3 + 2x_4 - 2,\\
F_3(x) &= 3x_1^2 + x_1x_2 + 2x_2^2 + 2x_3 + 9x_4 - 9,\\
F_4(x) &= x_1^2 + 3x_2^2 + 2x_3 + 3x_4 - 3.
\end{aligned}
$$

该问题有一个退化解 $x^* = \left(\dfrac{\sqrt{6}}{2}, 0, 0, \dfrac{1}{2}\right)^{\mathrm{T}}$ 和一个非退化解 $x^{**} = (1, 0, 3, 0)^{\mathrm{T}}$.

数值结果如表 3.3 所示:

表 3.3　例 3.10 在不同初始点下的数值结果

初始点	迭代的次数	初始点	迭代的次数
$(0,0,0,0)^{\mathrm{T}}$	3^*	$(0,1,0,1)^{\mathrm{T}}$	12^*
$(1,1,1,1)^{\mathrm{T}}$	12^*	$(-1,0,0,1)^{\mathrm{T}}$	15^*

例 3.11

$$
\min \quad f(x) = \sum_{i=1}^{3} x_i^2 x_{i+1}^2 + x_1 x_4
$$

$$\begin{aligned}\text{s.t.}\quad & 4-\sum_{i=1}^{4}x_i \leqslant 0,\\ & 1-\sum_{i=1}^{4}(-1)^{i+1}x_i \leqslant 0,\\ & x_0=(2.5,1.5,0,0)^{\mathrm{T}},\\ & x^*=(1.2400,0.7533,1.2600,0.7467)^{\mathrm{T}},\\ & f(x^*)=3.5844,\quad \text{Iter}=6.\end{aligned}$$

例 3.12

$$\begin{aligned}\min\quad & f(x)=\frac{4}{3}(x_1^2-x_1x_2+x_2^2)^{\frac{3}{4}}-x_3\\ \text{s.t.}\quad & x\geqslant 0,\\ & x_3\leqslant 0,\\ & x_0=(0,0.25,0)^{\mathrm{T}},\quad x^*=(0,0,2)^{\mathrm{T}},\\ & f(x^*)=-2,\quad \text{Iter}=7.\end{aligned}$$

3.4.2 信赖域滤子方法在极大极小问题中的应用

考虑极大极小优化问题[68,69,71]:

$$\min_{x\in\mathbb{R}^n} f(x)=\max_{1\leqslant j\leqslant m} f_j(x), \tag{3.4.9}$$

其中 $f_j(j=1,\cdots,m)$ 是定义在 $\mathbb{R}^n$ 上的连续可微的实值函数. 通过引入附加变量的方法, 将其转化为 $\mathbb{R}^{n+1}$ 上的光滑约束优化问题, 如下所示:

$$\begin{aligned}\min\quad & z\\ \text{s.t.}\quad & f_j(x)-z\leqslant 0,\quad j=1,\cdots,m.\end{aligned} \tag{3.4.10}$$

显然, 从问题 (3.4.10) 来看, (3.4.9) 的 KKT 条件定义如下:

$$\begin{aligned}& \sum_{j=1}^{m}\lambda_j\nabla f_j(x)=0,\quad \sum_{j=1}\lambda_j=1,\\ & \lambda_j\left(f_j(x)-f(x)\right)=0,\quad \lambda_j\geqslant 0,\quad j=1,\cdots,m.\end{aligned} \tag{3.4.11}$$

基于这个问题, 提出了一种针对极大极小问题的信赖域滤子算法. 信赖域方法的二次模型为

$$\begin{aligned}&\min\ \bar{\Psi}_k(d)=\nabla f(x_k)^{\mathrm{T}}d+\frac{1}{2}d^{\mathrm{T}}H_kd\\&\text{s.t.}\ \|d\|_\infty\leqslant\Delta_k.\end{aligned}\tag{3.4.12}$$

此外, 子问题为

$$\begin{aligned}&\min\ \Psi_k(d)=\nabla f(x_k)^{\mathrm{T}}d+\frac{1}{2}d^{\mathrm{T}}H_kd\\&\text{s.t.}\ \left\|\left(C\left(x_k^i\right)+A\left(x_k^i\right)^{\mathrm{T}}d\right)^+\right\|_\infty=0,\\&\qquad\|d\|_\infty\leqslant\Delta_k.\end{aligned}\tag{3.4.13}$$

由于 (3.4.13) 是很难解决的, 所以尝试得到不精确的近似值, 即通过求解以下二次问题来计算 (3.4.10):

$$\begin{aligned}\mathrm{QP}\left(z_k,x_k,H_k\right):\quad&\min\ z+\nabla f(x)^{\mathrm{T}}d+\frac{1}{2}d^{\mathrm{T}}H_kd\\&\text{s.t.}\ \ f_j\left(x_k\right)-f\left(x_k\right)+\nabla f_j\left(x_k\right)^{\mathrm{T}}d\leqslant z,\quad j=1,\cdots,m,\\&\qquad\|d\|\leqslant\Delta_k,\end{aligned}\tag{3.4.14}$$

其中 $H\in\mathbb{R}^{n\times n}$ 是目标函数的拉格朗日函数的近似黑塞矩阵 (通常通过拟牛顿方法获得). 定义

$$C(x)=\left(f_1(x)-z,f_2(x)-z,\cdots,f_m(x)-z\right)^{\mathrm{T}},\tag{3.4.15}$$

以及

$$A(x)=\left(\nabla\left(f_1(x)-z\right),\nabla\left(f_2(x)-z\right),\cdots,\nabla\left(f_m(x)-z\right)\right).\tag{3.4.16}$$

显然, 如果 H_k 是正定的, 则凸规划 $\mathrm{QP}(z_k,x_k,H_k)$ 的解是唯一的. 令 d_k 为 $\mathrm{QP}(z_k,x_k,H_k)$ 的解, d_k 可以作为当前点 x_k 的搜索方向.

引理 3.40[27] 如果 $d_k=0,z_k=0$ 是 $\mathrm{QP}(z_k,x_k,H_k)$ 的解, 那么 x_k 是问题 (3.4.12) 的一个 KKT 点.

证明 证明类似于引理 3.13 的证明.

如果 (z_k, d_k) 是子问题 $\mathrm{QP}(z_k, x_k, H_k)$ 的解, 而子问题 $\mathrm{QP}(z_k, x_k, H_k)$ 的约束是线性的, 所以 Abadie 约束条件 [46] 自动成立, 那么 x_k 是子问题 $\mathrm{QP}(z_k, x_k, H_k)$ 的一个 KKT 点. □

对于 $\mathrm{QP}(z_k, x_k, H_k)$ 问题的求解, 在最初由 Fletcher 和 Leyffer[30] 提出的传统的滤子方法中, 解决问题 (3.4.12) 等价于最小化目标函数 $f(x)$ 并使得约束满足. 为了测试是否满足约束, 定义约束违反度函数 $h(x)$ 如下:

$$h(x) = \left\|C(x)^+\right\| = \left\|(C_1(x)^+, C_2(x)^+, \cdots, C_m(x)^+)\right\|, \tag{3.4.17}$$

其中 $C_j(x)^+ = \max\{C_j(x), 0\}, j = 1, 2, \cdots, m$, 符号 $\|\cdot\|$ 表示 $\mathbb{R}^m$ 上的欧几里得范数.

很容易看出 $h(x) = 0$ 当且仅当 x 是可行点 ($h(x) > 0$ 当且仅当 x 不可行). 滤子将作为接受或拒绝由子问题生成的试探步的标准. 算法的目标是减少 $P(x)$ 的值和约束违反度函数 $h(x)$ 的值, 其中,

$$\begin{aligned} P(x) &= \max f_j(x), \\ h(x) &= \left\|C(x)^+\right\| = \left(\max\{f_j(x) - z\}\right)^2, \end{aligned} \tag{3.4.18}$$

其中 $j = 1, 2, \cdots, m$.

滤子的定义和接收准则可见 2.5 节中的 (2.5.4) 和 (2.5.6).

定义 3.8 对于任何 x^*, 存在 $d \in \mathbb{R}^n$, 令

$$\begin{aligned} \nabla C_i(x^*)^{\mathrm{T}} d &= 0, \quad i \in E, \\ \nabla C_i(x^*)^{\mathrm{T}} d &> 0, \quad i \in I(x^*). \end{aligned} \tag{3.4.19}$$

定义 P_k^+ 为 $k = 0, 1, 2, \cdots$ 时 h_k^+ 的对应值:

$$P_k^+ = \min_{x \in \mathcal{F}} \{P(x) : h(x) = 0, i \in \mathcal{F}_k\}, \quad h_k^+ = \min_{x \in \mathcal{F}} \{h(x) : h(x) > 0, i \in \mathcal{F}_k\}. \tag{3.4.20}$$

如果 $x_k + d_k$ 被滤子接受, 则 $x_{k+1} = x_k + d_k$ 且 $D_{k+1} = \{i \mid x_i \geqslant x_{k+1}, i \in \mathcal{F}_k\}$. 滤子集更新规则为 $\mathcal{F}_{k+1} = \mathcal{F}_k \cup \{k+1\} \backslash D_{k+1}$. 当 $h(x)$ 减小时, $P(x)$ 可能会增大. 同时为避免 $h(x)$ 非常大的情况发生, 在可行性恢复算法 3.2 中对其进行控制.

令

$$M_k^i(d) = h\left(x_k^i\right) - h\left(x_k^i + d\right), \tag{3.4.21}$$

$$\Psi_k^i(d) = h\left(x_k^i\right) - \left\| \left(c\left(x_k^i\right) + A\left(x_k^i\right)^{\mathrm{T}} d\right)^+ \right\|, \tag{3.4.22}$$

以及 $r_k^i = \dfrac{M_k^i(d)}{\Psi_k^i(d)}$. 下面给出算法描述:

算法3.8

步骤 0 选择初始点 $x_0 \in \mathbb{R}^n$, H_0 是一个对称正定矩阵, 初始信赖域半径 $\Delta_0 \geqslant \Delta_{\min} > 0, \beta \in \left(\dfrac{1}{2}, 1\right)$.

步骤 1 求解 $\mathrm{QP}(z_k, x_k, H_k)$, 若不可解, 则进入可行性恢复阶段; 否则, 计算得到 d_k, z_k.

步骤 2 若 $(z_k, d_k) = 0$, 则停止; 否则转到步骤 3.

步骤 3 令 $x_k^+ = x_k + d_k$, 计算 h_k^+, P_k^+.

步骤 4 如果滤子 $\mathcal{F}_k$ 可以接受 x_k^+, 则转到步骤 5, 否则转到步骤 6.

步骤 5 计算 $\rho_k = \dfrac{M_k(x_k) - M_k(x_k + d_k)}{\Psi_k(0) - \Psi_k(d_k)} = \dfrac{\mathrm{Ared}_k}{\mathrm{Pred}_k}$. 如果 $\rho_k = \dfrac{\mathrm{Ared}_k}{\mathrm{Pred}_k} > \eta$, 则更新 Δ_k^i, 让 $\Delta_k^{i+1} = 2\Delta_k^i, k := k+1$, 转步骤 1, 否则转步骤 7.

步骤 6 更新 Δ_k^i, 令 $\Delta_k^{i+1} = \dfrac{1}{2}\Delta_k^i$, 转步骤 1.

步骤 7 更新滤子集. 令 $x_{k+1} = x_k^+$, 将 H_k 更新为 H_{k+1}, 进行步骤 6.

可行性恢复算法可以参考算法 3.2.

为了证明算法的全局收敛性, 假设以下条件成立:

假设 3.17 函数 $A(x) = \nabla C(x)$ 和 $\nabla f(x)$ 在 S 上一致有界.

若假设 3.1, 假设 3.3—假设 3.5 和假设 3.17 成立, 可以假设存在常数 M_1, M_2 使得

$$\|P(x)\| \leqslant M_1, \quad \|\nabla P(x)\| \leqslant M_1, \quad \left\|\nabla^2 P(x)\right\| \leqslant M_1, \tag{3.4.23}$$

$$\|C(x)\| \leqslant M_2, \quad \|\nabla C(x)\| \leqslant M_2, \quad \left\|\nabla^2 C(x)\right\| \leqslant M_2. \tag{3.4.24}$$

基于假设 3.1, 可行性恢复算法有以下性质.

引理 3.41 假设有无限多的点进入到滤子集合中, 那么有 $\lim\limits_{k\to\infty} h(x_k) = 0$.

证明 反证法. 如果命题不成立, 则 K_1 中将有无限多的分量, 即 $K_1 = \{k \mid h_k > \varepsilon\}$.

由假设 3.1, 不失一般性, 设 $|P_k| < M$ 对于所有 k 成立, 其中 M 是一个正常数, 然后分两种情况进行分析.

(1) 如果 $\min\limits_{i\in K_1}\{P_i\}$ 存在. 令 $\bar{P}=\min\limits_{i\in K_1}\{P_i\}$. $\bar{h}$ 是与 $\bar{P}$ 相对应的约束违反度的值. 设 $P(\bar{x})=\bar{P}, h(\bar{x})=\bar{h}$. 根据滤子的定义, 在滤子中位于 $\bar{x}$ 后面的 x_k 满足

$$h_k \leqslant \bar{h} \quad 和 \quad P_k \geqslant \bar{P}. \tag{3.4.25}$$

图 3.1 显示了一个滤子集, 其中黑点表示滤子集中的点对. 滤子集中的每个点都创造了一个 (无限) 矩形区域, 它们的并集定义了滤子集不能接受的区域.

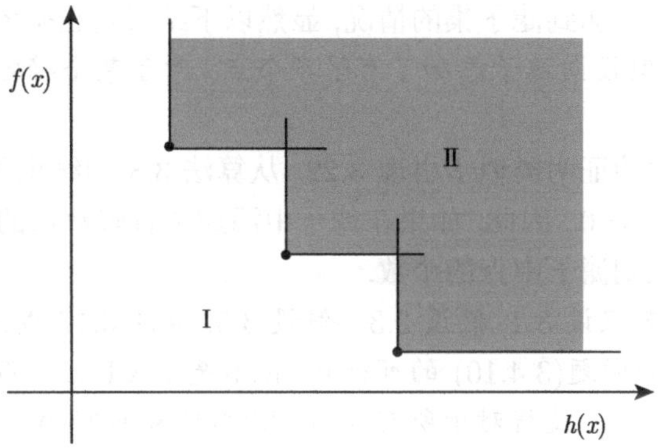

图 3.1 I 是接受域, II 是拒绝域

考虑图 3.1 的左下部分 I 的大小. 当一个新点 x_k 进入滤子时, 方形区域 II 的面积满足

$$\mathrm{area}_{\mathrm{II}}=(h_2-h_k)(P_1-P_k). \tag{3.4.26}$$

根据滤子的定义,

$$h_k \leqslant \beta h_j \quad 或 \quad P_k \leqslant P_j-\gamma h_k, \tag{3.4.27}$$

则有

$$\mathrm{area}_{\mathrm{II}} \geqslant (h_2-\beta h_2)\gamma h_k \geqslant (1-\beta)\gamma h_2 h_k \geqslant (1-\beta)\gamma\varepsilon^2. \tag{3.4.28}$$

更新滤子集后, 新正方形的面积表示为

$$\begin{aligned}0 \leqslant \mathrm{area}_{j+1} &\leqslant \mathrm{area}_j-(1-\beta)\gamma\varepsilon^2\\ &\leqslant \mathrm{area}_{j-1}-2(1-\beta)\gamma\varepsilon^2\\ &\leqslant \cdots\\ &\leqslant \mathrm{area}_1-j(1-\beta)\gamma\varepsilon^2,\end{aligned} \tag{3.4.29}$$

其中 $j \to 0, \text{area}_{j+1} \to 0$, 因此, 在有限次迭代之后面积将减少到 0. 当面积为零时, 意味着点不能进入 K_1, 这与假设 K_1 无限相矛盾.

(2) 如果 $\min\limits_{i \in K_1} \{P_i\}$ 不存在. 令 $P_c = \inf\limits_{i \in K_1} \{P_i\}$. 根据 inf 的定义, 存在 $\bar{P} \geqslant P_c$ 和 $\bar{P} \leqslant (P_c + \gamma\varepsilon)$. 根据滤子的定义, 滤子中位于 x_{kc} 后面的其他分量满足

$$h_k \leqslant \bar{h} \quad \text{和} \quad P_k \geqslant \bar{P} - \gamma\varepsilon.$$

使用与 (1) 中相同的方法, 得到结论. □

对于有限多点添加到滤子集的情况, 显然以下结果是正确的.

引理 3.42 假设向滤子添加了有限多个点. 对于某个确定的 k_1, 若 $k > k_1$, 有 $h(x_k) = 0$.

证明 该引理的证明类似于引理 3.22. 从算法 3.8 的终止条件可以得到 $z_k = 0$, $d_k = 0$ 且 $h(x_k) = 0$. 因此, 如果在滤子中添加了有限数量的点, 那么最后一个点的指标就是添加到滤子中点的个数. □

定理 3.13 若假设 3.1, 假设 3.3—假设 3.5, 假设 3.17 成立, 并且 x^* 是使得 MFCQ 条件成立的问题(3.4.10) 的可行点, 但不是 KKT 点. 那么存在 x^* 的邻域 N^0 和正常数 ξ_1, ξ_2, ξ_3, 使得对于所有 $x_k \in N^0 \cap S$ 和所有 Δ_k, 满足

$$\xi_2 h(x_k) \leqslant \Delta_k \leqslant \xi_3,$$

由此可知 SQP 子问题有一个可行解 d_k, 并且预测下降量满足

$$-\Psi_k^*(d_k) \geqslant \frac{1}{3}\xi_1 \Delta_k,$$

其中 $\Psi_k^*(d_k)$ 是由(3.4.13) 演化来的, 其具有以下形式:

$$\begin{aligned}
\min \quad & \Psi_k^*(d) = g_k^{\mathrm{T}} d + \frac{1}{2} d^{\mathrm{T}} H_k d \\
\text{s.t.} \quad & C_i(x) + A_i^{\mathrm{T}}(x) d = 0, \quad i = 1, 2, \cdots, m, \\
& C_i(x) + A_i^{\mathrm{T}} d \leqslant 0, \quad i = m+1, m+2, \cdots, l, \\
& \|d\|_\infty \leqslant \Delta_k.
\end{aligned} \tag{3.4.30}$$

不失一般性, 假设 $\|C_i(x)\| \leqslant M_2, \|\nabla^2 C_i(x)\| \leqslant M_2$ 对于所有 $x \in S$ 和 $i = 1, 2, \cdots, m$ 成立, 其中 $M_2 > 0$ 是一个常数. 考虑 $C_i(x_k^+)$, 由泰勒展开式, 若 (3.4.30)成立, 有

$$C_i(x_k^+)^+ \leqslant \left(C_i(x_k) + A_i^{\mathrm{T}}(x_k) d\right)^+ + \frac{1}{2} n^2 M_2 \Delta_k^2, \tag{3.4.31}$$

则有

$$h\left(x_k^+\right) \leqslant \frac{1}{2} n^2 M_2 \Delta_k^2.$$

因此, 如果 $\Delta_k \leqslant (1-\eta_3)\xi_1/3nM_2$, 那么

$$P\left(x_k\right)-P\left(x_k^+\right) \geqslant -\eta_3 \Psi_k^*(d), \tag{3.4.32}$$

其中 $\eta_3>\eta$. 如果 $h\left(x_k\right)>0$ 且 $\Delta_k \leqslant \sqrt{\dfrac{2\beta h\left(x_k\right)}{n^2 M_2}}$, 那么有

$$h\left(x_k^+\right) \leqslant \beta h\left(x_k\right).$$

定理 3.14 若算法生成的序列 $\{x_k\} \in S$ 收敛到问题(3.4.10) 的一个可行点, 并且在该点处满足 MFCQ. 那么 $\{x_k\}$ 的聚点是一个 KKT 点.

证明 如果算法 3.8 有限终止并且对于某个 k, 有 $d_k=0$, 则获得一个 KKT 点并且结果显然成立. 因此假设算法 3.8 无限迭代.

反证法. 如果假设不成立, 那么存在一个整数 k_0, 使得 $h\left(x_k\right)<\xi_2$ 足够小,

$$P\left(x_k\right)-P\left(x_k+d_k\right) \geqslant \eta\left(\Psi_k(0)-\Psi_k\left(d_k\right)\right)$$

对于所有 $k>k_0$ 成立. 因此, 当 $k>k_0$ 时, 不会进入恢复阶段. 为方便起见, 记

$$K_2=\left\{k \mid k>k_0, P\left(x_k\right)-P\left(x_k+d_k\right) \geqslant \eta\left(\Psi_k(0)-\Psi_k\left(d_k\right)\right)\right\}. \tag{3.4.33}$$

另外, 根据假设, 有

$$\begin{aligned} \infty > \sum_{K_2}\left(P\left(x_k\right)-P\left(x_{k+1}\right)\right) & \geqslant \sum_{K_2} -\eta_3 \Psi_k^*\left(d_k\right) \\ & \geqslant \sum_{K_2}\left(\frac{1}{3} \eta_3 \xi_1 \Delta_k\right). \end{aligned} \tag{3.4.34}$$

因为 $h\left(x_k\right) \rightarrow 0$, 所以对于 $k \in K_2$, 有 $\lim\limits_{k \rightarrow \infty} \Delta_k=0$. 根据 Δ_k 的定义, 有 $\lim\limits_{k \rightarrow \infty} \Delta_k=0$ 对于任意 k 成立.

因此, 存在 Δ_k, 对于足够大的 k 和 $2\alpha_1 \Delta_k^{1+\alpha_2} \geqslant h\left(x_k^+\right)$, 有

$$\Delta_k^{-\alpha_2}>\frac{6}{\eta_3 \xi_1 \alpha_1} \max \{1-\beta, \gamma\}, \tag{3.4.35}$$

其中 α_1, α_2 是满足 $0<\alpha_1<\alpha_2<1$ 的常数.

$2\alpha_1\Delta_k^{1+\alpha_2} \geqslant h\left(x_k^+\right)$ 是 $C\left(x_k^+\right)$ 的泰勒展开式中的常数部分, 根据 $h\left(x_k^+\right) \leqslant \frac{1}{2}n^2M_2\Delta_k^2$ 和来自恢复算法的 $h\left(x_k\right) \leqslant \alpha_1\Delta_k^{1+\alpha_2}$, 当 $\Delta \leqslant \left(\frac{4\alpha_1}{n^2M_2}\right)^{\frac{1}{1-\alpha_2}}$ 时,

$$2\alpha_1\Delta_k^{1+\alpha_2} \geqslant h\left(x_k^+\right).$$

考虑试探步 x_k^+. 由上述分析, 当 δ 满足条件

$$\Delta_k \leqslant \min\left\{\xi_3, \frac{\left(1-\eta_3\right)\xi_1}{3nM_2}, \frac{\eta_3\xi_1}{3\alpha_1}, \sqrt{\frac{2\beta h\left(x_k\right)}{n^2M_2}}\right\} \tag{3.4.36}$$

时, 有

$$\begin{aligned}
P\left(x_k\right) - P\left(x_k^+\right) &\geqslant \frac{1}{3}\eta_3\xi_1\Delta_k \\
&= \frac{1}{3}\eta_3\xi_1\Delta_k^{-\alpha_2}\Delta_k^{1+\alpha_2} \\
&\geqslant \max\{(1-\beta), \gamma\}2\alpha_1\Delta_k^{1+\alpha_2} \\
&\geqslant \max\{(1-\beta), \gamma\}h\left(x_k^+\right),
\end{aligned} \tag{3.4.37}$$

这意味着 x_k^+ 将被滤子集接受.

这也说明在 Δ_k 足够小并且 $k > k_0$ 时, 它不会再减少, 与 $\lim\limits_{k\to\infty}\Delta_k = 0$ 相矛盾. 因此结果成立. □

第 4 章　非单调滤子方法

4.1　一维搜索方法

所谓一维搜索, 又称线性搜索, 就是指单变量函数的最优化. 它是多变量函数最优化的基础. 在多变量函数最优化中, 迭代格式为

$$x_{k+1} = x_k + \alpha_k d_k, \tag{4.1.1}$$

其关键是如何构造搜索方向 d_k 和步长因子 α_k. 设

$$\varphi(\alpha) = f(x_k + \alpha d_k), \tag{4.1.2}$$

这样, 从 x_k 出发, 沿搜索方向 d_k, 确定步长因子 α_k, 使

$$\varphi(\alpha_k) < \varphi(0) \tag{4.1.3}$$

的问题就是关于 α 的一维搜索问题.

基于求解这个问题的不同原则, 一维搜索又分为精确一维搜索和非精确一维搜索.

如果求得 α_k 使目标函数沿方向 d_k 达到极小, 即使得

$$f(x_k + \alpha_k d_k) = \min_{\alpha>0} f(x_k + \alpha d_k), \tag{4.1.4}$$

或

$$\varphi(\alpha_k) = \min_{\alpha>0} \varphi(\alpha), \tag{4.1.5}$$

则称这样的一维搜索为最优一维搜索, 或精确一维搜索, α_k 叫最优步长因子. 如果选取 α_k, 使目标函数 f 得到可接受的下降量, 即使得下降量 $f(x_k) - f(x_k + \alpha_k d_k) > 0$ 是可接受的, 则称这样的一维搜索为近似一维搜索, 或不精确一维搜索, 或可接受一维搜索.

按照目标函数的下降情况和改变情况, 线搜索又分为单调线搜索[117,149] 和非单调线搜索[116]. 单调线搜索在某些测试问题上收敛速率很低, 尤其是迭代陷入“很狭窄的峡谷”的时候, 有可能产生很小的步长或者出现之字形现象, 导致迭代

不能跳出峡谷. 而非单调线搜索允许当前试探点的函数值在有限步内略差于当前点的函数值, 所以可能防止上述单调线搜索出现的现象. 常见的非单调方法有

(a) 非单调 Armijo 线搜索.

选择 $\alpha_k \in \{\omega, \omega^2, \cdots\}$ $(\omega \in (0,1))$ 为使得下式成立的最大值,

$$f(x_k + \alpha_k d_k) \leqslant f_{l_k}(x_k) + \beta \alpha_k \nabla f_k^{\mathrm{T}} d_k, \tag{4.1.6}$$

其中,

$$\beta \in (0,1),$$

$$f_{l_k}(x_k) = \max_{0 \leqslant j \leqslant m(k)} f(x_{k-j}),$$

$$0 \leqslant m(k) \leqslant \min\{m(k-1)+1, M\}, \quad k \geqslant 1, m(0)=0,$$

$$m(k) = \begin{cases} k, & k \leqslant N, \\ \min\{m(k-1)+1, N\}, & k > N. \end{cases} \tag{4.1.7}$$

$M, N \geqslant 1$ 是给定的正常数.

(b) 非单调 Wolfe 线搜索.

选择合适的 α_k, 使得下式成立

$$\begin{cases} f(x_k + \alpha_k d_k) \leqslant f_{l_k}(x_k) + \beta \alpha_k \nabla f_k^{\mathrm{T}} d_k, \\ \nabla f^{\mathrm{T}}(x_k + \alpha_k d_k) \geqslant \sigma \nabla f_k^{\mathrm{T}} d_k. \end{cases} \tag{4.1.8}$$

(c) 改进的非单调线搜索.

$$f(x_k + \alpha_k d_k) \leqslant C_k + \beta \alpha_k \nabla f_k^{\mathrm{T}} d_k, \tag{4.1.9}$$

其中,

$$C_k = \begin{cases} f(x_k), & k=1, \\ (\eta_{k-1} Q_{k-1} C_{k-1} + f(x_k))/Q_k, & k \geqslant 2, \end{cases}$$

$$Q_k = \begin{cases} 1, & k=1, \\ \eta_{k-1} Q_{k-1} + 1, & k \geqslant 2, \end{cases}$$

$$\eta_{k-1} \in [\eta_{\min}, \eta_{\max}], \quad \eta_{\min} \in (0, \eta_{\max}), \quad \eta_{\max} \in (0,1).$$

(d) 新改进的非单调线搜索.

$$f(x_k + \alpha_k d_k) \leqslant D_k + \beta \alpha_k \nabla f_k^{\mathrm{T}} d_k, \tag{4.1.10}$$

D_k 是 D_{k-1} 与 $f(x_k)$ 的凸组合,

$$D_k = \begin{cases} f(x_k), & k = 1, \\ \eta D_{k-1} + (1-\eta) f(x_k), & k \geqslant 2, \eta \in (0,1). \end{cases}$$

现给出一般的非单调方法[55,136], 如下:

定义步长为 α_k, 搜索方向为 $\nabla f_k^{\mathrm{T}} d_k < 0$, 令 $a > 0$, $\beta, \gamma \in (0,1)$ 和 M 是非负整数, 对于任意的 $k \geqslant 1$, 且 $m(k)$ 满足下列不等式:

$$m(0) = 0, \quad 0 \leqslant m(k) \leqslant \min\{m(k-1)+1, M\}. \tag{4.1.11}$$

令 $\alpha_k = \beta^{p_k} a$, 其中 p_k 为满足下式的最小的非负整数 p,

$$f(x_k + \alpha_k d_k) \leqslant \max_{0 \leqslant j \leqslant m(k)} f(x_{k-j}) + \gamma \beta^{p_k} a \nabla f_k^{\mathrm{T}} d_k; \tag{4.1.12}$$

或

$$\begin{cases} f(x_k + \alpha_k d_k) \leqslant \max\limits_{0 \leqslant j \leqslant m(k)} f(x_{k-j}) + \mu_1 \alpha_k \nabla f_k^{\mathrm{T}} d_k, \\ f(x_k + \alpha_k d_k) \geqslant \max\limits_{0 \leqslant j \leqslant m(k)} f(x_{k-j}) + \mu_2 \alpha_k \nabla f_k^{\mathrm{T}} d_k, \end{cases} \tag{4.1.13}$$

其中 $\mu_1, \mu_2 \in (0,1)$; 或

$$\begin{cases} f(x_k + \alpha_k d_k) \geqslant \max\limits_{0 \leqslant j \leqslant m(k)} f(x_{k-j}) + \gamma_1 \alpha_k \nabla f_k^{\mathrm{T}} d_k, \\ \nabla f(x_k + \alpha_k)^{\mathrm{T}} d_k \geqslant \gamma_1 \alpha_k (x_k + \alpha_k) d_k. \end{cases} \tag{4.1.14}$$

其中, $\gamma_1 \in (0,1)$.

本章基于上述传统的非单调方法进行了改进, 并在下面章节进行了详细介绍.

4.2 非单调 QP-free 滤子方法

本节针对上一章二次规划子问题存在不相容的不足, 提出了一种 QP-free 滤子方法. 每次迭代时, 只需要两个或三个系数相同的线性方程就可以得到搜索方向. 首先计算一个基本方向, 然后根据约束函数或拉格朗日乘子弯曲搜索方向, 通过改进的非单调滤子技术, 放宽了试探点的可接受准则, 在一定程度上避免了 Maratos 效应[88,175,180,188,189].

与传统滤子方法相比, 该方法具有以下优点: (1) 首先获得搜索方向, 然后基于约束函数或拉格朗日乘子弯曲搜索方向; (2) 初始点不需要是可行的; (3) 不需要严格的互补条件[183], 并利用积极集减少了计算规模.

4.2.1 改进的 QP-free 算法

令 (x^*,λ^*) 表示问题 (2.5.1) 的一个 KKT 点. 定义 $\Phi:\mathbb{R}^{n+m}\to\mathbb{R}^{n+m}$:

$$\Phi(x,\lambda)=\begin{pmatrix}\nabla_x\mathcal{L}(x,\lambda)\\ \min\{-c(x),\lambda\}\end{pmatrix}, \tag{4.2.1}$$

其中 $c(x)=(c_1(x),c_2(x),\cdots,c_m(x))^{\mathrm{T}}$, $\lambda=(\lambda_1,\lambda_2,\cdots,\lambda_m)^{\mathrm{T}}$. 易见 (2.5.1) 的 KKT 条件和 $\Phi(x,\lambda)=0$ 等价. 定义另一个函数 $\varphi:\mathbb{R}^{n+m}\to\mathbb{R}$:

$$\varphi(x,\lambda)=\sqrt{\|\Phi(x,\lambda)\|}, \tag{4.2.2}$$

其中 $\|\cdot\|$ 表示欧几里得范数. 函数 φ 为非负连续的. 这意味着当且仅当 $\varphi(x^*,\lambda^*)=0$ 时, (x^*,λ^*) 是问题 (2.5.1) 的 KKT 点. 定义积极集 [331] 如下:

$$\begin{aligned}I(x)=&\{i\in I\mid c_i(x)=0\},\\ J_\varepsilon(x,\lambda)=&\{i\in I\mid c_i(x)\geqslant-\varepsilon\min\{\varphi(x,\lambda),\varphi_{\max}\}\},\\ \overline{J}_\varepsilon(x,\lambda)=&\{i\in J_\varepsilon\mid \lambda_i\geqslant\varepsilon\min\{\varphi(x,\lambda),\varphi_{\max}\}\},\end{aligned} \tag{4.2.3}$$

其中 $\varphi_{\max}>0,\varepsilon>0$, $J_\varepsilon(x,\lambda)$ 是最终积极集 $I(x)$ 的估计, 且 $\overline{J}_\varepsilon(x,\lambda)$ 强于工作集 $J_\varepsilon(x,\lambda)$. 为了简化表示, 设

$$\begin{aligned}W_k&=J_{\varepsilon_k}(x_k,\lambda_{k-1,0}),\\ \overline{W}_k&=\overline{J}_{\varepsilon_k}(x_k,\lambda_{k-1,0}),\end{aligned} \tag{4.2.4}$$

ε_k, (x_k,λ_k) 为第 k 次迭代取值.

牛顿方程的系数矩阵 V_k 只涉及工作集 W_k 中的约束, 即

$$V_k=\begin{pmatrix}H_k & \nabla c_{W_k}(x_k)\\ U_k\nabla c_{W_k}(x_k)^{\mathrm{T}} & G_{W_k}(x_k)\end{pmatrix}, \tag{4.2.5}$$

其中 $H_k\in\mathbb{R}^{n\times n}$ 是 $\nabla^2 f(x_k)$ 的估计, $U_k=\mathrm{diag}(\mu_i^k)(i\in W_k)$ 和 $G_{W_k}(x_k)=\mathrm{diag}(c_i(x_k))(i\in W_k)$.

$$\mu_i^k=\begin{cases}\theta_k+\max\lambda_i^{k-1,0}, & i\in W_k,\\ \theta_k, & i\in I\backslash W_k,\end{cases} \tag{4.2.6}$$

且分量有界. 其中, 如果 $\overline{W}_k\neq\varnothing$ 和 $\varphi(x_k,\lambda_{k-1,0})>0$, 令 $\theta_k=\nu\min\{\lambda_i^{k-1,0},i\in\overline{W}_k\}$; 否则, $\theta_k=\theta$, θ 和 ν 为正数.

该方法利用非单调滤子来决定当前试探点是否被接受. 为了避免点列 $\{x_k\}$ 收敛到不可行的极限点, 于是在滤子集周围添加包络线, 并给出了一个非单调滤子.

定义 4.1 称试探点 x_k 被滤子接受, 当且仅当满足下式:

$$
\begin{aligned}
h(x_k) \leqslant \max_{0<j<m(k)} (1-\gamma)h(x_j) \ \text{或}\ f(x_k) \leqslant \max_{0<j<m(k)} f(x_j) - \gamma h(x_k),& \\
\forall (h(x_j), f(x_j)) \in \mathcal{F},&
\end{aligned} \tag{4.2.7}
$$

其中 γ 接近于 0. 若试探点 x_k 被滤子接受, 则更新滤子集, 滤子集合的更新准则同前.

$$
h(x_j) \geqslant h(x_k) \ \text{且}\ f(x_j) - \gamma h(x_j) \geqslant f(x_k) - \gamma h(x_k). \tag{4.2.8}
$$

令

$$
\overline{W}_k^+ = \{i \in \overline{W}_k \mid c_i(x) > 0\}, \quad \overline{W}_k^- = \overline{W}_k \backslash \overline{W}_k^+. \tag{4.2.9}
$$

对于点 $x \in \mathbb{R}^n$, 定义并使用以下符号:

$$
\begin{aligned}
\Gamma_1^k = (d_{k,0})^{\mathrm{T}} \widehat{H}_k d_{k,0} &+ \sum_{i \in \overline{W}_k^-} \frac{\lambda_i^{k,0} \theta_k}{\mu_i^k} c_i(x_k) \\
&- \sum_{i \in W_k \backslash \overline{W}_k} \frac{\lambda_i^{k,0} \theta_k}{\mu_i^k} \min\{-c_i(x_k), \lambda_i^{k,0}\},
\end{aligned} \tag{4.2.10}
$$

$$
\Gamma_2^k = (d_{k,0})^{\mathrm{T}} \widehat{H}_k d_{k,0} - \sum_{i \in \overline{W}_k^-} \lambda_i^{k,0} \|d_{k,0}\|^{\omega} - \sum_{i \in W_k \backslash \overline{W}_k} \lambda_i^{k,0} \|d_{k,0}\|^{\omega}, \tag{4.2.11}
$$

$$
\begin{aligned}
\Gamma_3^k = (d_{k,0})^{\mathrm{T}} \widehat{H}_k d_{k,0} &- \sum_{i \in \overline{W}_k^-} \frac{\lambda_i^{k,0}}{\mu_i^k} [(1-\rho)\mu_i^k \|d_{k,0}\|^{\omega} + \rho \theta_k c_i(x_k)] \\
&- \sum_{i \in W_k \backslash \overline{W}_k} \frac{\lambda_i^{k,0}}{\mu_i^k} [(1-\rho)\mu_i^k \|d_0\|^{\omega} + \rho \theta_k \min\{-c_i(x_k), \lambda_i^{k,0}\}].
\end{aligned} \tag{4.2.12}
$$

具体算法如下:

算法4.1

步骤 0 给定一个初始点 $x_1 \in \mathbb{R}^n$. $t, \gamma \in (0,1)$, $h_{\max} > 1$, $\chi_1 \gg \varphi_{\max}$, $\varepsilon_1 > 0$, $\varphi_{\max} > 0$, $\lambda^{0,0} > 0$, $\omega \in (2,3)$, $\mathcal{F}_1 = \{(h_{\max}, -\infty)\}$ 和 $h(x_1) \ll h_{\max}$, $\theta > 0$, $\nu \in (0,1)$, $\rho \in [0,1]$. 如果 $\overline{W}_1 \neq \varnothing$ 和 $\varphi(x_1, \lambda^{0,0}) > 0$, $\theta_1 = \nu \min\{\lambda_i^{0,0}, i \in \overline{W}_1\}$; 否则, $\theta_1 = \theta$. $\mu_1 = \lambda^{0,0} + \theta_1 e$, $H_1 = \nabla_{xx}^2 \mathcal{L}(x_1, \lambda^{0,0})$. 令 $k = 1$.

步骤 1 通过求解 (d,λ) 中的线性系统, 计算 $d_{k,0}$ 和 $\lambda^{k,0}$:

$$V_k\begin{pmatrix} d \\ \lambda \end{pmatrix} = -\begin{pmatrix} \nabla f(x_k) \\ 0 \end{pmatrix}. \tag{4.2.13}$$

令 $\lambda_i^{k,0}=0, i\in I\backslash W_k$.

步骤 2 通过求解 (d,λ) 中的线性系统, 计算 $d_{k,1}$ 和 $\lambda^{k,1}$:

$$V_k\begin{pmatrix} d \\ \lambda \end{pmatrix} = -\begin{pmatrix} \nabla f(x_k) \\ (1-\rho)\mu\|d_{k,0}\|^{\omega}+\rho\theta_k v_{W_k}^k \end{pmatrix}, \tag{4.2.14}$$

其中 $v_{W_k}^k=(v_i^k, i\in W_k)$,

$$v_i^k=\begin{cases} \min\{-c_i(x_k),\lambda_i^{k,0}\}, & \lambda_i^{k,0}<0, \\ -c_i(x_k), & \text{其他}. \end{cases} \tag{4.2.15}$$

令 $\lambda_i^{k,0}=0$, $i\in I\backslash W_k$. 如果 $\nabla f(x_k)^{\mathrm{T}}d_{k,1}=0$ 和 $h(x_k)=0$, 停止.

步骤 3 令 $l=0, \alpha_{k,l}=1$.

步骤 4 如果 $x_k+\alpha_{k,l}d_{k,1}$ 是可被滤子接受的, 令 $\alpha_k=\alpha_{k,l}$, $p_k=\alpha_k d_{k,1}$, 转到步骤 6.

步骤 5 通过求解 (d,λ) 中的线性系统, 计算 $d_{k,2}$ 和 $\lambda^{k,2}$:

$$V_k\begin{pmatrix} d \\ \lambda \end{pmatrix} = \begin{pmatrix} 0 \\ -G_{W_k}(x_k+d_{k,1}) \end{pmatrix}. \tag{4.2.16}$$

令 $\lambda_i^{k,2}=0$, $i\in I\backslash W_k$. 如果 $\|d_{k,2}\|>\|d_{k,1}\|$, 令 $\|d_{k,2}\|=0$. 如果 $x_k+d_{k,1}+d_{k,2}$ 可被滤子接受, 令 $p_k=d_{k,1}+d_{k,2}$, 转到步骤 6. 令 $\alpha_{k,l+1}=t\alpha_{k,l}$, $l=l+1$, 转到步骤 4.

步骤 6 令 $x_{k+1}=x_k+p_k$, 加 x_{k+1} 到滤子集.

步骤 7 更新. 如果 $\|\lambda^{k,0}\|_\infty>\chi_k$, 令 $\varepsilon_{k+1}=\dfrac{1}{2}\varepsilon_k$ 和 $\chi_{k+1}=2\chi_k$; 此外设 $(\varepsilon_{k+1},\chi_{k+1})=(\varepsilon_k,\chi_k)$. 如果 $\overline{W}_{k+1}\neq\varnothing$ 和 $\varphi(x_{k+1},\lambda^{k,0})>0$, 令 $\theta_{k+1}=\nu\min\{\lambda_i^{k,0}, i\in\overline{W}_{k+1}\}$; 否则, $\theta_{k+1}=\theta$. 令

$$\mu_i^{k+1}=\begin{cases} \theta_{k+1}+\max\{\lambda_i^{k,0},0\}, & i\in W_k, \\ \theta_{k+1}, & i\in I\backslash W_k. \end{cases} \tag{4.2.17}$$

更新 H_{k+1}, 令 $k=k+1$ 转到步骤 1.

4.2.2 算法的收敛性

下证算法 4.1 全局收敛于问题 (2.5.1) 的 KKT 点. 除与第 3 章假设相同外, 还给出了如下假设:

假设 4.1 存在 $\beta_1, \beta_2 > 0$ 使得对所有 k, 有 $\|H_k\| \leqslant \beta_2$, 且

$$d^{\mathrm{T}} \widehat{H}_k d \geqslant \beta_1 \|d\|^2, \quad \forall d \in \aleph(x_k), \tag{4.2.18}$$

其中,

$$\widehat{H}_k = H_k - \sum_{i \in W_k \setminus I(x_k)} \frac{\mu_i^k}{c_i(x_k)} \nabla c_i(x_k) \nabla c_i(x_k)^{\mathrm{T}},$$
$$\aleph(x) = \{d \in \mathbb{R}^n \mid \nabla c_i(x_k)^{\mathrm{T}} d = 0, i \in W_k\}. \tag{4.2.19}$$

引理 4.1 算法 4.1 中的序列 $\{\chi_k\}$ 和 ε_k 进行有限次更新.

证明 反证法. 假设 χ_k 和 ε_k 无限次改变, 即存在一个无穷指标集 K, 对于所有 $k \in K$, 满足 $\chi_{k+1} = 2\chi_k$ 和 $\varepsilon_{k+1} = \varepsilon_k / 2$, 则随着 $k \to \infty$, 有 $\{\chi_k\} \to +\infty$, $\varepsilon_k \to 0^+$.

由于集合 I 的有限性, 假设对于所有 $k \in K$, 有 $W_K = W_k$. 假设随着 $k \to \infty$, $k \in K$ 有 $x_k \to \overline{x}$. 从 W_k 的定义中得到 $W_K \subseteq I(\overline{x})$, 因为随着 $k \to \infty$, 有 $\varepsilon_k \min\{\varphi(x_k, \lambda^{k-1,0})\} \to 0$. 在算法中已知 $\|\lambda^{k,0}\|_\infty > \chi_k$, 那么 $\|\lambda^{k,0}\|_\infty \to \infty$. 因此, 存在如下的序列 t_k, 在 K 上趋于无穷,

$$t_k = \max\{\|d_{k,0}\|, \|\lambda_{W_K}^{k,0}\|_\infty, 1\}. \tag{4.2.20}$$

对于 $k \in K$, 定义 $\widehat{d}_k = d_{k,0}/t_k$ 和 $\widehat{\lambda}_{W_K}^k = \lambda_{W_K}/t_k$.

所以, 对所有足够大的 $k \in K$, $\max\{\|\widehat{d}_k\|, \|\widehat{\lambda}_{W_K}^k\|_\infty\} = 1$. 那么随着 $k \in K_1 \subseteq K \to \infty$, 有一个非零向量 $(\widehat{d}_k, \widehat{\lambda}_{W_K}^k) \to (\widehat{d}, \widehat{\lambda}_{W_K})$, 其中 K_1 是一个无穷指标集.

由于 $I(x_k) \subseteq W_k$, 有 $c_i(x_k) = 0, i \in I(x_k)$, 由 (4.2.5) 可得

$$\mu_i^k \nabla c_i(x_k)^{\mathrm{T}} d_{k,0} = -\lambda_i^{k,0} c_i(x_k) = 0, \tag{4.2.21}$$

故随着 $\mu_k > 0$, $d_{k,0} \in \aleph(x_k)$, 即 $\nabla c_i(x_k)^{\mathrm{T}} d = 0$. 由算法 4.1 的公式 (4.2.5) 和假设 4.1 可知

$$\begin{aligned}\nabla f(x_k)^{\mathrm{T}} d_{k,0} &= -(d_{k,0})^{\mathrm{T}} H_k d_{k,0} - \sum_{i \in I(x_k)} \lambda_i^{k,0} \nabla c_i(x_k)^{\mathrm{T}} d_{k,0} \\ &= -(d_{k,0})^{\mathrm{T}} \left(\widehat{H}_k - \sum_{i \in W_k \setminus I(x_k)} \frac{\mu_i^k}{c_i(x_k)} \nabla c_i(x_k) \nabla c_i(x_k)^{\mathrm{T}} \right) d_{k,0}\end{aligned}$$

$$
\begin{aligned}
&-\sum_{i\in I(x_k)}\lambda_i^{k,0}\nabla c_i(x_k)^{\mathrm T}d_{k,0}\\
&=-(d_{k,0})^{\mathrm T}\widehat{H}_kd_{k,0}\\
&\leqslant-\beta_1\|d_{k,0}\|^2.
\end{aligned}\tag{4.2.22}
$$

设 $k\in K_1\to\infty$, 则 $\widehat{d}=0$, 那么 $\widehat{\lambda}_{W_K}$ 非零. 另外, 由 (4.2.13), 如果 $k>1$, 有

$$
H_kd_{k,0}+\nabla c_{W_K}(x_k)\lambda_{W_K}^{k,0}=-\nabla f(x_k).\tag{4.2.23}
$$

方程 (4.2.23) 两边除以 t_k, 使 $k\in K_1\to\infty$, 有

$$
\nabla c_{W_K}(\overline{x})\widehat{\lambda}_{W_K}=0.\tag{4.2.24}
$$

这与假设向量 $\{\nabla c_i(x),i\in W_k\}$ 对于每个点 $x\in\Omega\subseteq\mathbb{R}^n$ 是线性无关的矛盾. □

引理 4.2 假设向量 $\{\nabla c_i(x),i\in W_k\}$ 对于每个点 $x\in\Omega\subseteq\mathbb{R}^n$ 是线性无关的, 给定任意向量 $x\in X$, 任意非负向量 $\mu^k\in\mathbb{R}^m$, 使得 $\mu_i^k>0$; 对于所有 $i\in W_k$, 如果 $c_i(x_k)=0$, 设 $H_k\in\mathbb{R}^{n\times n}$ 是一个满足条件 (4.2.18) 的对称矩阵, 则 (4.2.5) 定义的矩阵 V_k 是非奇异的.

证明 假设 (d,λ) 是下列方程的解,

$$
V_k\begin{pmatrix}d\\ \lambda\end{pmatrix}=0,\tag{4.2.25}
$$

则有

$$
\lambda^i=-(\mu_i/c_i(x_k))\nabla c_i(x_k)^{\mathrm T}d,\quad i\in W_k\backslash I(x_k),
$$

$$
\nabla c_i(x_k)^{\mathrm T}d=0,\quad i\in I(x_k),
$$

因此,

$$
d^{\mathrm T}\left(H-\sum_{W_k\backslash I(x^k)}\frac{\mu_i}{c_i(x_k)}\nabla c_i(x^k)\nabla c_i(x^k)^{\mathrm T}\right)d=0.\tag{4.2.26}
$$

这意味着 $d=0$. 此外, $\nabla c_{W_k}(x_k)\lambda=0$ 和 $G_{W_k}\lambda=0$, 所以

$$
\nabla c_{I(x_k)}(x_k)\lambda_{I(x_k)}=0\quad 和\quad \lambda_{W_k\backslash I(x_k)}=0.
$$

由于假设条件表明 $\lambda_{I(x_k)}=0$, 故 V_k 非奇异. □

引理 4.3 结合第 3 章所给假设, 算法 4.1 中的序列 $\{\lambda^{k,0}\}$ 和 $\{\mu_k\}$ 是有界的.

证明 由引理 4.1 可知, $\{\chi_k\}$ 有上界, 因此, 通过算法 4.1 推得 $\{\lambda^{k,0}\}$ 有界. 结合 μ_k 的定义和 $\{\lambda^{k,0}\}$ 的有界性可知 $\{\mu_k\}$ 是有界的. □

引理 4.4 在引理 4.2 的条件下, 则

$$V_k^{-1} = \begin{pmatrix} A_k & B_k \\ C_k & D_k \end{pmatrix}, \tag{4.2.27}$$

其中 $C_k = U_k B_k^{\mathrm{T}}$.

证明 首先, 由上述内容可知下式成立:

$$\begin{aligned} &H_k A_k + \nabla c_{W_k}(x_k) C_k = E_n, \\ &H_k B_k + \nabla c_{W_k}(x_k) D_k = 0, \\ &U_k \nabla c_{W_k}(x_k)^{\mathrm{T}} A_k + G_{W_k}(x_k) C_k = 0, \\ &U_k \nabla c_{W_k}(x_k)^{\mathrm{T}} B_k + G_{W_k}(x_k) D_k = E_s, \end{aligned} \tag{4.2.28}$$

其中 E_n, E_s 为单位矩阵, $s = \dim(W_k)$. 由 (4.2.28) 的第一个方程, 有

$$B_k{}^{\mathrm{T}} = B_k{}^{\mathrm{T}} \nabla c_{W_k}(x_k) C_k - D_k{}^{\mathrm{T}} \nabla c_{W_k}(x_k) A_k. \tag{4.2.29}$$

考虑以下两种情况.

情况 I: $\mu_j^k > 0, \forall j \in I \backslash I(x_k)$.

那么 U_k 是非奇异的. 由 (4.2.28) 的第二个方程可知, $U_k, G_{W_k}(x_k)$ 是两个对角矩阵, 这意味着

$$\begin{aligned} &\nabla c_{W_k}(x_k)^{\mathrm{T}} A_k + U_k^{-1} G_{W_k}(x_k)^{\mathrm{T}} C_k = 0, \\ &\nabla c_{W_k}(x_k)^{\mathrm{T}} B_k + U_k^{-1} G_{W_k}(x_k)^{\mathrm{T}} D_k = U_k^{-1}, \\ &U_k^{-1} = (U_k^{-1})^{\mathrm{T}} = B_k^{\mathrm{T}} \nabla c_{W_k}(x_k) + D_k^{\mathrm{T}} G_{W_k}(x_k) U_k^{-1}. \end{aligned} \tag{4.2.30}$$

因此, 可得

$$\begin{aligned} &D_k^{\mathrm{T}} \nabla c_{W_k}(x_k)^{\mathrm{T}} A_k + D_k^{\mathrm{T}} U_k^{-1} G_{W_k}(x_k)^{\mathrm{T}} C_k = 0, \\ &B_k^{\mathrm{T}} \nabla c_{W_k}(x_k)^{\mathrm{T}} C_k + D_k^{\mathrm{T}} G_{W_k}(x_k) U_k^{-1} C_k = U_k^{-1} C_k, \end{aligned} \tag{4.2.31}$$

当 $U_k, G_{W_k}(x_k)$ 是两个对角矩阵时,

$$G_{W_k}(x_k) U_k^{-1} = U_k^{-1} G_{W_k}(x_k).$$

由 (4.2.29) 可知

$$C_k = U_k (B_k^{\mathrm{T}} \nabla c_{W_k}(x_k)^{\mathrm{T}} C_k - D_k^{\mathrm{T}} \nabla c_{W_k}(x_k)^{\mathrm{T}} A_k) = U_k B_k^{\mathrm{T}}. \tag{4.2.32}$$

情况 II: $\mu_j^k > 0, \forall j \in \bar{I}_1; \mu_j^k = 0, \forall j \in \bar{I}_2, \bar{I}_1 \cup \bar{I}_2 \equiv I \backslash I(x_k)$.

令 $U_k^1 = \mathrm{diag}(\mu_j^k, j \in I(x_k) \cup E \cup \bar{I})$,

$$\begin{aligned}
&U_k = \begin{pmatrix} U_k^1 & \\ & 0 \end{pmatrix}, \quad C_k = \begin{pmatrix} C_k^1 \\ C_k^2 \end{pmatrix}, \quad B_k = (B_k^1, B_k^2),\\
&G_{W_k}(x_k) = \begin{pmatrix} G_{W_k}(x_k)^1 & \\ & G_{W_k}(x_k)^2 \end{pmatrix}.
\end{aligned} \tag{4.2.33}$$

由于 $G_{W_k}(x_k)^2$ 是非奇异的, 由 (4.2.28) 的第二个方程可知 $C_k^2 = 0$. 与情况 I 的分析相似, $C_k^1 = U_k^1(B_k^1)^{\mathrm{T}}$. 所以 $C_k = U_k B_k^{\mathrm{T}}$ 成立. □

引理 4.5 如果 $\{x_{k_j}\}$ 是 $\Gamma_s^{k_j} \geqslant \varepsilon (s = 1, 2, 3)$ 的迭代序列, ε_1 和 ε_2 恒定, 与 j 无关, 如果 $h(x_{k_j}) \leqslant \varepsilon_1$ 和 $\|d_{k,0}\|^{\omega} \leqslant \varepsilon_2$, 那么对于所有 j,

$$\nabla f(x_{k_j})^{\mathrm{T}} d_{k_j,1} \leqslant -\varepsilon/2.$$

证明 将引理 4.4 的结论代入 (4.2.13), (4.2.14) 可得

$$\begin{aligned}
&d_{k,0} = -A_k \nabla f(x_k), \quad \lambda^{k,0} = -C_k \nabla f(x_k),\\
&d_{k,1} = d_{k,0} - B_k[(1-\rho)\mu^k \|d_{k,0}\|^{\omega} + \rho\theta_k v_k],\\
&\lambda_{k,1} = \lambda_{k,0} - D_k[(1-\rho)\mu_k \|d_{k,0}\|^{\omega} + \rho\theta_k v_k].
\end{aligned} \tag{4.2.34}$$

由 (4.2.13) 和 (4.2.34), 有

$$\begin{aligned}
\nabla f(x_{k_j})^{\mathrm{T}} d_{k_j,1} &= \nabla f(x_{k_j})^{\mathrm{T}} \{d_{k_j,0} - B_{k_j}[(1-\rho)\mu_{k_j} \|d_{k,0}\|^{\omega} + \rho\theta_k v_{k_j}]\}\\
&= -(d_{k_j,0})^{\mathrm{T}} \widehat{H}_{k_j} d_{k_j,0} - \nabla f(x_{k_j})^{\mathrm{T}} B_{k_j}[(1-\rho)\mu_{k_j} \|d_{k,0}\|^{\omega} + \rho\theta_k v_{k_j}]\\
&= -(d_{k_j,0})^{\mathrm{T}} \widehat{H}_{k_j} d_{k_j,0} + (\lambda^{k_j,0})_{W_{k_j}}^{\mathrm{T}} U_{k_j}^{-1}[(1-\rho)\mu_{k_j} \|d_{k,0}\|^{\omega} + \rho\theta_k v_{k_j}].
\end{aligned} \tag{4.2.35}$$

情况 I: $\rho = 1$.

$$\begin{aligned}\nabla f(x_{k_j})^{\mathrm{T}} d_{k_j,1} &= -(d_{k_j,0})^{\mathrm{T}} \widehat{H}_{k_j} d_{k_j,0} + (\lambda^{k_j,0})^{\mathrm{T}}_{W_{k_j}} U_{k_j}^{-1} \theta_{k_j} v_{k_j} \\ &= -(d_{k_j,0})^{\mathrm{T}} \widehat{H}_{k_j} d_{k_j,0} - \sum_{i\in\overline{W}_k^-} \frac{\lambda_i^{k_j,0}\theta_{k_j}}{\mu_i^{k_j}} c_i(x_{k_j}) \\ &\quad - \sum_{i\in\overline{W}_k^+} \frac{\lambda_i^{k_j,0}\theta_{k_j}}{\mu_i^{k_j}} c_i(x_{k_j}) \\ &\quad + \sum_{i\in W_k\setminus\overline{W}_k} \frac{\lambda_i^{k_j,0}\theta_{k_j}}{\mu_i^{k_j}} \min\{-c_i(x_{k_j}), \lambda_i^{k_j,0}\} \\ &= -\Gamma_1^{k_j} - \sum_{i\in\overline{W}_k^-} \frac{\lambda_i^{k_j,0}\theta_{k_j}}{\mu_i^{k_j}} c_i(x_{k_j}).\end{aligned} \tag{4.2.36}$$

因此, 对于所有 $c>0$, 由 $\Gamma_1^{k_j} \geqslant \varepsilon$, 有

$$\nabla f(x_{k_j})^{\mathrm{T}} d_{k_j,1} = -\Gamma_1^{k_j} - \sum_{i\in\overline{W}_k^-} \frac{\lambda_i^{k_j,0}\theta_k}{\mu_i^{k_j}} c_i(x_{k_j}) \leqslant -\varepsilon + ch(x_{k_j}). \tag{4.2.37}$$

若 $h(x_{k_j}) \leqslant \varepsilon_1$, 其中 $\varepsilon_1 = \varepsilon/(2c)$, 那么

$$\nabla f(x_{k_j})^{\mathrm{T}} d_{k_j,1} \leqslant -\varepsilon_2 = \frac{-\varepsilon}{2}.$$

情况 II: $\rho = 0$.

$$\begin{aligned}\nabla f(x_{k_j})^{\mathrm{T}} d_{k_j,1} &= -(d_{k_j,0})^{\mathrm{T}} \widehat{H}_{k_j} d_{k_j,0} + (\lambda^{k_j,0})^{\mathrm{T}}_{W_{k_j}} U_{k_j}^{-1} \mu^k \|d_{k,0}\|^{\omega} \\ &= -(d_{k_j,0})^{\mathrm{T}} \widehat{H}_{k_j} d_{k_j,0} + \sum_{i\in\overline{W}_k^-} \lambda_i^{k_j,0} \|d_{k,0}\|^{\omega} + \sum_{i\in\overline{W}_k^+} \lambda_i^{k_j,0} \|d_{k,0}\|^{\omega} \\ &\quad + \sum_{i\in W_k\setminus\overline{W}_k} \lambda_i^{k_j,0} \|d_{k,0}\|^{\omega} \\ &= -\Gamma_2^{k_j} + \sum_{i\in\overline{W}_k^-} \lambda_i^{k_j,0} \|d_{k,0}\|^{\omega}.\end{aligned} \tag{4.2.38}$$

则存在一个常数 $c>0$, 使

$$\sum_{i\in\overline{W}_k^+} \lambda_i^{k_j,0} \|d_{k,0}\|^{\omega} < c\|d_{k,0}\|^{\omega},$$

结合 $\Gamma_2^{k_j} \geqslant \varepsilon$, 有

$$\nabla f(x_{k_j})^{\mathrm{T}} d_{k_j,1} = -\Gamma_2^{k_j} + \sum_{i\in\overline{W}_k^-} \lambda_i^{k_j,0}\|d_{k,0}\|^{\omega} \leqslant -\varepsilon + c\|d_{k,0}\|^{\omega}. \tag{4.2.39}$$

若 $\|d_{k,0}\|^{\omega} \leqslant \varepsilon_1$, 其中 $\varepsilon_1 = \varepsilon/(2c)$, 那么

$$\nabla f(x_{k_j})^{\mathrm{T}} d_{k_j,1} \leqslant -\varepsilon_2 = -\varepsilon/2.$$

情况 III: $0 < \rho < 1$.

$$\begin{aligned}
\nabla f(x_{k_j})^{\mathrm{T}} d_{k_j,1} &= -(d_{k_j,0})^{\mathrm{T}} \widehat{H}_{k_j} d_{k_j,0} + (\lambda^{k_j,0})^{\mathrm{T}}_{W_{k_j}} U_{k_j}^{-1}[(1-\rho)\mu_{k_j}\|d_{k,0}\|^{\omega} + \rho\theta_{k_j} v_{k_j}] \\
&= -(d_{k_j,0})^{\mathrm{T}} \widehat{H}_{k_j} d_{k_j,0} + \sum_{i\in\overline{W}_k^-} \frac{\lambda_i^{k_j,0}}{\mu_i^{k_j}}[(1-\rho)\mu_i^{k_j}\|d_{k,0}\|^{\omega} - \rho\theta_{k_j} c_i(x_{k_j})] \\
&\quad + \sum_{i\in\overline{W}_k^+} \frac{\lambda_i^{k_j,0}}{\mu_i^{k_j}}[(1-\rho)\mu_i^{k_j}\|d_{k,0}\|^{\omega} - \rho\theta_{k_j} c_i(x_{k_j})] \\
&\quad + \sum_{i\in W_k\setminus\overline{W}_k} \frac{\lambda_i^{k_j,0}}{\mu_i^{k_j}}[(1-\rho)\mu_i^{k_j}\|d_{k,0}\|^{\omega} - \rho\theta_{k_j}\min\{-c_i(x_{k_j}), \lambda_i^{k_j,0}\}] \\
&= -\Gamma_3^{k_j} + \sum_{i\in\overline{W}_k^+} \lambda_i^{k_j,0}(1-\rho)\|d_{k,0}\|^{\omega} - \sum_{i\in\overline{W}_k^+} \frac{\lambda_i^{k_j,0}}{\mu_i^{k_j}}\rho\theta_{k_j} c_i(x_{k_j}).
\end{aligned} \tag{4.2.40}$$

则存在一个常数 $c_1 > 0$, 使

$$\sum_{i\in\overline{W}_k^+} \lambda_i^{k_j,0}(1-\rho)\|d_{k,0}\|^{\omega} < c_1\|d_{k,0}\|^{\omega},$$

对于所有 $c_2 > 0$, 结合 $\Gamma_3^{k_j} \geqslant \varepsilon$, 有

$$\begin{aligned}
\nabla f(x_{k_j})^{\mathrm{T}} d_{k_j,1} &\leqslant -\Gamma_3^{k_j} + \sum_{i\in\overline{W}_k^+} \lambda_i^{k_j,0}(1-\rho)\|d_{k,0}\|^{\omega} - \sum_{i\in\overline{W}_k^+} \frac{\lambda_i^{k_j,0}\theta_{k_j}}{\mu_i^{k_j}}\rho c_i(x_{k_j}) \\
&\leqslant -\varepsilon + c_1\|d_{k,0}\|^{\omega} + c_2 h(x_{k_j}).
\end{aligned} \tag{4.2.41}$$

如果 $\|d_{k,0}\|^{\omega} \leqslant \varepsilon_2$, 其中 $\varepsilon_2 = \varepsilon/(4c)$, $h(x_{k_j}) \leqslant \varepsilon_1 = \varepsilon/(4c)$, 那么

$$\nabla f(x_{k_j})^{\mathrm{T}} d_{k_j,1} \leqslant -\varepsilon_3 = -\varepsilon/2.$$

因此, 结论成立. □

引理 4.6 内循环有限终止.

证明 反证法. 假设内循环非有限终止, 则滤子拒绝试探点 $x_k + \alpha_{k,l}d_{k,1}$, $\lim\limits_{l\to\infty} \alpha_{k,l} = 0$. 如果 $h(x_k) = 0$, 根据 $h(x_k)$ 的定义, 有

$$\begin{aligned} h(x_k + \alpha_{k,l}d_{k,1}) &= \sum_{i\in I} \max\{c_i(x_k + \alpha_{k,l}d_{k,1}), 0\} \\ &\leqslant \sum_{i\in I} \max\{c_i(x_k) + \alpha_{k,l}\nabla c_i(x_k)^{\mathrm{T}} d_{k,1} + o(\|\alpha_{k,l}d_{k,1}\|^2), 0\}. \end{aligned} \tag{4.2.42}$$

对于所有 $i \in W_k$, 显然有 $\nabla c_i(x_k)^{\mathrm{T}} d_{k,1} < 0$, 所以存在一个常数 γ, 使得

$$\begin{aligned} h(x_k + \alpha_{k,l}d_{k,1}) &< \sum_{i\in I} \max\{c_i(x_k)\} \\ &\leqslant \sum_{i\in I} (1-\gamma) \max\{c_i(x_k)\} \\ &= (1-\gamma)h(x_k) \\ &\leqslant \max_{0\leqslant k\leqslant m(k)} (1-\gamma)h(x_k), \end{aligned} \tag{4.2.43}$$

由引理 4.5 可得

$$\begin{aligned} f(x_k + \alpha_{k,l}d_{k,1}) &\leqslant f(x_k) + \alpha_{k,l}\nabla f(x_k)^{\mathrm{T}} d_{k,1} + O(\|\alpha_{k,l}d_{k,1})\|^2) \\ &\leqslant f(x_k) \\ &\leqslant \max_{0\leqslant k\leqslant m(k)} f(x_k). \end{aligned} \tag{4.2.44}$$

由 (4.2.43) 和 (4.2.44) 可知, $x_k + \alpha_{k,l}d_{k,1}$ 对于滤子和 x_k 一定是可接受的, 这与已知矛盾, 故内循环有限终止. □

引理 4.7 假设算法 4.1 非有限终止且假设成立, 则 $\lim\limits_{k\to 0} h(x_k) = 0$.

证明 反证法. 假设存在一个子序列 $\{x_{k_j}\}$, 对于某个常数 $\varepsilon > 0$, 使得 $\lim\limits_{j\to\infty} h(x_{k_j}) = \varepsilon$. 在不失一般性的前提下, 对于所有 j, 假定

$$((1-\gamma)/2)^{1/2}\varepsilon \leqslant h(x_{k_j}) \leqslant ((1-\gamma)/2)^{-1/2}\varepsilon.$$

从引理 4.6 可知, 存在常数 $\bar{k}$, 对于所有的 $k_{j+1} \geqslant \bar{k}$, 满足 $x_{k_{j+1}}$ 被 $\mathcal{F}_{k_{j+1}}$ 接受, 因此,

$$h(x_{k_{j+1}}) \leqslant \max_{0\leqslant k_j\leqslant m(k)} (1-\gamma)h(x_k)$$

或者

$$f(x_{k_{j+1}}) \leqslant \max_{0\leqslant k_j\leqslant m(k)} f(x_{k_j}) - \gamma h(x_{k_{j+1}}).$$

所以, 有

$$\begin{aligned} f(x_{k_{j+1}}) &\leqslant \max_{0\leqslant k_j\leqslant m(k)} f(x_{k_j}) - \gamma h(x_{k_{j+1}}) \\ &\leqslant \max_{0\leqslant k_j\leqslant m(k)} f(x_{k_j}) - \gamma((1-\gamma)/2)^{1/2}\varepsilon. \end{aligned}$$

设 $j\to\infty$, 上述不等式表明 $f(x_{k_j})\to-\infty$, 这与 f 有界的假设相矛盾. □

引理 4.8 如果算法 4.1 非有限终止, 那么存在一个指标集 K, 使

$$\lim_{k\to\infty,k\in K} \nabla f(x_k)^{\mathrm{T}} d_{k,1} = 0. \tag{4.2.45}$$

证明 当 $\nabla f(x_k)^{\mathrm{T}} d_{k,1}\leqslant 0$ 时, 存在一个常数 $\xi_k>0$, 其中 $\{\xi_k\}$ 一致有界, 且 $\liminf\limits_{k}\xi_k>0$, 使得

$$\begin{aligned} f(x_k+\alpha_k d_{k,1}) - \max_{0\leqslant k\leqslant m(k)} f(x_k) &\leqslant f(x_k+\alpha_k d_{k,1}) - f(x_k) \\ &\leqslant \xi_k\alpha_k\nabla f(x_k)^{\mathrm{T}} d_{k,1}\leqslant 0. \end{aligned}$$

由假设可知, 对于某个指标集 K, $\{x_k\}_{k\in K}\to x^*$. 结合 f 的连续性, 得到 $f(x_k)\to f(x^*), k\in K, k\to+\infty$. 因此,

$$\begin{aligned} 0 &= \lim_{k\to\infty,k\in K}(f(x_k+\alpha_k d_{k,1}) - \max_{0\leqslant k\leqslant m(k)} f(x_k)) \\ &\leqslant \lim_{k\to\infty,k\in K} \xi_k\alpha_k\nabla f(x_k)^{\mathrm{T}} d_{k,1}\leqslant 0. \end{aligned} \tag{4.2.46}$$

由于 $\liminf\limits_{k}\xi_k\alpha_k>0$, 所以

$$\lim_{k\to\infty,k\in K} \nabla f(x_k)^{\mathrm{T}} d_{k,1} = 0.$$ □

引理 4.9 如果 $h(x_k)=0$ 且 $\nabla f(x_k)^{\mathrm{T}} d_{k,1}=0$, 那么 x_k 是问题 (2.5.1) 的一个 KKT 点.

证明 因为 $h(x_k)=0$, 那么

$$c_i(x_k)\leqslant 0,\quad i\in I, \overline{W}_k^+=\varnothing.$$

因为 $\nabla f(x_k)^{\mathrm{T}} d_{k,1}=0$, 由 (4.2.35), 有

$$\nabla f(x_k)^{\mathrm{T}} d_{k,1} = -(d_{k,0})^{\mathrm{T}}\widehat{H}_k d_{k,0} - (\lambda_{k,0})_{W_k}^{\mathrm{T}} U_k^{-1}[(1-\rho)\mu_k\|d_{k,0}\|^{\omega} + \rho\theta_k v_k]$$

$$
\begin{aligned}
&= -(d_{k,0})^{\mathrm{T}}\widehat{H}_k d_{k,0} - \sum_{i\in \overline{W}_k^-} \frac{\lambda_i^{k,0}}{\mu_k}[(1-\rho)\mu_k\|d_{k,0}\|^{\omega} - \rho\theta_k c_i(x_k)] \\
&\quad - \sum_{i\in W_k\backslash \overline{W}_k} \frac{\lambda_i^{k,0}}{\mu_k}[(1-\rho)\mu_k\|d_{k,0}\|^{\omega} - \rho\theta_k \min\{-c_i(x_k),\lambda_i^{k,0}\}] \\
&= 0.
\end{aligned}
\tag{4.2.47}
$$

因此,

$$
(d_{k,0})^{\mathrm{T}}\widehat{H}_k d_{k,0} = 0, \tag{4.2.48}
$$

$$
\sum_{i\in \overline{W}_k^-} \lambda_i^{k,0}\left[(1-\rho)\|d_{k,0}\|^{\omega} - \frac{\rho\theta_k}{\mu^k} c_i(x_k)\right] = 0, \tag{4.2.49}
$$

$$
\sum_{i\in W_k\backslash \overline{W}_k} \lambda_i^{k,0}\left[(1-\rho)\|d_{k,0}\|^{\omega} - \frac{\rho\theta_k}{\mu_k} \min\{-c_i(x_k),\lambda_i^{k,0}\}\right] = 0. \tag{4.2.50}
$$

因为 $I(x_k) \subseteq W_k$, 由 (4.2.13) 可得

$$
\mu_i^k \nabla c_i(x_k)^{\mathrm{T}} d_{k,0} = -c_i(x_k)\lambda_i^{k,0} = 0, \quad \forall i \in I(x_k). \tag{4.2.51}
$$

通过算法 4.1 的步骤 8, 可得 $\mu_k > 0$, 所以由假设 4.1, 可得 $d_{k,0} = 0$, $\lambda_i^{k,0} c_i(x_k) = 0, i \in I$, 并且由于 $(\rho\theta_k)/\mu_k > 0$, 因此结合方程 (4.2.13) 建立了 KKT 条件. □

定理 4.1 设假设条件成立, 算法 4.1 生成的序列 $\{(x_k,\lambda_k)\}$ 是无限的, 那么序列 $\{(x_k,\lambda_k)\}$ 的每个聚点都是问题 (2.5.1) 的一个 KKT 点对.

4.2.3 数值结果

下面是算法 4.1 在 Matlab 环境下的实现. 给出了 Hock 和 Schittkowski [78] 的一些测试问题的初步结果, 并与其他算法进行了比较.

结果汇总在表 4.1 中, 算法的结果说明如下:

(a) 参数取值如下: $\gamma = 10^{-4}$, $h_{\max} = 10^6$, $\nu = 0.5$, $\rho = 0.5$, $\chi_1 = 10$, $\varphi_{\max} = 0.5$, $\varepsilon = 5$, $\omega = 2.5$.

(b) 表 4.1 中一些表示法的含义如下:

No.: 在 Hock 和 Schittkowski[78] 中给出的问题编号;

n: 变量的数量;

m: 约束的数量;

NIT: 迭代次数;

NF: $f(x)$ 的计算次数;

NG: $c(x)$ 的评价次数.

(c) 当 $|\nabla f(x_k)^{\mathrm{T}} d_{k,1}|/(\|f(x_k)\|+1) \leqslant 10^{-6}$ 和 $h(x_k) \leqslant 10^{-6}$ 时, 算法 4.1 停止.

(d) H_k 采用阻尼 BFGS 公式进行更新.

表 4.1　数值结果

No.	n	m	算法 4.1			积极集无 QP 算法 [118]			Matlab
			NIT	NF	NG	NIT	NF	NG	NIT-NF
HS1	2	1	7	13	9	23	48	54	27-95
HS3	2	1	5	9	9	13	19	23	4-15
HS4	2	2	5	9	9	2	4	2	2-6
HS5	2	4	12	75	75	10	12	31	10-34
HS6	2	1	3	5	3	7	16	17	6-28
HS11	2	1	3	5	3	23	35	35	7-25
HS12	2	1	16	54	53	10	12	10	8-25
HS15	2	3	8	37	33	14	28	16	3-9
HS16	2	5	7	57	53	10	27	11	4-12
HS17	2	5	8	15	9	4	7	4	14-43
HS18	2	6	9	17	12	7	14	9	9-28
HS21	2	5	7	13	7	7	11	11	3-9
HS22	2	2	8	15	10	21	45	49	4-15
HS26	2	1	6	11	6	10	36	41	6-27
HS27	2	1	6	11	8	13	46	17	44-303
HS28	2	1	8	15	9	17	33	40	7-29
HS30	2	7	9	18	18	6	11	20	11-44
HS33	2	6	5	9	9	3	13	22	5-20
HS35	2	4	8	15	15	14	43	59	6-24
HS43	2	3	6	11	6	12	22	17	12-63
HS46	2	2	13	32	25	13	57	83	12-75
HS48	2	2	10	21	19	14	24	14	8-50
HS49	2	2	27	69	51	103	198	213	19-117

在表 4.1 中, 首先给出了算法 4.1 的结果, 为了比较, 该表中包含了文献 [79] 中的相应结果和 Matlab 中的优化代码 (列 “Matlab”). 与另外两个算法相比, 算法 4.1 在 NIT 和 NF/NG 中都具有较小的迭代数. 因此, 该算法有一定的数值前景.

4.3　求解极大极小问题的非单调滤子方法

考虑如下形式的极大极小问题[75–77]:

$$\min_{x\in\mathbb{R}^n}\ \phi(x)=\max_{1\leqslant j\leqslant m} f_j(x), \tag{4.3.1}$$

其中 $f_j(j\in I=1,\cdots,m):\mathbb{R}^n\to\mathbb{R}$ 是定义在 $\mathbb{R}^n$ 上的实值连续可微函数.

显然, 目标函数 $\phi(x)$ 是连续的, 但其不一定是可微的. 因此, 问题 (4.3.1) 本质上是一个不可微的优化问题, 将问题 (4.3.1) 转化为如下有 $n+1$ 个变量的非线性规划问题:

$$\min_t \ f_j(x)-t\leqslant 0,\quad j\in I=\{1,\cdots,m\}, \tag{4.3.2}$$

其中 $(x,t)\in\mathbb{R}^{n+1}$, 记 $(x,t)=(x^{\mathrm{T}},t)^{\mathrm{T}}$. 此外, 定义

$$C(x,t)=(f_1(x)-t,f_2(x)-t,\cdots,f_m(x)-t)^{\mathrm{T}}, \tag{4.3.3}$$

其雅可比矩阵为

$$A(x,t)=\begin{pmatrix}(\nabla f_1)^{\mathrm{T}} & -1\\ (\nabla f_2)^{\mathrm{T}} & -1\\ \vdots & \vdots\\ (\nabla f_m)^{\mathrm{T}} & -1\end{pmatrix}. \tag{4.3.4}$$

定义正指标集和非正指标集分别为

$$I_A(x)=\{j:f_j=\phi(x),\ j\in I\},\quad I_N(x)=\{j:f_j<\phi(x)\ j\in I\}. \tag{4.3.5}$$

令 $f(x)=(f_1(x),\cdots,f_m(x))^{\mathrm{T}}$, $e=(1,\cdots,1)^{\mathrm{T}}\in\mathbb{R}^m$, 它的梯度矩阵为

$$\nabla f(x)=(\nabla f_1(x),\cdots,\nabla f_m(x)). \tag{4.3.6}$$

将 $f_1(x),\cdots,f_m(x)$ 作为主对角元素, 构造对角矩阵

$$F(x)=\mathrm{diag}(f_1(x),\cdots,f_m(x)). \tag{4.3.7}$$

4.3.1 针对极大极小问题的修正非单调滤子算法

为了解决问题 (4.3.2), 首先求解下面的二次子问题 $\mathrm{QP}(x_k,\Delta_k)$ 来计算搜索方向 d_k.

$$\begin{aligned}\min\quad & z+\frac{1}{2}d^{\mathrm{T}}H_kd\\ \text{s.t.}\quad & f_j(x_k)-\phi(x_k)+\nabla f_j(x_k)^{\mathrm{T}}d\leqslant z,\quad j\in I.\\ & \|d\|_\infty\leqslant\Delta_k,\end{aligned} \tag{4.3.8}$$

其中 Δ_k 为信赖域半径, $H_k\in\mathbb{R}^{n\times n}$ 是对称正定矩阵.

注 4.1 值得注意的是, SQP 信赖域子问题 (4.3.8) 与光滑情况下的 SQP 信赖域子问题不同. 因为后者可能是不可行 (不一致) 的, 而前者总是可行的. 实际上, (0,0) 永远是问题 (4.3.8) 的一个可行解. 因此, 可以使用任何已有的二次规划算法来求解 (4.3.8). (d_k, z_k) 是子问题 $\mathrm{QP}(x_k, \Delta_k)$ 的解. (d_k, z_k) 是当前点 (x_k, t_k) 的搜索方向.

现在转向解决 $\mathrm{QP}(x_k, \Delta_k)$ 以检测约束条件是否满足. 定义约束违反度函数 $h(x,t): \mathbb{R}^n \times \mathbb{R} \to \mathbb{R}$ 和目标函数 $P(x,t)$ 如下:

$$\begin{aligned} h(x,t) &= \|C(x,t)^+\|_2, \\ P(x,t) &= t, \end{aligned} \tag{4.3.9}$$

其中, $C(x,t)^+ = (C_1(x,t)^+, \cdots, C_m(x,t)^+)$, $C_j(x,t)^+ = \max\{C_j(x,t), 0\}$, $\|\cdot\|$ 表示欧几里得范数.

易知 $h(x,t) = 0$ 当且仅当 x 是一个可行点 ($h(x,t) > 0$ 当且仅当 x 是不可行的). 为了解决问题 (4.3.2), 从降低目标函数 $P(x,t)$ 和约束违反度函数 $h(x,t)$ 入手, 其中,

$$\begin{aligned} h(x_k, t_k) &= \| C(x_k, t_k)^+ \|_2, \\ P(x_k, t_k) &= t_k. \end{aligned} \tag{4.3.10}$$

为方便起见, 用 P_k 来表示 $P(x_k, t_k)$, h_k 来表示 $h(x_k, t_k)$, C_k 来表示 $C(x_k, t_k)$. 其判别准则依据滤子方法.

如果 (h_k, P_k) 对滤子集合是可接受的, 则把 (h_k, P_k) 添加到滤子集合, 并删除原滤子集合中被 (h_k, P_k) 支配的点. 传统的接受准则如下所示.

定义 4.2 点对 (h, P) 是滤子可接受的, 当且仅当

$$h \leqslant \beta h_j \qquad \text{或} \qquad P \leqslant P_j - \gamma h, \qquad \forall (h_j, P_j) \in \mathcal{F}_k \tag{4.3.11}$$

成立, 其中 $0 < \gamma < \beta < 1$ 是常数. 实际上, β 通常是趋近于 1 的, γ 通常是趋近于 0 的.

要解决问题 (4.3.2), 目标则是减少 h 和 P. 为了控制不可行, 需要设置约束违反度函数的上界, 即 $h(x,t) \leqslant \mu$, 其中 $\mu > 0$, 可以在算法中通过初始化滤子设置 $\mathcal{F}_0 = \{(\mu, +\infty)\}$.

滤子集更新规则如下:

$$\mathcal{F}_{k+1} = \mathcal{F}_k \cup \{h_{k+1}, P_{k+1}\} \setminus \{(h_j, P_j) \mid h_{k+1} < h_j, P_{k+1} < P_j\}. \tag{4.3.12}$$

令 $(x_k, t_k) \in \mathcal{F}_k$ 代表 $(h_k, P_k) \in \mathcal{F}_k$. 点对 (h, P) 是滤子可接受的, 这也意味着试探点 (x, t) 是滤子可接受的.

由于滤子方法在一定程度上具有非单调性, 因此具有较好的数值结果. 下面采用非单调技术进一步放宽了接受准则 (4.3.11), 新的接受准则如下所示.

定义 4.3 试探点 (x_k^+, t_k^+) 是滤子集可接受的, 当且仅当

$$h_k^+ \leqslant \beta \max_{0\leqslant r\leqslant m(k)-1} h_{k-r} \quad 或 \quad P_k^+ \leqslant \max\left\{P_k, \sum_{r=0}^{m(k)-1} \lambda_{kr} P_{k-r}\right\} - \gamma h_k^+, \tag{4.3.13}$$

其中 $h_k^+ = h_k^+(x_k^+, t_k^+)$, $P_k^+ = P_k^+(x_k^+, t_k^+)$, $(h_{k-r}, P_{k-r}) \in F_k$, $0 \leqslant r \leqslant m(k)-1$, $0 \leqslant m(k) \leqslant \min\{m(k-1)+1, M\}$, $M \geqslant 1$ 是给定常数, $\sum\limits_{r=0}^{m(k)-1} \lambda_{kr} = 1$, $\lambda_{kr} \geqslant \lambda$.

与传统的滤子方法类似, 还需要在每次成功迭代时更新滤子集合 $\mathcal{F}_k$, 该技术相当于对传统方法中接受规则 (4.3.13) 的一种改进.

定义在点 x_k 处, $P(x,t)$ 的预测下降量为

$$\mathrm{Pred}_k^P = \Psi_k(0,0) - \Psi_k(d_k, z_k), \tag{4.3.14}$$

其中 $\Psi_k(d_k, z_k) = z_k + \dfrac{1}{2} d_k^{\mathrm{T}} H_k d_k$, (d_k, z_k) 是子问题 $\mathrm{QP}(x_k, \Delta_k)$ 的解.

$P(x,t)$ 在 x_k 点处的真实下降量为

$$\mathrm{Ared}_k^P = P_k - P_{k+1} = t_k - (t_k + z_k) = -z_k. \tag{4.3.15}$$

在传统的信赖域方法中, 试探步 d_k 被接受如果满足条件

$$\mathrm{Ared}_k^P \geqslant \eta \mathrm{Pred}_k^P, \tag{4.3.16}$$

其中 $\eta \in (0,1)$ 是固定常数. 在此, 引入非单调技术, 用如下条件来代替 (4.3.16),

$$\mathrm{Rared}_k^P \geqslant \eta \mathrm{Pred}_k^P, \tag{4.3.17}$$

其中 Rared_k^P 是松弛的实际下降量,

$$\mathrm{Rared}_k^P = \max\left\{P_k, \sum_{r=0}^{m(k)-1} \lambda_{kr} P_{k-r}\right\} - P_{k+1}, \tag{4.3.18}$$

其中, $0 \leqslant m(k) \leqslant \min\{m(k-1)+1, M\}$, $M \geqslant 1$ 是给定常数.

下面给出算法的详细描述:

算法4.2

步骤 0　选择 $x_0 \in \mathbb{R}^n$, $H_0 \in \mathbb{R}^{n\times n}$ 是对称正定矩阵. 初始信赖域半径为 $\Delta_0 \geqslant \Delta_{\min} > 0$, $\beta \in (\frac{1}{2}, 1)$, $\gamma \in (0, \frac{1}{2})$, $\eta_2 = 0.1$ $M \geqslant 1$, $\mu > 0$, $\alpha_1 = \alpha_2 = 0.5$, $\mathcal{F}_0 = \{(\mu, +\infty)\}$, 令 $k = 0$.

步骤 1　求解 $\mathrm{QP}(x_k, t_k, \Delta_k)$ 得到 d_k, z_k, 如果 $\| d_k \| \leqslant \epsilon$. 则停止.

步骤 2　计算

$$\rho_k = \frac{\max\left\{P_k, \sum\limits_{r=0}^{m(k)-1} \lambda_{kr} P_{k-r}\right\} - P_{k+1}}{\Psi_k(0,0) - \Psi_k(d_k, z_k)} = \frac{\mathrm{Rared}_k^P}{\mathrm{Pred}_k^P}. \tag{4.3.19}$$

如果 $\rho_k < \eta$, 则更新 Δ_k, 令 $\Delta_k = \frac{1}{2}\Delta_k$, 转步骤 1.

步骤 3　令 $(x_k^+, t_k^+) := (x_k + d_k, t_k + z_k)$ 计算 h_k, P_k. 如果 (x_k^+, t_k^+) 被滤子集合 $\mathcal{F}_k$ 拒绝, 转步骤 4. 否则, 令 $(x_{k+1}, t_{k+1}) = (x_k^+, t_k^+)$, $\Delta_{k+1} = 2\Delta_k$, 更新 $\mathcal{F}_k$ 为 $\mathcal{F}_{k+1}$, H_k 为 H_{k+1}, 如果 $h_{k+1} \leqslant \Delta_{k+1} \min\{\eta_2, \alpha_1 \Delta_{k+1}^{\alpha_2}\}$, 则令 $k = k+1$, 转步骤 1, 否则令 $k = k+1$, 然后转入可行性恢复阶段, 转步骤 1.

步骤 4　更新 Δ_k, 令 $\Delta_k = \frac{1}{2}\Delta_k$, 如果 $h_k > \Delta_k \min\{\eta_2, \alpha_1 \Delta_k^{\alpha_2}\}$, 则进入可行性恢复阶段, 然后转到步骤 1. 否则直接进入步骤 1.

在恢复算法中, 以减小 $h(x,t)$ 的值为目标. 最直接的方法就是利用牛顿法或类似的方法来减少约束违反度函数的取值.

现给出可行性恢复算法, 令 $d_j = \begin{pmatrix} d_j^x \\ d_j^t \end{pmatrix}$, 其中,

$$\begin{aligned} M_k^j(d) &= h(x_k^j, t_k^j) - h(x_k^j + d_j^x, t_k^j + d_j^t), \\ \Psi_k^j(d) &= h(x_k^j, t_k^j) - \| f(x_k^j) - t_k^j e + A(x_k^j, t_k^j) d_j \|, \\ h^I &= \max_j h_j, \quad (x_j, t_j) \in \mathcal{F}_k, \quad r_k^j = \frac{M_k^j(d)}{\Psi_k^j(d)}. \end{aligned} \tag{4.3.20}$$

算法 4.3 (可行性恢复算法)

步骤 0　令 $x_k^0 := x_k$, $\Delta_k^0 := \Delta_k$, $j := 0$, $\alpha_1, \alpha_2, \eta_1, \eta_2 \in (0,1)$.

步骤 1　如果 $h(x_k^j, t_k^j) \leqslant \eta_2 \min\{h^I(x_k, t_k), \alpha_1 \Delta_k^2\}$, 并且 x_k^j 是滤子可接受的, 那么令 $x_k^r := x_k^j$, 停止恢复阶段.

步骤 2　求解

$$\begin{aligned} &\min\ \Psi_k^j(d) \\ &\text{s.t.}\ \|d\|_\infty \leqslant \Delta_k, \end{aligned} \tag{4.3.21}$$

得到 d_j. 计算 r_k^j.

步骤 3 如果 $r_k^j \leqslant \eta$, 那么令 $x_k^{j+1} := x_k^j$, $\Delta_k^{j+1} := \frac{1}{2}\Delta_k^j$, $j := j+1$ 转步骤 2.

步骤 4 如果 $r_k^j \geqslant \eta$, 那么令 $x_k^{j+1} := x_k^j + d_j^x$, $t_k^{j+1} := t_k^j + d_j^t$, $\Delta_k^{j+1} := 2\Delta_k^j$, $j := j+1$, 转步骤 1.

4.3.2 算法的收敛性

为了获得算法的全局收敛性, 给出如下假设.

假设 4.2 对于任意初始点 $x_0 \in \mathbb{R}^n$, 其水平集 $L(x_0) = \{x \in \mathbb{R}^n : \phi(x) \leqslant \phi(x_0)\}$ 是紧集.

假设 4.3 对任意 $x \in L(x_0)$, 向量

$$\begin{pmatrix} \nabla f_j(x) \\ -1 \end{pmatrix}, \quad j \in I_A(x) \tag{4.3.22}$$

是线性独立的.

假设 4.2 的引入是为了保证问题 (4.3.1) 的解的存在性. 假设 4.3 是关于极大极小问题的一个常见假设, 它能保证约束问题 (4.3.2) 和原始问题 (4.3.1) 具有相同的一阶必要条件.

假设 4.4 目标函数 f_j 和约束函数 $C_j(j \in I)$ 是二阶连续可微的.

假设 4.5 对于任意的 k, $\{(x_k, t_k)\}$ 全部位于有界闭凸子集 $S \subset \mathbb{R}^n$ 中.

假设 4.6 函数 $A : \mathbb{R}^{m\times(n+1)}$ 在 S 上一致有界,

$$A(x,t) = \begin{pmatrix} (\nabla f_1)^{\mathrm{T}} & -1 \\ (\nabla f_2)^{\mathrm{T}} & -1 \\ \vdots & \vdots \\ (\nabla f_m)^{\mathrm{T}} & -1 \end{pmatrix}. \tag{4.3.23}$$

假设 4.7 在解决问题 (4.3.21) 时, 假设

$$\begin{aligned} \Psi_k^j(d) &= h(x_k^j, t_k^j) - \| f(x_k^j) - t_k^j e + A(x_k^j, t_k^j) d_j \|_\infty \\ &\geqslant \beta_2 \min\{h(x_k^j, t_k^j), \Delta_k^j\}, \end{aligned} \tag{4.3.24}$$

其中 $\beta_2 > 0$ 是常数.

假设 4.8　矩阵序列 $\{H_k\}$ 是一致有界的, 即对于所有 k, $\| H_k \| \leqslant M_H$ 成立, 其中 $M_H > 0$.

通过上述假设, 对于任意 $\{(x_k, t_k)\} \in S$, 存在一个常数 M_f 使得

$$\| \nabla^2 f_j(x_k) \| \leqslant M_f, \quad j \in I.$$

假设存在常数 υ_1, υ_2 使得

$$\|P(x_k,t_k)\| \leqslant \upsilon_1, \quad \|C(x_k,t_k)\| \leqslant \upsilon_2,$$

$$\|\nabla C(x_k,t_k)\| \leqslant \upsilon_2, \quad \|\nabla^2 C(x_k,t_k)\| \leqslant \upsilon_2.$$

引理 4.10　$(x^*, t^*) \in \mathbb{R}^n \times \mathbb{R}$ 是问题 (4.3.1) 的临界点, 当且仅当存在一个向量 $\nu^* \in \mathbb{R}^m$ 使得

$$\begin{cases} \sum_{j=1}^{m} \nu_j^* \nabla f_j(x^*) = 0, \\ \sum_{j=1}^{m} \nu_j^* = 1, \\ \nu_j^* \geqslant 0, j \in I, \\ \nu_j^*(f_j(x^*) - t^*) = 0, j \in I. \end{cases} \tag{4.3.25}$$

引理 4.10 中的条件可以理解为问题 (4.3.2) 在点 (x^*, t^*) 上的 KKT 条件.

引理 4.11　假设 (d_k, z_k) 是 SQP 信赖域子问题 (4.3.8) 的解, 有如下命题成立:

(1) 如果 $d_k = 0$, 则 $z_k = 0$;

(2) 如果 $d_k \neq 0$, 则 $z_k < 0$.

证明　不失一般性, 在子问题 (4.3.8) 中, 选择使用 l_2 范数. 首先, 证明 (1) 是正确的. 由算法 4.2, 因为 (d_k, z_k) 是 SQP 信赖域子问题 (4.3.8) 的解, 乘子 $\nu_k \in \mathbb{R}^m$ 和 $u_k \in \mathbb{R}$ 满足

$$(H_k + u_k I)d_k + \nabla f(x_k)\nu_k = 0, \tag{4.3.26}$$

$$e^{\mathrm{T}} \nu_k = 1, \tag{4.3.27}$$

$$(F(x_k) + \mathrm{diag}(\nabla f_1(x_k)^{\mathrm{T}} d_k, \cdots, \nabla f_m(x_k)^{\mathrm{T}} d_k) - (\phi(x_k) + z_k)I)\nu_k = 0, \tag{4.3.28}$$

$$u_k(\|d_k\| - \Delta_k) = 0, \tag{4.3.29}$$

$$\nabla f(x_k)^{\mathrm{T}} d_k - z_k e \leqslant \phi(x_k)e - f(x_k), \tag{4.3.30}$$

$$\|d_k\| \leqslant \Delta_k, \tag{4.3.31}$$

$$\nu_k \geqslant 0, \tag{4.3.32}$$

$$u_k \geqslant 0. \tag{4.3.33}$$

如果 $d_k = 0$, 由

$$\nabla f(x_k)^{\mathrm{T}} d_k - z_k e \leqslant \phi(x_k)e - f(x_k)$$

可知

$$f(x_k) - z_k e \leqslant \phi(x_k)e.$$

因此 $\phi(x_k) = f_j(x_k)$ 对于任意的 $j \in I_A(x_k)$ 成立, 即可得 $z_k \geqslant 0$.

另外, 因为 $(d_k, z_k) = (0,0)^{\mathrm{T}}$ 是子问题 (4.3.8) 的可行解, 可得

$$\frac{1}{2} d_k^{\mathrm{T}} H_k d_k + z_k \leqslant 0.$$

由假设 $d_k = 0$ 可知 $z_k \leqslant 0$. 反之, $z_k = 0$.

结论 (2) 是显然的. 事实上, 由假设以及 $\frac{1}{2} d_k^{\mathrm{T}} H_k d_k + z_k \leqslant 0$ 可知, $(0,0)^{\mathrm{T}}$ 是子问题 (4.3.8) 的可行解, 故有

$$z_k \leqslant -\frac{1}{2} d_k^{\mathrm{T}} H_k d_k < 0. \tag{4.3.34}$$

□

引理 4.12 设假设 4.2—假设 4.7 成立, 令 (d_k, z_k) 是子问题 (4.3.8) 的一个可行解, 则有

$$\mathrm{Ared}_k^P \geqslant \mathrm{Pred}_k^P - \frac{1}{2}(n+1) M_H \Delta_k^2, \tag{4.3.35}$$

$$h(x_k^+, t_k^+) \leqslant \frac{1}{2} mn M_f \Delta_k^2. \tag{4.3.36}$$

证明 由 (4.3.14) 和 (4.3.15) 可知

$$\mathrm{Ared}_k^P = \mathrm{Pred}_k^P + \frac{1}{2} d_k^{\mathrm{T}} H_k d_k, \tag{4.3.37}$$

由假设 $\| H_k \| \leqslant M_H$ 和不等式 $\| d_k \|^2 \leqslant (n+1) \| d_k \|_\infty^2 \leqslant (n+1)\Delta_k^2$, 可以得到

$$\mathrm{Ared}_k^P - \mathrm{Pred}_k^P = \frac{1}{2} d_k^{\mathrm{T}} H_k d_k \geqslant -\frac{1}{2}(n+1) M_H \Delta_k^2, \tag{4.3.38}$$

因此 (4.3.35) 成立.

对于所有的 $j \in I$, 泰勒展开可得

$$f_j(x_k+d_k)-(t_k+z_k) = -t_k+f_j(x_k)+\nabla f_j(x_k)^{\mathrm{T}}d_k-z_k+\frac{1}{2}d_k^{\mathrm{T}}\nabla^2 f_j(y_k)d_k, \quad (4.3.39)$$

其中 y_k 介于 x_k 和 x_k+d_k 之间. 由 d_k 的可行性以及 $\|\nabla^2 f_j(y_k)\|_2 \leqslant d_k$ 可知

$$\begin{aligned} f_j(x_k+d_k)-(t_k+z_k) &\leqslant \frac{1}{2}d_k^{\mathrm{T}}\nabla^2 f_j(y_k)d_k \\ &\leqslant \frac{1}{2}\|\nabla^2 f_j(y_k)\|\|d_k\|^2 \leqslant \frac{1}{2}nM_f\Delta^2, \end{aligned} \quad (4.3.40)$$

对于任意的 $j \in I$ 成立. 由约束违反度函数 $h(x,t)$ 和 $|I|=m$ 可知

$$h(x_k^+,t_k^+)=\|(f(x_k+d_k)-(t_k+z_k)e)^+\|_2 \leqslant \frac{1}{2}mnM_f\Delta_k^2, \quad (4.3.41)$$

因此 (4.3.36) 成立. □

引理 4.13 如果假设成立, $(\bar{x},\bar{t})$ 是问题 (4.3.2) 的可行点, 但不是一个最优点. 那么这里存在一个 $(\bar{x},\bar{t})$ 的邻域 N 和正常数 ξ_1,ξ_2,ξ_3 使得对于所有的 $(x_k,t_k)\in N\cap S$, 信赖域半径 Δ_k 满足

$$\xi_3 h_k \leqslant \Delta_k \leqslant \xi_1. \quad (4.3.42)$$

SQP 子问题 (4.3.10) 具有一个可行解 (d_k,z_k), 并且预测下降量满足

$$\mathrm{Pred}_k^P = -z_k-\frac{1}{2}d_k^{\mathrm{T}}H_kd_k \geqslant \frac{1}{2}\Delta_k\xi_2, \quad (4.3.43)$$

充分下降条件 $\mathrm{Ared}_k^P \geqslant \eta\mathrm{Pred}_k^P$ 成立, 并且目标函数的真实下降量满足

$$\mathrm{Rared}_k^P \geqslant \gamma h_k^+. \quad (4.3.44)$$

证明 假设 $(\bar{x},\bar{t})$ 是问题 (4.3.2) 的一个可行点, 但不是一个 KKT 点. 存在一个 $\tilde{s}$, $\|\tilde{s}\|_2=1$, 满足

$$\left\{\tilde{s}\,\middle|\,\tilde{s}^{\mathrm{T}}\begin{pmatrix}0\\-1\end{pmatrix}<0,\quad \tilde{s}^{\mathrm{T}}\begin{pmatrix}\nabla f_j(\bar{x})\\-1\end{pmatrix}<0,\quad j\in A'\right\},$$

其中, $A'=\{j\in I \mid f_j(\bar{x})-\bar{t}=0\}$ 代表问题 (4.3.2) 的积极约束集. 由假设 4.4 可知, 存在邻域 N 和正常数 ξ_2, 对任意的 $(x_k,t_k)\in N\cap S$, 有

$$\tilde{s}^{\mathrm{T}}\begin{pmatrix} 0 \\ -1 \end{pmatrix} \leqslant \xi_2, \quad \tilde{s}^{\mathrm{T}}\begin{pmatrix} \nabla f_j(x_k) \\ -1 \end{pmatrix} \leqslant \xi_2, \quad j \in A', \tag{4.3.45}$$

代入

$$d_{\alpha'} = \alpha' \Delta_k \tilde{s}, \quad \alpha' \in [0,1], \tag{4.3.46}$$

则有

$$d_{\alpha'} = \alpha' \Delta_k, \quad \| d_{\alpha'} \|_\infty \leqslant \| d_{\alpha'} \|, \quad \forall \alpha' \in [0,1],$$

因此 $d_{\alpha'}$ 使得信赖域子问题 $\mathrm{QP}(x_k, \Delta_k)$ 的约束条件成立.

对于 $j \in I \backslash A'$, 由于函数的连续性, 存在一个与 Δ_k 无关的正常数 $\bar{c}$ 使得

$$-t_k + f_j(x_k) \leqslant -\bar{c}.$$

由假设 4.4 和假设 4.5, 存在一个常数 $\bar{\alpha} > 0$, 对于任意的 $j \in I$, $(x_k, t_k) \in N \cap S$, 有

$$\left\| \begin{pmatrix} \nabla f_j(x_k) \\ -1 \end{pmatrix} \right\| \leqslant \bar{\alpha},$$

因此, 对于 $\forall j \in I \backslash A'$, 有

$$\begin{aligned} & -t_k + f_j(x_k) + \begin{pmatrix} \nabla f_j(x_k) \\ -1 \end{pmatrix}^{\mathrm{T}} d_{\alpha'} \\ \leqslant & -t_k + f_j(x_k) + \alpha' \Delta_k \begin{pmatrix} \nabla f_j(x_k) \\ -1 \end{pmatrix}^{\mathrm{T}} \tilde{s} \\ \leqslant & -\bar{c} + \alpha' \Delta_k \bar{\alpha} \\ \leqslant & -\bar{c} + \Delta_k \bar{\alpha}, \end{aligned} \tag{4.3.47}$$

当 $\Delta_k \leqslant \bar{c}/\bar{\alpha}, \quad j \in I \backslash A'$ 时,

$$-t_k + f_j(x_k) + \begin{pmatrix} \nabla f_j(x_k) \\ -1 \end{pmatrix}^{\mathrm{T}} d_{\alpha'} \leqslant 0, \tag{4.3.48}$$

对于 $j \in A'$, 由 (4.3.45) 和 (4.3.46) 可得

$$-t_k + f_j(x_k) + \begin{pmatrix} \nabla f_j(x_k) \\ -1 \end{pmatrix}^{\mathrm{T}} d_1$$

$$
\begin{aligned}
&= - t_k + f_j(x_k) + \Delta_k \begin{pmatrix} \nabla f_j(x_k) \\ -1 \end{pmatrix}^{\mathrm{T}} \tilde{s} \\
&\leqslant - t_k + f_j(x_k) - \Delta_k \xi_2,
\end{aligned} \tag{4.3.49}
$$

当 $\Delta_k \geqslant (-t_k + f_j(x_k))/\xi_2, j \in A'$ 时,

$$
-t_k + f_j(x_k) + \begin{pmatrix} \nabla f_j(x_k) \\ -1 \end{pmatrix}^{\mathrm{T}} d_1 \leqslant 0. \tag{4.3.50}
$$

另外

$$
\begin{aligned}
h(x_k, t_k) &= \left\| (C(x_k, t_k))^+ \right\|_2 \\
&\geqslant \left\| (C(x_k, t_k))^+ \right\|_\infty \\
&= \max_{j \in I} \left\{ \max \left\{ -t_k + f_j(x_k), 0 \right\} \right\} \\
&\geqslant \max_{j \in A'} \left\{ -t_k + f_j(x_k) \right\},
\end{aligned} \tag{4.3.51}
$$

当 $\Delta_k \geqslant h(x_k, t_k)/\xi_2$ 时,

$$
\Delta_k \geqslant \frac{-t_k + f_j(x)}{\xi_2}, \quad \forall j \in A',
$$

因此,

$$
-t_k + f_j(x_k) + \begin{pmatrix} \nabla f_j(x_k) \\ -1 \end{pmatrix}^{\mathrm{T}} d_1 \leqslant 0,
$$

对于所有 $j \in A'$ 成立.

综上所述, $\xi_3 = 1/\xi_2$, 当 $\xi_3 h_k \leqslant \Delta_k \leqslant \bar{c}/\bar{\alpha}$ 时, d_1 使得子问题 $\mathrm{QP}(x_k, \Delta_k)$ 的所有约束条件成立.

假设 $d_k^P = \begin{pmatrix} d_k \\ z_k \end{pmatrix}$ 是子问题 $\mathrm{QP}(x_k, \Delta_k)$ 的最优解, 则目标函数的预测下降量为

$$
\mathrm{Perd}_k^P = -\begin{pmatrix} 0 \\ -1 \end{pmatrix}^{\mathrm{T}} d_k^P - \frac{1}{2} (d_k^P)^{\mathrm{T}} H d_k^P
$$

$$
\begin{aligned}
&\geqslant -\begin{pmatrix} 0 \\ -1 \end{pmatrix}^{\mathrm{T}} d_1 - \frac{1}{2} d_1^{\mathrm{T}} H d_1 \\
&\geqslant -\Delta_k \tilde{s} \begin{pmatrix} 0 \\ -1 \end{pmatrix} - \frac{\Delta_k^2}{2} \tilde{s}^{\mathrm{T}} H \tilde{s} \\
&\geqslant \Delta_k \xi_2 - \frac{1}{2} M_H \Delta_k^2,
\end{aligned} \tag{4.3.52}
$$

当 $\Delta_k \leqslant \xi_2 / M_H$ 时, 有 $\mathrm{Pred}_k^P \geqslant \frac{1}{2}\xi_2 \Delta_k$, 所以 (4.3.43) 成立.

当 $\Delta_k \leqslant \dfrac{(1-\eta)\xi_2}{(n+1)M_H}$ 时, 由 (4.3.35), 有

$$
\begin{aligned}
\frac{\mathrm{Ared}_k^P}{\mathrm{Perd}_k^P} ge & \frac{\mathrm{Perd}_k^P - \frac{1}{2}(n+1)M_H\Delta_k^2}{\mathrm{Perd}_k^P} \\
&\geqslant 1 - \frac{(n+1)M_H\Delta_k}{\xi^2\Delta_k^2} \\
&= 1 - \frac{(n+1)M_H\Delta_k}{\Delta_k^2} \geqslant \eta,
\end{aligned} \tag{4.3.53}
$$

因此 $\mathrm{Ared}_k^P \geqslant \eta \mathrm{Pred}_k^P$.

最后, 新的试探点 (x_k^+, t_k^+) 处目标函数值的真实下降量满足 (4.3.44). 由 (4.3.43), (4.3.16) 和 (4.3.36) 可知, 当 $\Delta_k \leqslant \min\left\{\dfrac{\xi_2}{M_H}, \dfrac{(1-\eta)\xi_2}{(n+1)M_H}, \dfrac{\eta\xi_2}{\gamma m n M_f}\right\}$ 时, 有

$$
\begin{aligned}
\mathrm{Rared}_k^P - \gamma h_k^+ &\geqslant \mathrm{Ared}_k^P - \gamma h_k^+ \\
&\geqslant \eta \mathrm{Pred}_k^P - \gamma h_k^+ \\
&\geqslant \frac{1}{2}\eta\xi_2\Delta_k - \frac{1}{2}\gamma m n M_f \Delta_k^2 \geqslant 0,
\end{aligned} \tag{4.3.54}
$$

取 $k_1 = \min\left\{\dfrac{\bar{c}}{\bar{\alpha}}, \dfrac{\xi_2}{M_H}, \dfrac{(1-\eta)\xi_2}{(n+1)M_H}, \dfrac{\eta\xi_2}{\gamma m n M_f}\right\}$, 因此, 当 (4.3.42) 成立时, (4.3.43), (4.3.16) 和 (4.3.44) 也成立. □

引理 4.14　如果假设成立, 则算法 4.2 是良定的.

证明　下面要说明当 Δ_k 足够小时, (x_k^+, t_k^+) 是滤子可接受的点.

为了证明算法 4.2 的可行性, 令 $\mathrm{Rared}_k^P \geqslant \eta \mathrm{Pred}_k^P$, 其中 $\mathrm{Ared}_k^P = P_k - P_k^+$.

事实上, 因为假设成立, 即

$$\| H_k \| \leqslant M_H \quad 和 \quad \| d_k \|^2 \leqslant (n+1) \| d_k \|_\infty^2 \leqslant (n+1)\Delta_k$$

成立, 故有

$$\mathrm{Ared}_k^P - \mathrm{Pred}_k^P = \frac{1}{2} d_k^{\mathrm{T}} H d_k \geqslant -\frac{1}{2}(n+1) M_H \Delta_k^2,$$

$$\begin{aligned} \left|\mathrm{Ared}_k^P - \mathrm{Pred}_k^P\right| &= \left|P_k - P_k^+ + z_k + \frac{1}{2} d_k^{\mathrm{T}} H_k d_k\right| \\ &= \left|t_k + t_{k+1} + z_k + \frac{1}{2} d_k^{\mathrm{T}} H_k d_k\right| \\ &= \left|-z_k + z_k + \frac{1}{2} d_k^{\mathrm{T}} H_k d_k\right| \\ &\leqslant \Delta_k^2 \frac{1}{2}(n+1) M_H \Delta_k^2, \end{aligned} \tag{4.3.55}$$

因此,

$$\left|\frac{\mathrm{Ared}_k^P - \mathrm{Pred}_k^P}{\mathrm{Pred}_k^P}\right| \leqslant \frac{\frac{1}{2}(n+1) M_H \Delta_k^2}{\frac{1}{2}\xi_2 \Delta_k} \to 0, \quad \Delta_k \to 0. \tag{4.3.56}$$

可推断出 $\mathrm{Rared}_k^P \geqslant \mathrm{Ared}_k^P \geqslant \eta \mathrm{Pred}_k^P$ 对于一些 $\eta \in (0,1)$ 成立, 即

$$\mathrm{Rared}_k^P = \max\left\{P_k, \sum_{r=0}^{m(k)-1} \lambda_{kr} P_{k-r}\right\} - P_k^+ \geqslant P_k - P_k^+ = \mathrm{Ared}_k^P. \tag{4.3.57}$$

由 $\max\left\{P_k, \sum\limits_{r=0}^{m(k)-1} \lambda_{kr} P_{k-r}\right\} - P_k^+ \geqslant \eta \mathrm{Pred}_k^P > \gamma h_k$ 可知

$$P_k^+ \leqslant \max\{P_k, \sum_{r=0}^{m(k)-1} \lambda_{kr} P_{k-r}\} - \gamma h_k, \tag{4.3.58}$$

因此 (x_k^+, t_k^+) 是滤子可接受的. □

引理 4.15 如果假设成立并且算法 4.2 非有限终止, 则有 $\lim\limits_{k\to\infty} h_k = 0$.

证明 如果算法 4.2 不能有限终止, 则说明有无限多的点被滤子集合接受. 由滤子的定义, 分别在两种情况下证明结果.

(1) $h_{k+1} \leqslant \beta \max\limits_{0 \leqslant r \leqslant m(k)-1} h_{k-r}$ 对于所有足够大的 k 成立.

(2) $P_{k+1} \leqslant \max\{P_k, \sum\limits_{r=0}^{m(k)-1} \lambda_{kr} P_{k-r}\} - \gamma h_k$ 对于所有足够大的 k 成立.

方便起见, 令

$$h(l(k)) = \max_{0 \leqslant r \leqslant m(k)-1} \{h_{k-r}\}, \tag{4.3.59}$$

其中 $k - m(k) + 1 \leqslant l(k) \leqslant k$.

(1) 因为 $m(k+1) \leqslant m(k) + 1$, 故有

$$\begin{aligned} h(l(k+1)) &= \max_{0 \leqslant r \leqslant m(k+1)-1} \{h_{k+1-r}\} \\ &\leqslant \max_{0 \leqslant r \leqslant m(k)} \{h_{k+1-r}\} \\ &= \max\{h(l(k)), h_{k+1}\} \\ &= h(l(k)). \end{aligned} \tag{4.3.60}$$

这说明 $\{h(l(k))\}$ 是收敛的. 又因为 $h_{k+1} \leqslant \beta \max\limits_{0 \leqslant r \leqslant m(k)-1} \{h_{k-r}\}$, 故有

$$h(l(k)) \leqslant \beta h(l(l(k) - 1)).$$

由 $\beta \in (0, 1)$, 可以推断出 $h(l(k)) \to 0, k \to \infty$.

因此 $h_{k+1} \leqslant \beta h((l(k)) \to 0$ 成立, 所以有 $\lim\limits_{k \to \infty} h_k = 0$.

(2) 假设存在无穷子序列 $k = 1, 2, \cdots$ 使得

$$P_{k+1} \leqslant \max\left\{P_k, \sum_{r=0}^{m(k)-1} \lambda_{kr} P_{k-r}\right\} - \gamma h_k. \tag{4.3.61}$$

接下来首先说明对任意 k, 下面的式子成立,

$$P_k \leqslant P_0 - \lambda\gamma \sum_{r=0}^{k-2} h_r - \gamma h_{k-1} \leqslant P_0 - \lambda\gamma \sum_{r=0}^{k-1} h_r. \tag{4.3.62}$$

通过归纳法来证明:

如果 $k = 1$, 有 $P_1 \leqslant P_0 - \gamma h_0 \leqslant P_0 - \lambda\gamma h_0$.

假设 (4.3.62) 在前 k 次迭代中成立, 然后考虑下面两种情况;

情形 I:

$$\max\left\{P_k, \sum_{r=0}^{m(k)-1}\lambda_{kr}P_{k-r}\right\}=P_k,$$

$$P_{k+1}\leqslant P_k-\gamma h_k\leqslant P_0-\lambda\gamma\sum_{r=0}^{k-1}h_r-\gamma h_k\leqslant P_0-\lambda\gamma\sum_{r=0}^{k}h_r. \tag{4.3.63}$$

情形 II: $\max\left\{P_k, \sum\limits_{r=0}^{m(k)-1}\lambda_{kr}P_{k-r}\right\}=\sum\limits_{r=0}^{m(k)-1}\lambda_{kr}P_{k-r}$.

令 $p=m(k)-1$, 则

$$\begin{aligned}
P_{k+1}\leqslant&\sum_{t=0}^{p}\lambda_{kt}P_{k-t}-\gamma h_k\\
\leqslant&\sum_{t=0}^{p}\lambda_{kt}\left(P_0-\lambda\gamma\sum_{r=0}^{k-t-2}h_r-\lambda h_{k-t-1}\right)-\gamma h_k\\
=&\lambda_{k0}\left(P_0-\lambda\gamma\sum_{r=0}^{k-p-2}h_r-\lambda\gamma\sum_{r=k-p-1}^{k-2}h_r-\gamma h_{k-1}\right)-\gamma h_k\\
&+\lambda_{k1}\left(P_0-\lambda\gamma\sum_{r=0}^{k-p-2}h_r-\lambda\gamma\sum_{r=k-p-1}^{k-3}h_r-\gamma h_{k-2}\right)\\
&+\cdots+\lambda_{kp}\left(P_0-\lambda\gamma\sum_{r=0}^{k-p-2}h_r-\gamma h_{k-p-1}\right)\\
\leqslant&\sum_{t=0}^{p}\lambda_{kr}P_0-\lambda\gamma\sum_{r=0}^{k-p-2}\left(\sum_{t=0}^{p}\lambda_{kr}\right)h_r-\sum_{t=0}^{p}\lambda_{kr}\gamma h_{k-t-1}-\gamma h_k.
\end{aligned} \tag{4.3.64}$$

又因为 $\sum\limits_{t=0}^{p}\lambda_{kt}=1$, $\lambda_{kt}\geqslant\lambda$ 并且 $h_r\geqslant 0$, 则

$$\begin{aligned}
P_{k+1}\leqslant&P_0-\lambda\gamma\sum_{r=0}^{k-p-2}h_r-\lambda\gamma\sum_{r=k-p-1}^{k-1}h_r-\gamma h_k\\
=&P_0-\lambda\gamma\sum_{r=0}^{k-1}h_r-\gamma h_k\\
\leqslant&P_0-\lambda\gamma\sum_{r=0}^{k}h_r.
\end{aligned} \tag{4.3.65}$$

对于所有的 k, (4.3.62) 成立.

此外, 因为 $\{P_k\}$ 是有下界的, 令 $k\to\infty$, 可以得到

$$\lambda\gamma\sum_{r=0}^{\infty}h_r\leqslant\infty. \tag{4.3.66}$$

因此 $h_k\to 0, k\to\infty$. □

引理 4.16 恢复算法 4.3 是有限终止的.

证明 反证法. 假设恢复算法 4.3 不是有限终止的. 当然, 如果 $\lim\limits_{j\to\infty}h(x_k^j,t_k^j)=0$, 终止标准将满足. 因此, 假定存在一个常数 $\epsilon>0$ 使得对于所有的 j, $h(x_k^j,t_k^j)>\epsilon$ 成立. 接下来证明这将导致矛盾.

令

$$W=\{j:=r_k^j\geqslant\eta\}. \tag{4.3.67}$$

由假设条件可知

$$\infty>\sum_{j=1}^{\infty}(h(x_k^{j-1},t_k^{j-1})-h(x_k^j,t_k^j))\geqslant\eta\sum_{j=1}^{\infty}\Psi_k^{j-1}(d_k^{j-1})\geqslant\eta\beta_2\min\{\epsilon,\Delta_k^j\}. \tag{4.3.68}$$

因此, $\lim\limits_{j\to\infty}\Delta_k^j\to 0$, $j\in W$. 根据算法 4.3, 得到对所有的 j 有 $\lim\limits_{j\to\infty}\Delta_k^j=0$. 另外, 当 $\lim\limits_{j\to\infty}\Delta_k^j=0$ 时,

$$\Psi_k^j(d_k^j)=M_k^j(d_k^j)+o(\Delta_k^j). \tag{4.3.69}$$

因此, 由恢复算法 4.3 的第 4 步可知 $\Delta_k^{j+1}\geqslant\Delta_k^j$. 又因为 $\{\Delta_k^j\}$ 非常小, 这与 $\lim\limits_{j\to\infty}\Delta_k^j\to 0$ 相矛盾. 因此, 结论得证. □

引理 4.17 若假设成立, 如果算法 4.2 非有限终止, 则 $\lim\limits_{k\to\infty}\|d_k\|=0$.

证明 反证法. 假设存在常数 $\omega>0$ 和 $\bar{k}>0$ 使得对于任意的 $k>\bar{k}$ 有 $\|d_k\|>\omega$.

由引理 4.13, 有

$$\mathrm{Pred}_k^P>\frac{1}{2}\xi_2\|\Delta_k\|>\frac{1}{2}\xi_2\|d_k\|>\frac{1}{2}\xi_2\omega>0,$$

因为 $\mathrm{Rared}_k^P\geqslant\eta\mathrm{Pred}_k^P$, 故有

$$\max\left\{P_k,\sum_{r=0}^{m(k)-1}\lambda_{kr}P_{k-r}\right\}-P_{k+1}\geqslant\eta\mathrm{Pred}_k^P.$$

对两边取和, 又已知序列 P_k 是有下界的, 可得 $\eta\sum\mathrm{Pred}_k^P<\infty$, 在 $k\to\infty$ 时 $\mathrm{Pred}_k^P\to 0$, 这与 $\mathrm{Pred}_k^P>0$ 矛盾. 因此结论成立. □

引理4.18　假设 $\{(x_k,t_k)\}$ 是算法 4.2 产生的无穷序列,则序列的聚点 $\{(x_k,t_k)\}$ 是问题 (4.3.2) 的一个 KKT 点.

证明　假设 $\lim\limits_{k\to\infty}(x_k,t_k)=(x^*,t^*)$ 和乘子 $\{u_k\}$ 是有界的. 注意到 $\{\nu_k\}$ 是紧集,

$$\Lambda=\left\{\nu\in\mathbb{R}^m:\sum_{j=1}^m\nu_j=1,\ \ \nu_j\geqslant 0,\forall j=1,2,\cdots,m\right\}. \tag{4.3.70}$$

因此, 存在子集 K 和 $\nu^*\in\Lambda$ 使得 $\nu_k\to\nu^*,k\in K$. 称整个序列 $\{\nu_k\}$ 收敛到 ν^*.

令 $I_A(x)=\{j:\nu_{k,j}>0\}$. 由 (4.3.28) 可知, 对任意的 $j\in I_A(x)$, 有

$$\nabla f_j(x_k)^{\mathrm{T}}d_k=\phi(x_k)+z_k-f_j(x_k). \tag{4.3.71}$$

因此,

$$\begin{aligned}\sum_{j=1}^m\nu_{k,j}\nabla f_j(x_k)^{\mathrm{T}}d_k&=\sum_{j\in I_A(x)}\nu_{k,j}\nabla f_j(x_k)^{\mathrm{T}}d_k\\&=\sum_{j\in I_A(x)}\nu_{k,j}(\phi(x_k)+z_k-f_j(x_k))\\&\geqslant\sum_{j\in I_A(x)}\nu_{k,j}z_k\\&=z_k.\end{aligned} \tag{4.3.72}$$

此外, 由 (4.3.26) 可知

$$d_k^{\mathrm{T}}(H_k+u_kI)d_k=-\sum_{j=1}^m\nu_{k,j}\nabla f(x_k)^{\mathrm{T}}d_k, \tag{4.3.73}$$

故有

$$z_k\leqslant -d_k^{\mathrm{T}}(H_k+u_kI)d_k. \tag{4.3.74}$$

当 $k\to\infty$ 时, 取 (4.3.26)—(4.3.33) 的极限, 即得到 (4.3.25). □

4.3.3 数值结果

在这一部分, 给出了一些数值实验, 以证明算法是有效的. 使用的算例与 [80] 和 [81] 中的算例相同.

算法初始的参数设置如下: $H_0 = I \in \mathbb{R}^{n\times n}$, $\beta = 0.6$, $\gamma = 0.1$, $\Delta = 0.5$, $\alpha = \alpha_1 = \alpha_2 = 0.45$, $\eta = 0.25$, $\eta_1 = 0.25$, $\eta_2 = 0.25$. 程序在 Matlab 软件中编写实现.

例 4.1

$$f_1(x) = x_1^2 + x_2^4,$$

$$f_2(x) = (2 - x_1)^2 + (2 - x_2)^2,$$

$$f_3(x) = 2e^{-x_1+x_2}.$$

最优解为 $x = (1.1390, 0.8996)^{\mathrm{T}}$, $f_1 = f_2 = 1.9522$.

初始点为 $x_0 = (1, -1)^{\mathrm{T}}$.

例 4.2

$$f_1(x) = x_1^4 + x_2^2,$$

$$f_2(x) = (2 - x_1)^2 + (2 - x_2)^2,$$

$$f_3(x) = 2e^{-x_1+x_2}.$$

最优解为 $x = (1, 1)^{\mathrm{T}}$, $f_1 = f_2 = f_3 = 2$.

初始点为 $x_0 = (1, -1)^{\mathrm{T}}$.

例 4.3

$$f_1(x) = x_1^2 + x_2^2 + x_1x_2,$$

$$f_2(x) = \sin(x_1),$$

$$f_3(x) = \cos(x_2).$$

最优解为 $x = (0.4533, -0.9066)^{\mathrm{T}}$, $f_1 = f_3 = 0.6164$.

初始点为 $x_0 = (1, -2)^{\mathrm{T}}$.

在表 4.2 和表 4.3 中, 分别将算法 4.2 与 [80] 和 [81] 中的算法进行了比较, 并使用了与 [80] 和 [81] 中相同的终止准则. “NF” 和 “NG” 分别表示目标函数 f 和梯度的计算次数, “IT” 表示迭代次数. 此外, 使用 “-” 来表示在 [80] 和 [81] 中没有给出结果的情况. f^* 是最优解.

表 4.2　算法 4.2 和广义单调线搜索算法 [80] 的数值结果

	算法 4.2			广义单调线搜索算法 [80]		
	NF-NG	IT	f^*	NF-NG	IT	f^*
例 4.1	$9-9$	19	1.9522	–	19	1.9522
例 4.2	$5-5$	11	2	–	17	2
例 4.3	$4-4$	9	0.6164	–	21	0.6164

表 4.3　算法 4.2 和序列二次规划算法 [81] 的数值结果

	算法 4.2			序列二次规划算法 [81]		
	NF-NG	IT	f^*	NF-NG	IT	f^*
例 4.1	$7-7$	15	1.9522	–	10	1.9522
例 4.2	$5-5$	9	2	–	31	2
例 4.3	$4-4$	9	0.6164	–	22	0.6164

表 4.2 和表 4.3 的结果表明, 与其他两种方法相比, 此算法是有效的, 尤其是在减少迭代次数方面的改进非常明显.

第 5 章 自适应滤子方法及应用

5.1 非单调自适应滤子方法

5.1.1 改进的 SQP 子问题和非单调可行滤子方法

考虑问题 (5.1.1):

$$\begin{aligned}\min\quad & f(x)\\ \text{s.t.}\quad & c_i(x)\leqslant 0,\quad i\in I=\{1,2,\cdots,m\},\end{aligned}\tag{5.1.1}$$

其中, $f:\mathbb{R}^n\to\mathbb{R}$, $c_i(i\in I):\mathbb{R}^n\to\mathbb{R}$ 是二次连续可微的, $c(x)=(c_1(x),c_2(x),\cdots,c_m(x))^{\mathrm{T}}$ 以及 $A(x)=(\nabla c_1(x),\nabla c_2(x),\cdots,\nabla c_m(x))$, f_k 表示 $f(x_k)$, c_k 表示 $c(x_k)$, A_k 表示 $A(x_k)$.

采用上一章的修正二次子问题, 可以避免二次子问题不可行. 在第 k 次迭代时, 求解以下二次问题计算试探步:

$$\begin{aligned}Q(x_k,H_k,\Delta_k):\quad \min\quad & g_k^{\mathrm{T}}d+\frac{1}{2}d^{\mathrm{T}}H_kd\\ \text{s.t.}\quad & c_i(x_k)+\nabla c_i(x_k)^{\mathrm{T}}d\leqslant\Psi^+(x_k,\Delta_k),\quad i\in I,\\ & \|d\|\leqslant\Delta_k,\end{aligned}\tag{5.1.2}$$

其中,

$$\Psi^+(x_k,\Delta_k)=\max\{\Psi(x_k,\Delta_k),0\},\tag{5.1.3}$$

$$\Psi(x_k,\Delta_k)=\min\left\{\bar{\Psi}(x_k;d_k):\|d_k\|\leqslant\Delta_k\right\},\tag{5.1.4}$$

$\bar{\Psi}(x_k;d_k)$ 是 $\Psi(x_k+d_k)=\max\{c_i(x_k+d_k):i\in I\}$ 的一阶近似, 即

$$\bar{\Psi}(x_k;d_k)=\max\left\{c_i(x_k)+\nabla c_i(x_k)^{\mathrm{T}}d_k:i\in I\right\},\tag{5.1.5}$$

且 $\rho_k>0$.

将上述定义整理为以下形式:

$$\Psi^+(x_k,\Delta_k)=\max\left\{\min_{\|d_k\|\leqslant\rho_k}\left\{\max_{i\in I}\left\{c_i(x_k)+\nabla c_i(x_k)^{\mathrm{T}}d_k\right\}\right\},0\right\}.\tag{5.1.6}$$

引理 5.1[27]　如果 $d=0$ 是子问题 (5.1.2) 的一个解, 那么 x_k 是问题 (5.1.1) 的一个 KKT 点.

证明　对于给定的 $x\in\mathbb{R}^n,\sigma>0$, 定义集合

$$D(x,\sigma,\beta)=\left\{d\in\mathbb{R}^n: g_j(x)+\nabla g_j(x)^{\mathrm{T}}d\leqslant\Psi^+(x,\sigma), j\in M, \|d\|_\infty\leqslant\beta\right\}, \tag{5.1.7}$$

其中 $\beta>\sigma$, $\theta(x,\sigma)=\Psi(x,\sigma)-\Psi(x)$. 假设 $\Psi^+(x,\Delta)>0$, 可得 $x\in F^c=\{x:\Psi(x)>0\}$. 因为对于任意的 $x\in F^c$, 如果在 x 处满足 MFCQ, 那么对于任意的 $\sigma>0$, 有 $\theta(x,\sigma)<0$. 因此, $0\notin D(x,\sigma,\beta)$, 与 $d=0$ 矛盾, 所以 $\Psi^+(x,\sigma)=0$, 即 x 是问题 (5.1.1) 的一个 KKT 点. □

在传统的滤子方法中, 可能会发生 Maratos 效应. 因此考虑将传统目标函数中的 $f(x)$ 替换为以下函数:

$$l(x)=f(x)+\delta h(x)=f(x)+\delta\left\|c(x)^+\right\|_\infty, \tag{5.1.8}$$

其中 $c(x)^+=\max\{c(x),0\}$. 这里 δ 是自适应参数, 它可以根据当前试探点所做的不同改进而改变. 传统的滤子方法是 $\delta=0$ 的特殊情况, 在每次迭代中期望使用一个合适的 δ_k 来克服 Maratos 效应.

为了减少 $h(x)$ 和 $l(x)$ 的值, 根据传统滤子的收敛准则, 当且仅当 (2.5.6) 成立时, 试探点被滤子接受. 设参数 δ_k 是一个根据试探点对当前算法的不同改进效果而改变的可变量. 设置初始 $\delta_0=0$, 也就是传统滤子方法, 此时 $f(x_k)=l(x_k)$ (参见图 5.1). 右半空间中有 I, II, III, IV 四个区域. 在当前第 k 次迭代中, 如果

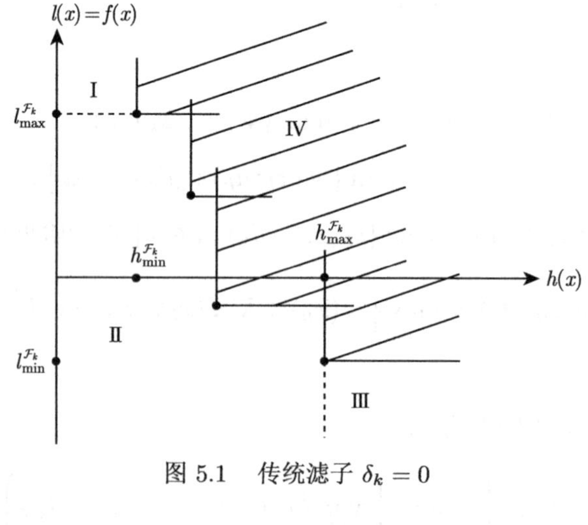

图 5.1　传统滤子 $\delta_k=0$

试探点 x_k 对应的点对 $(h(x_k), l(x_k))$ 位于区域 IV 中, 此时, 拒绝该试探点. 如果 x_k 对应的点对 $(h(x_k), l(x_k))$ 位于区域 I, II 或 III, 接受该试探点, 但仍需要调整接受准则中的参数 δ_k. 对于位于区域 III 的点, 由于该点仍有较大的约束违反度函数值, 称该算法没有取得很好的改进. 因此, 收紧接受准则的条件, 即增加 δ_k 的值, 从而得到更大的拒绝域和更小的接受域 (参见图 5.2). 更新 δ_k 如下:

$$\delta_{k+1} = \max\left\{\Delta_k, \delta_k + \left|\frac{l_k - l_k^+}{h_k - h_k^+}\right|\right\}. \tag{5.1.9}$$

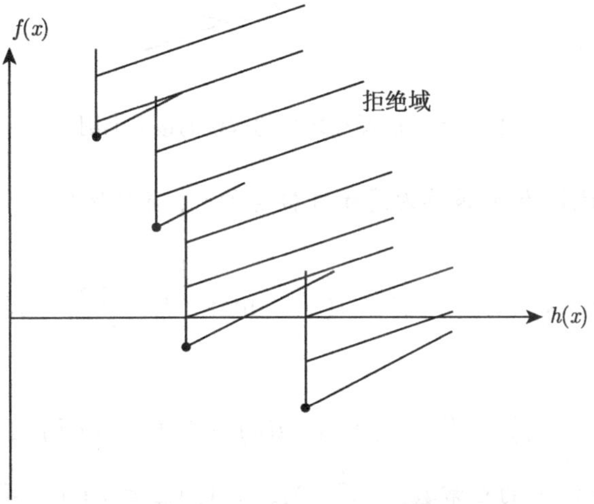

图 5.2 δ_k 增加之后的收紧的接受准则

如果 x_k 对应的点对 $(h(x_k), l(x_k))$ 落在区域 II 中, 则说明该算法有很好的改进, 因为它不仅减少了目标函数 $l(x_k)$, 而且减少了约束违反度函数 $h(x_k)$ 的值, 所以在接下来的迭代中松弛接受准则, 以得到更多的改进. 这意味着要减小 δ_k 的值, 以使拒绝域变得更小同时接受域变大 (参见图 5.3). 此时更新 δ_k:

$$\delta_{k+1} = \min\left\{-\Delta_k, \delta_k - \left|\frac{l_k - l_k^+}{h_k - h_k^+}\right|\right\}. \tag{5.1.10}$$

如果 x_k 对应的点对 $(h(x_k), l(x_k))$ 位于区域 I 中, 则认为迭代有一定的改进, 故接受该试探点, 因为当前点的约束违反度减小. 此时, δ_k 的值不做变化. 如果 x_k 对应的点对 $(h(x_k), l(x_k))$ 位于区域 IV, 意味着该试探点被拒绝, 并且 δ_k 在下一次迭代中保持不变.

综合上述各类情形, 给出如下试探点的非单调接受准则.

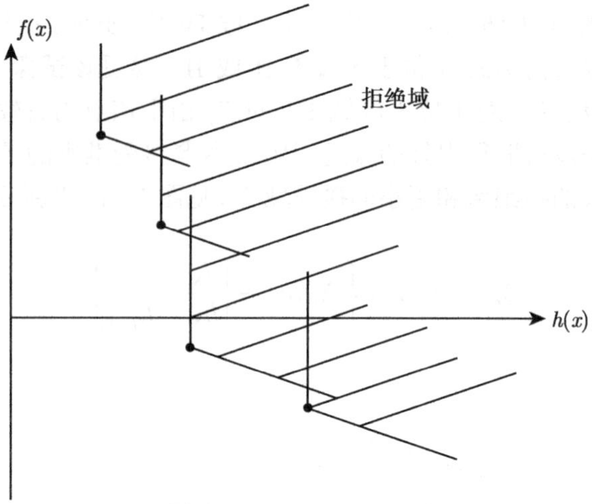

图 5.3 δ_k 减少之后的放松的接受准则

定义 5.1 试探点 x 被称为滤子可接受的点, 当且仅当

$$h(x) \leqslant \beta \max_{0 \leqslant r \leqslant m(k)-1} h_{k-r} \quad 或 \quad l(x) \leqslant \max\left\{l_k, \sum_{r=0}^{m(k)-1} \lambda_{kr} l_{k-r}\right\} - \gamma h(x) \tag{5.1.11}$$

成立, 其中 $(h_{k-r}, l_{k-r}) \in \mathcal{F}$, $0 \leqslant r \leqslant m(k)-1$, $0 \leqslant m(k) \leqslant \min\{m(k-1)+1, M\}$, $M \geqslant 1$ 是给定的正常数, $\sum\limits_{r=0}^{m(k)-1} \lambda_{kr} = 1, \lambda_{kr} \in (0,1)$, 并且存在正常数 λ, 使得 $\lambda_{kr} \geqslant \lambda$.

与传统的滤子方法类似, 算法 5.1 也需要在每次成功迭代时更新滤子集合 $\mathcal{F}$, 更新准则与传统方法相同. 在迭代 $k=0$ 时, 初始化滤子集合 $\mathcal{F}_k = \{(U, -\infty)\}$, 其中 U 是可接受约束违反度的上界.

为了探究信赖域半径的更新公式, 给出如下充分下降条件:

$$\mathrm{Rared}_k^l \geqslant \eta \, \mathrm{Pred}_k^f \quad 和 \quad h_{l(k)} \leqslant \alpha_1 \|d_k\|_\infty^{\alpha_2}, \tag{5.1.12}$$

其中 α_1, α_2 是常数, 松弛的真实下降量 Rared_k^l 和预测下降量 Pred_k^f 被定义为

$$\mathrm{Rared}_k^l = l(x_k + d_k) - \max\left\{l(x_k), \sum_{r=0}^{m(k)-1} \lambda_{kr} l_{k-r}\right\}, \tag{5.1.13}$$

$$\mathrm{Pred}_k^f = -g_k^{\mathrm{T}} d_k - \frac{1}{2} d_k^{\mathrm{T}} H_k d_k, \tag{5.1.14}$$

$$h(l_k) = \max_{0 \leqslant r \leqslant m(k)-1} h_{k-r}, \tag{5.1.15}$$

信赖域半径的更新, 可根据比值 $\dfrac{\text{Ared}_k^l}{\text{Pred}_k^f}$ 的大小进行, 该算法的具体描述如下.

算法 5.1

步骤 0 令 $0 < \rho_0 < 1, 0 < \gamma < \beta < 1, 0 < \lambda \leqslant 1, 0 < \gamma_0 < \gamma_1 \leqslant 1 < \gamma_2$, $M \geqslant 1, u > 0, \alpha_1 = \alpha_2 = 0.5$. 选择一个初始点 $x_0 \in \mathbb{R}^n$, 对称矩阵 $H_0 \in \mathbb{R}^{n\times n}$ 和一个初始信赖域半径 $\Delta_0 \geqslant \Delta_{\min} > 0$, $\mathcal{F}_0 = \{(u, -\infty)\}$. 令 $k = 0, m(k) = 0$.

步骤 1 求解子问题 (5.1.2), 如果 $\|d_k\| = 0$, 停止.

步骤 2 令 $x_k^+ = x_k + d_k$, 计算 h_k^+, l_k^+.

步骤 3 如果 x_k^+ 是滤子集合 $\mathcal{F}_k$ 可接受的点, 转步骤 4, 否则转步骤 5.

步骤 4 如果 x_k^+ 位于区域 I 或区域 IV, 令 $\delta_{k+1} = \delta_k$; 如果 x_k^+ 位于区域 II, 通过 (5.1.10) 更新 δ_{k+1}; 如果 x_k^+ 位于区域 III, 通过 (5.1.9) 更新 δ_{k+1}.

步骤 5 如果 $\text{Rared}_k^l \leqslant \eta \, \text{Pred}_k^f$ 并且 $h_l(k) \leqslant \alpha_1 \|d_k\|_\infty^{\alpha_2}$, 转步骤 6, 否则转步骤 7.

步骤 6 令 $\Delta_k \in [\gamma_0 \Delta_k, \gamma_1 \Delta_k]$, 转步骤 1.

步骤 7 令 $x_{k+1} = x_k^+$, 更新滤子集合. $\Delta_{k+1} \in [\Delta_k, \gamma_2 \Delta_k] \geqslant \Delta_{\min}$, 更新 H_k 为 $H_{k+1}, m(k+1) = \min\{m(k)+1, M\}, k = k+1$, 回到步骤 1.

注 5.1 在上述算法中, M 为非负整数. 对于每个 $k \geqslant 1$, $m(k)$ 满足

$$m(0) = 0, \quad 0 \leqslant m(k) \leqslant \min\{m(k-1)+1, M\}. \tag{5.1.16}$$

事实上, 如果 $M = 1$, 该算法为一个单调的算法, 其非单调性在 $M > 1$ 时才得以体现.

5.1.2 算法的收敛性

除与第 3 章假设相同的条件之外, 设如下条件成立:

假设 5.1 矩阵序列 $\{H_k\}$ 一致有界.

假设 5.2 约束函数的雅可比矩阵 $A(x) = \nabla c(x)$ 在 S 上一致有界.

通过上述假设, 可知存在常数 v_1, v_2, 使得

$$\|f(x)\| \leqslant v_1, \quad \|\nabla f(x)\| \leqslant v_1, \quad \left\|\nabla^2 f(x)\right\| \leqslant v_1,$$

$$\|c(x)\| \leqslant v_2, \quad \|\nabla c(x)\| \leqslant v_2, \quad \left\|\nabla^2 c(x)\right\| \leqslant v_2.$$

引理 5.2[83] 若假设成立, 且 $\bar{x}$ 是问题 (5.1.1) 的可行点, 但非 KKT 点, 且在该点处满足 MFCQ. 那么存在 $\bar{x}$ 的邻域 N 和正常数 ξ_1, ξ_2, ξ_3 使得对于所有 $x_k \in N \cap S$ 和 ρ_k, 有

$$\xi_2 h_k \leqslant \Delta_k \leqslant \xi_3. \tag{5.1.17}$$

由此可见, SQP 子问题 (5.1.2) 具有可行解 d_k, 并且预测下降量满足

$$\mathrm{Pred}_k^f \geqslant \frac{1}{3}\Delta_k \xi_1. \tag{5.1.18}$$

如果 $\Delta_k \leqslant (1-\eta_3)\,\xi_1/3nv_2$, 那么

$$f(x_k) - f\left(x_k^+\right) \geqslant \eta\, \mathrm{Pred}_k^f, \tag{5.1.19}$$

其中 $\eta < \eta_3$.

如果 $h_k > 0$ 并且 $\Delta_k \leqslant \sqrt{\dfrac{2\beta h_k}{n^2 v_2}}$ 成立, 那么 $h\left(x_k^+\right) \leqslant \beta h_k$.

引理 5.3 如果假设成立, 则算法 5.1 是有效的.

证明 首先证明当 Δ_k 足够小时, 试探点 x_k^+ 是滤子接受的. 考虑以下两种情况.

情形 I: $h_k = 0$.

为了证明算法 5.1 的可行性, 必须证明对于所有使 $\Delta_k \leqslant \delta$ 的 k, 有 $\mathrm{Rared}_k^l \geqslant \eta\, \mathrm{Pred}_k^f$ 成立. 由定义可知 $\mathrm{Ared}_k^l = l(x_k) - l\left(x_k^+\right)$.

事实上,

$$\begin{aligned}
&\left|\mathrm{Ared}_k^l - \mathrm{Pred}_k^f\right| \\
=&\left|l(x_k) - l\left(x_k^+\right) + g_k^{\mathrm{T}} d_k + \frac{1}{2} d_k^{\mathrm{T}} H_k d_k\right| \\
=&\left|f(x_k) + \delta_k h(x_k) - f\left(x_k^+\right) - \delta_{k+1} h(x_k + d_k) + g_k^{\mathrm{T}} d_k + \frac{1}{2} d_k^{\mathrm{T}} H_k d_k\right| \\
\leqslant&\left|\frac{1}{2} d_k^{\mathrm{T}}\left(\nabla^2 f(y_k) - H_k\right) d_k + \delta_k h(x_k) - \delta_{k+1} h\left(x_k^+\right)\right| \\
\leqslant&\, \Delta_k^2 \frac{1}{2}\left\|\nabla^2 f(y_k) - H_k\right\| + |\delta_{k+1}|\, h\left(x_k^+\right),
\end{aligned} \tag{5.1.20}$$

其中, $y_k = x_k + \xi d_k$, $\xi \in (0,1)$ 表示从 x_k 到 x_k^+ 的线段上的某个点. 通过 δ_k 的更新和 $h\left(x_k^+\right)$ 的定义, 可知 $|\delta_{k+1}| \leqslant \rho_k$,

$$\begin{aligned}
h\left(x_k^+\right) &= \left\|c^+(x_k + d_k)\right\| \\
&= \left\|c^+(x_k) + A(x_k) d_k + \frac{1}{2} d_k^{\mathrm{T}} \nabla^2 c(s_k) d_k\right\| \\
&\leqslant v_2 \Delta_k + \frac{1}{2} v_2 \Delta_k^2,
\end{aligned} \tag{5.1.21}$$

其中 s_k 表示从 x_k 到 x_k^+ 线段上的某个点. 因此, 可以得到

$$\begin{aligned}\left|\mathrm{Ared}_k^l-\mathrm{Pred}_k^f\right| &\leqslant \Delta_k^2 b+\Delta_k\left(v_2\Delta_k+\frac{1}{2}v_2\Delta_k^2\right)\\ &\leqslant \left(b+v_2\left(1+\frac{1}{2}\delta\right)\right)\Delta_k^2,\end{aligned} \tag{5.1.22}$$

其中 $b=\frac{1}{2}\left(\sup\|H_k\|+\max\limits_{x\in S}\|\nabla^2 f(x)\|\right)$, 结合引理 4.2, 有

$$\left|\mathrm{Pred}_k^f\right|=\left|-g_k^{\mathrm{T}}d_k-\frac{1}{2}d_k^{\mathrm{T}}H_kd_k\right|\geqslant\frac{1}{3}\xi_1\Delta_k, \tag{5.1.23}$$

可得

$$\left|\frac{\mathrm{Ared}_k^l-\mathrm{Pred}_k^f}{\mathrm{Pred}_k^f}\right|\leqslant\frac{\left(b+v_2\left(1+\frac{1}{2}\delta\right)\right)\Delta_k^2}{\frac{1}{3}\xi_1\Delta_k}\to 0,\quad \Delta_k\to 0. \tag{5.1.24}$$

由此可以推断出, 对于一些 $\eta\in(0,1)$, 有 $\mathrm{Rared}_k^l\geqslant\mathrm{Ared}_k^f\geqslant\eta\,\mathrm{Pred}_k^f$, 因此,

$$\begin{aligned}\mathrm{Rared}_k^l&=\max\left\{l\left(x_k\right),\sum_{r=0}^{m(k)-1}\lambda_{kr}l_{k-r}\right\}-l\left(x_k^+\right)\\ &\geqslant l\left(x_k\right)-l\left(x_k^+\right)=\mathrm{Ared}_k^l.\end{aligned} \tag{5.1.25}$$

由

$$\max\left\{l\left(x_k\right),\sum_{r=0}^{m(k)-1}\lambda_{kr}l_{k-r}\right\}-l\left(x_k^+\right)\geqslant\eta\,\mathrm{Pred}_k^f>\gamma h\left(x_k\right)$$

可知

$$l\left(x_k^+\right)\leqslant\max\left\{l\left(x_k\right),\sum_{r=0}^{m(k)-1}\lambda_{kr}l_{k-r}\right\}-\gamma h\left(x_k\right), \tag{5.1.26}$$

所以 x_k^+ 被滤子集合接受.

情形 II: $h_k>0$.

设存在一个常数 $\delta > 0$ 和 k_0, 使得当 $k < k_0$ 时有 $\Delta_k \leqslant \delta$. 令 $\delta = \sqrt{\dfrac{2\beta h_k}{n^2 v_2}}$, 通过引理 5.2, 有 $h_k^+ \leqslant \beta h_k$, 即

$$h_k^+ \leqslant \beta \max_{0\leqslant j\leqslant m(k)-1} \{h_{k-j}\}.$$

因此, 由定义 5.1, x_k^+ 可以被滤子集合接受.

与情形 I 分析类似, 有如下关系式成立:

$$\begin{aligned}\left|\mathrm{Ared}_k^l - \mathrm{Pred}_k^f\right| &\leqslant \left|\frac{1}{2} d_k^{\mathrm{T}} \left(\nabla^2 f\left(y_k\right) - H_k\right) d_k + \sigma_k h\left(x_k\right) - \sigma_{k+1} h\left(x_k^+\right)\right| \\ &\leqslant \Delta_k^2 \frac{1}{2} \left\|\nabla^2 f\left(y_k\right) - H_k\right\| + \left|\sigma_k\right| h\left(x_k\right) + \left|\sigma_{k+1}\right| h\left(x_k^+\right) \\ &\leqslant \Delta_k^2 b + \Delta_k \left(1 + \beta h\left(x_k\right)\right) \\ &\leqslant \left(b + \frac{1+\beta}{\xi_2}\right) \Delta_k^2. \end{aligned} \tag{5.1.27}$$

因此,

$$\left|\frac{\mathrm{Ared}_k^l - \mathrm{Pred}_k^f}{\mathrm{Pred}_k^f}\right| \leqslant \frac{\left(b + \dfrac{1+\beta}{\xi_2}\right)\Delta_k^2}{\dfrac{1}{3}\xi_1 \Delta_k} \to 0, \quad \Delta_k \to 0. \tag{5.1.28}$$

□

引理 5.4　若假设成立且算法 5.1 非有限终止, 则 $\lim\limits_{k\to\infty} h_k = 0$.

证明　如果算法 5.1 非有限终止, 那么被滤子集合接受的点的个数是无限的. 接下来通过在两种情况下滤子集合的定义来证明该结论.

(i) $K_1 = \{k \mid h_k^+ \leqslant \beta \max\limits_{0\leqslant r\leqslant m(k)-1} h_{k-r}\}$ 是一个无限集.

(ii) $K_2 = \left\{k \left| l_k^+ \leqslant \max\left\{l_k, \sum\limits_{r=0}^{m(k)-1} \lambda_{kr} l_{k-r}\right\} - \gamma h_k \right.\right\}$ 是一个无限集.

为方便起见, 令

$$h\left(x_{l(k)}\right) = \max_{0\leqslant r\leqslant m(k)-1} \{h_{k-r}\}, \tag{5.1.29}$$

其中 $k - m(k) + 1 \leqslant l(k) \leqslant k$.

(i) 因为 $m(k+1) \leqslant m(k) + 1$, 故有

$$h\left(x_{l(k+1)}\right) = \max_{0\leqslant r\leqslant m(k+1)-1} \{h\left(x_{k+1-r}\right)\}$$

$$
\begin{aligned}
&\leqslant \max_{0\leqslant r\leqslant m(k)}\{h(x_{k+1-r})\} \\
&= \max\left\{h\left(x_{l(k)}\right), h\left(x_{k+1}\right)\right\} \\
&= h\left(x_{l(k)}\right),
\end{aligned}
\tag{5.1.30}
$$

即 $\left\{h\left(x_{l(k)}\right)\right\}$ 收敛. 又由 $h\left(x_{k+1}\right)\leqslant \beta \max\limits_{0\leqslant r\leqslant m(k)-1}\{h\left(x_{k-r}\right)\}$ 可知

$$
h\left(x_{l(k)}\right)\leqslant \beta h\left(x_{l(l(k)-1)}\right). \tag{5.1.31}
$$

因为 $\beta\in(0,1)$, 可得 $h\left(x_{l(k)}\right)\to 0, k\to\infty$. 由算法 5.1 可知

$$
h\left(x_{k+1}\right)\leqslant \beta h\left(x_{l(k)}\right)\to 0 \tag{5.1.32}
$$

成立, 即 $\lim\limits_{k\to\infty} h\left(x_k\right)=0$.

(ii) 首先证明对于所有 $k\in S$, 下式成立:

$$
l_k\leqslant l_0-\lambda\gamma\sum_{r=0}^{k-2}h_r-\gamma h_{k-1}\leqslant l_0-\lambda\gamma\sum_{r=0}^{k-1}h_r. \tag{5.1.33}
$$

通过归纳假设法证明这一命题. 当 $k=1$ 时, 有 $l_1\leqslant l_0-\gamma h_0\leqslant l_0-\lambda\gamma h_0$. 假设 (5.1.33) 对 $1,2,\cdots,k$ 成立, 那么 (5.1.33) 在以下两种情况下对 $k+1$ 成立.

情形 I: 当 $\max\left\{l_k, \sum\limits_{r=0}^{m(k)-1}\lambda_{kr}l_{k-r}\right\}=l_k$ 时, 有

$$
l_k^{+}\leqslant l_k-\gamma h_k\leqslant l_0-\lambda\gamma\sum_{r=0}^{k-1}h_r-\gamma h_k\leqslant l_0-\lambda\gamma\sum_{r=0}^{k}h_r. \tag{5.1.34}
$$

情形 II: 当 $\max\left\{l_k, \sum\limits_{r=0}^{m(k)-1}\lambda_{kr}l_{k-r}\right\}=\sum\limits_{r=0}^{m(k)-1}\lambda_{kr}l_{k-r}$ 时, 令 $p=m(k)-1$, 则有

$$
\begin{aligned}
l_{k+1}&\leqslant\sum_{t=0}^{p}\lambda_{kt}l_{k-t}-\gamma h_k \\
&\leqslant\sum_{t=0}^{p}\lambda_{kt}\left(l_0-\lambda\gamma\sum_{r=0}^{k-t-2}h_r-\gamma h_{k-t-1}\right)-\gamma h_k \\
&=\lambda_{k0}\left(l_0-\lambda\gamma\sum_{r=0}^{k-p-2}h_r-\lambda\gamma\sum_{r=k-p-1}^{k-2}h_r-\gamma h_{k-1}\right)-\gamma h_k
\end{aligned}
$$

$$
\begin{aligned}
&+\lambda_{k1}\left(l_0-\lambda\gamma\sum_{r=0}^{k-p-2}h_r-\lambda\gamma\sum_{r=k-p-1}^{k-3}h_r-\gamma h_{k-2}\right)\\
&+\cdots+\lambda_{kp}\left(l_0-\lambda\gamma\sum_{r=0}^{k-p-2}h_r-\gamma h_{k-p-1}\right)\\
\leqslant&\sum_{t=0}^{p}\lambda_{kr}l_0-\lambda\gamma\sum_{r=0}^{k-p-2}\left(\sum_{t=0}^{p}\lambda_{kr}\right)h_r-\sum_{t=0}^{p}\lambda_{kr}\gamma h_{k-t-1}-\gamma h_k. \qquad (5.1.35)
\end{aligned}
$$

由于 $\sum\limits_{t=0}^{p}\lambda_{kt}=1,\lambda_{kt}\geqslant\lambda$ 和 $h_r\geqslant 0$, 故有

$$
\begin{aligned}
l_{k+1}&\leqslant l_0-\lambda\gamma\sum_{r=0}^{k-p-2}h_r-\lambda\gamma\sum_{r=k-p-1}^{k-1}h_r-\gamma h_k\\
&=l_0-\lambda\gamma\sum_{r=0}^{k-1}h_r-\gamma h_k\\
&\leqslant l_0-\lambda\gamma\sum_{r=0}^{k}h_r. \qquad (5.1.36)
\end{aligned}
$$

那么对于所有的 $k\in S$, (5.1.33) 成立. 此外, 由于 $\{l_k\}$ 是有界的, 令 $k\to\infty$, 可以得到

$$
\lambda\gamma\sum_{r=0}^{\infty}h_r<\infty. \qquad (5.1.37)
$$

由此可得 $h_k\to 0,k\to\infty$. □

引理 5.5 若假设成立且算法 5.1 非有限终止, 则有 $\lim\limits_{k\to\infty}\|d_k\|=0$.

证明 假设存在常数 $\epsilon>0$ 和 $\bar{k}>0$ 使得 $\|d_k\|>\epsilon$ 对于所有 $k>\bar{k}$ 成立. 由引理 5.2, 有

$$
\mathrm{Pred}_k^f>\frac{1}{3}\xi_1\|\Delta_k\|>\frac{1}{3}\xi_1\|d_k\|>\frac{1}{3}\xi\epsilon>0,
$$

因为 $\mathrm{Rared}_k^l\geqslant\eta\,\mathrm{Pred}_k^f$, 故有

$$
\max\left\{l_k,\sum_{r=0}^{m(k)-1}\lambda_{kr}l_{k-r}\right\}-l_{k+1}\geqslant\eta\,\mathrm{Pred}_k^f.
$$

两边求和并由序列 l_k 的下有界性可得 $\eta\sum\mathrm{Pred}_k^f<\infty$, 即 $k\to\infty$ 时有 $\mathrm{Pred}_k^f\to 0$, 这与 $\mathrm{Pred}_k^f>0$ 相矛盾. □

定理 5.1 假设 $\{x_k\}$ 是算法 5.1 生成的无限序列, 那么 $\{x_k\}$ 的每个聚点都是问题(5.1.1) 的一个 KKT 点.

5.1.3 数值结果

下面给出了一些数值实验来证明方法的有效性.

(1) H_k 的更新规则是[14]:

$$H_{k+1}=H_k+\frac{y_k^{\mathrm{T}}y_k}{y_k^{\mathrm{T}}s_k}-\frac{H_ks_ks_k^{\mathrm{T}}H_k}{s_k^{\mathrm{T}}H_ks_k}, \tag{5.1.38}$$

其中 $y_k=\theta_k\hat{y}_k+(1-\theta_k)H_ks_k$,

$$\theta_k=\begin{cases}1, & s_k^{\mathrm{T}}\hat{y}_k\geqslant 0.2s_k^{\mathrm{T}}H_ks_k,\\ \dfrac{0.8s_k^{\mathrm{T}}H_ks_k}{s_k^{\mathrm{T}}H_ks_k-s_k^{\mathrm{T}}\hat{y}_k}, & \text{否则},\end{cases} \tag{5.1.39}$$

且 $\hat{y}_k=g_{k+1}-g_k, s_k=x_{k+1}-x_k$.

(2) 误差容忍度为 10^{-6}.

(3) 算法初始参数设置为: $H_0=I\in\mathbb{R}^{n\times n},\beta=0.9,\gamma=0.1,\rho=0.5,\alpha_1=\alpha_2=0.5,\sigma_0=-0.1,\Delta_{\min}=10^{-6},\Delta_0=1$.

在表 5.1 中, 问题的编号方式与 Hock 和 Schittkowski[78] 和 Schittkowski[86] 相同. 例如, “HS2” 是 Hock 和 Schittkowski[78] 中的问题 2, 而 “S216” 是 Schittkowski [86] 中的问题 216. 一些等式约束问题也包含在测试问题中, 如 S216, S235, S252 等. “NF” , “NG” 分别代表函数和梯度计算的次数. 在表 5.1 中, 第一列的结果是用算法 5.1 计算的, 第二列的结果是用传统的滤子方法计算的, 第三列的结果是用 Matlab 函数 “fmincon” 计算的, 比较这三个方法发现, 算法 5.1 具有较少的函数计算次数和梯度计算次数.

表 5.1 不同算法的数值结果

	算法 5.1 (NG-NF)	滤子 (NG-NF)	Matlab (NF)
HS2	27-36	19-32	28
HS6	9-9	37-41	23
HS11	59-82	-	32
HS13	102-102	-	203
HS14	6-6	6-6	23
HS15	102-192	24-46	50
HS16	17-17	22-34	23

续表

	算法 5.1 (NG-NF)	滤子 (NG-NF)	Matlab (NF)
HS17	44-44	44-44	15
HS18	38-47	36-43	40
HS19	8-8	8-8	27
HS20	17-17	21-34	63
HS21	8-8	8-8	15
HS22	2-2	2-2	19
HS23	7-7	7-7	31
HS41	15-15	15-15	41
HS45	2-2	2-2	20
HS59	10-40	13-46	53
HS64	54-62	57-86	301
HS65	28-28	40-40	44
HS72	52-72	38-50	101
HS73	1-22	1-22	35
HS106	17-55	-	509
HS108	7-7	14-29	182
S216	4-13	3-13	21
S235	36 38	36-38	110
S252	18-34	58-58	139
S265	2-2	2-2	17
S269	9-9	14-31	48

为了显示非单调方法的效果, 分别取 $M = 1$, $M = 3$ 和 $M = 10$ 进行了数值实验 (这意味着非单调程度在增加), 数值结果呈现在表 5.2 中. 第一列数值结果表明, 对于大多数算例, 非单调算法比单调算法更有效.

表 5.2　算法 5.1 中不同 M 的结果 (即使用不同程度的非单调)

	$M = 1$ (NG-NF)	$M = 3$ (NG-NF)	$M = 10$ (NF)
HS2	28-40	27-36	-
HS6	26-36	9-9	9-9
HS11	29-58	59-82	39-98
HS13	102-102	102-102	102-102
HS14	6-6	6-6	6-6
HS15	18-34	102-192	27-60
HS16	63-70	17-17	17-17
HS17	44-44	44-44	44-44
HS18	30-37	38-47	-
HS19	23-23	8-8	8-8
HS20	85-92	17-17	17-17

在该方法中, 用于检验试探点的准则是灵活的, 拒绝域根据先前试探点所做的不同改进而变化, 而在传统的滤子方法中, 滤子结构中的元素是固定的. 通过数值结果可发现新方法不仅比传统方法具有更有效的结果和更少的计算成本, 而

且对比 Matlab 自带函数也是如此. 此外, 该方法中使用了自适应参数, 在每次迭代中自适应参数的调整是平衡目标函数值和约束违反度函数值的主要手段. 另外, 因为该算法中非单调技术的应用, 滤子集合接受了更多的试探点, 这在一定程度上避免了 Maratos 效应. 对不同非单调程度的结果进行了比较, 虽然无法确定哪个 M 值是最好的, 但非单调的结果总是比单调的算法结果更优.

5.2 求解极大极小问题的自适应滤子方法

5.2.1 改进的自适应非单调滤子算法

考虑下面的极大极小最优化问题[82,130,134]:

$$\min_{x\in\mathbb{R}^n}\phi(x)=\max_{1\leqslant i\leqslant m}f_i(x), \tag{5.2.1}$$

其中 $f_i(i\in I=\{1,2,\cdots,m\}):\mathbb{R}^n\to\mathbb{R}$ 是 $\mathbb{R}^n$ 上连续可微的实值函数.

显然, 目标函数 $\phi(x)$ 是连续的, 但不一定是可微的. (5.2.1) 等价于 (5.2.2).

$$\begin{aligned}&\min\quad t\\&\text{s.t.}\quad f_i(x)-t\leqslant 0,\quad i\in I=\{1,2,\cdots,m\},\end{aligned} \tag{5.2.2}$$

其中 $(x,t)\in\mathbb{R}^{n+1}$, 记 $(x,t)=(x^{\mathrm{T}},t)^{\mathrm{T}}$, 定义

$$c(x,t)=\left(f_1(x)-t,f_2(x)-t,\cdots,f_m(x)-t\right)^{\mathrm{T}}, \tag{5.2.3}$$

其雅可比矩阵为 $A(x,t)$.

定义指标集如下:

$$\begin{aligned}I_A(x)&=\{i:f_i=\phi(x),i\in I\},\\I_N(x)&=\{i:f_i<\phi(x),i\in I\}.\end{aligned} \tag{5.2.4}$$

令

$$f(x)=\left(f_1(x),f_2(x),\cdots,f_m(x)\right)^{\mathrm{T}},\quad e=(1,1,\cdots,1)^{\mathrm{T}}\in\mathbb{R}^m. \tag{5.2.5}$$

构造对角矩阵

$$F(x)=\operatorname{diag}\left(f_1(x),f_2(x),\cdots,f_m(x)\right). \tag{5.2.6}$$

为了求解 (5.2.2), 通过以下二次问题 (5.2.7) 求得搜索方向 d_k:

$$\begin{aligned}\text{(QP)}:\quad&\min\quad z+\frac{1}{2}d^{\mathrm{T}}H_kd,\\&\text{s.t.}\quad f_i\left(x_k\right)-\phi\left(x_k\right)+\nabla f_i\left(x_k\right)^{\mathrm{T}}d\leqslant z,\quad i\in I,\\&\qquad\|d\|_\infty\leqslant\Delta_k,\end{aligned} \tag{5.2.7}$$

其中, Δ_k 是信赖域半径, $H_k \in \mathbb{R}^{n\times n}$ 是 $f(x)$ 的二阶近似黑塞矩阵.

定义约束违反度函数 $h(x,t) = \|c(x,t)^+\|_2$, 其中

$$c_i(x,t)^+ = \max\{c_i(x,t), 0, i \in I\},$$

$$c(x,t)^+ = \left(c_1(x,t)^+, c_2(x,t)^+, \cdots, c_m(x,t)^+\right)^{\mathrm{T}}.$$

定义目标函数 $p(x,t) = t$, 在当前迭代点 x_k 处, 令

$$p_k = p(x_k, t_k), \quad h_k = h(x_k, t_k), \quad c_k = c(x_k, t_k).$$

为了避免 Maratos 效应, 设在第 k 次迭代处的目标函数为

$$l(x_k, t_k) = p(x_k, t_k) + \delta_k h(x_k, t_k) = p(x_k) + \delta_k \left\|c(x_k, t_k)^+\right\|_2, \tag{5.2.8}$$

其中, 对于 $i = 1, 2, \cdots, m$, $c_i(x_k, t_k)^+ = \max\{c_i(x_k, t_k), 0\}$, δ_k 是第 k 次迭代时的一个自适应参数, 它可以根据当前试探点的不同改进而改变. 设 $l(x_k, t_k) = l_k$, 在传统滤子方法中, (5.2.8) 中 $\delta_k = 0$ (图 5.4). 图 5.4 的右半部分有 4 个区域 I, II, III, IV. 在当前迭代 k 处, 若试探点对 (h_k, I_k) 进入区域 IV, 根据接受准则, 拒绝该试探点对. 若 (h_k, I_k) 进入区域 I, II 或 III, 则调整参数 δ_k, 更新方式与 5.1 节非单调自适应滤子方法相同.

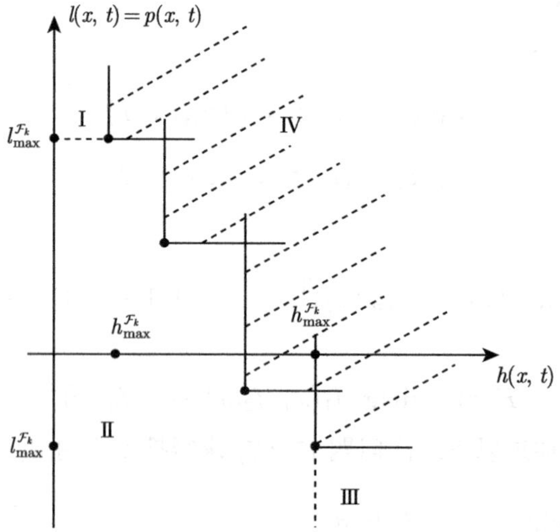

图 5.4 滤子与罚函数示例图

给出算法 5.2 如下:

算法 5.2

步骤 0 令 $0<\Delta_0<1$, $0<\gamma<\beta<1$, $0<\lambda\leqslant 1$, $0<\gamma_0<\gamma_1\leqslant 1<\gamma_2$, $M\geqslant 1$, $\mu>0$, $\alpha_1=\alpha_2=0.5$, $x_0\in\mathbb{R}^n$, $H_0\in\mathbb{R}^{n\times n}$ 是正定矩阵, 初始区域半径 $\Delta_0\geqslant\Delta_{\min}>0$, $\mathcal{F}_0=\{(\mu,+\infty)\}$. 令 $k=0, m(k)=0$.

步骤 1 求解子问题 (5.2.7) 得到 (d_k,z_k), 如果 $\|d_k\|=0$, 终止.

步骤 2 令 $(x_k^+,t_k^+):=(x_k+d_k,t_k+z_k)$, 计算 h_k^+, l_k^+.

步骤 3 若 (x_k^+,t_k^+) 被滤子集 $\mathcal{F}_k$ 接受, 转步骤 4, 否则转步骤 5.

步骤 4 若 (x_k^+,t_k^+) 位于区域 I 或 IV, 令 $\delta_{k+1}=\delta_k$; 如果 (x_k^+,t_k^+) 位于区域 II, δ_{k+1} 由 (5.1.10) 更新; 如果 (x_k^+,t_k^+) 位于区域 III, δ_{k+1} 由 (5.1.9) 更新.

步骤 5 若 $\mathrm{Rared}_k^l\leqslant\eta\mathrm{Pred}_k^P$, 且 $h(l(k))\leqslant\alpha_1\|d_k\|_\infty^{\alpha_2}$, 转步骤 6, 否则转步骤 7.

步骤 6 令 $\Delta_k\in[\gamma_0\Delta_k,\gamma_1\Delta_k]$, 转步骤 1.

步骤 7 令 $(x_{k+1},t_{k+1})=(x_k^+,t_k^+)$, 更新滤子集 $\Delta_{k+1}\in[\Delta_k,\gamma_2\Delta_k]\geqslant\Delta_{\min}$, 更新 H_{k+1}, $m(k+1)=\min\{m(k)+1,M\}$, $k=k+1$ 转步骤 1.

5.2.2 算法的收敛性

假设下面的条件是成立的.

假设 5.3 对于任给的点 $x_0\in\mathbb{R}^n$, 水平集 $L(x_0)=\{x\in\mathbb{R}^n:\phi(x)\leqslant\phi(x_0)\}$ 是紧集.

假设 5.4 任给的点 $x\in L(x_0)$, 目标函数梯度向量线性无关.

假设 5.5 函数 f_i 和约束函数 $c_i(i\in I)$ 是二次连续可微的.

假设 5.6 对于所有的 k, $\{(x_k,t_k)\}$ 位于 $\mathbb{R}^n$ 的有界闭凸子集 S 上.

假设 5.7 约束函数的雅可比矩阵 $A(x)$ 一致有界.

假设 5.8 序列矩阵 $\{H_k\}$ 是一致有界的, 即对于所有的 k, $M_k>0$, 其中, $\|H_k\|\leqslant M_k$.

对于所有的 $\{(x_k,t_k)\}\in S$, 根据上面的假设, 存在一个约束 M_f, 使得

$$\|\nabla^2 f_i(x_k)\|\leqslant M_f,\quad i\in I.$$

可以假设存在常数 v_1,v_2, 使得

$$\|p(x_k,t_k)\|\leqslant v_1,\quad \|c(x_k,t_k)\|\leqslant v_2,\quad \|\nabla c(x_k,t_k)\|\leqslant v_2,\quad \|\nabla^2 c(x_k,t_k)\|\leqslant v_2.$$

问题 (5.2.2) 在点 (x^*,t^*) 的 KKT 条件为

$$\sum_{i=1}^m v_i^*\nabla f_i(x^*)=0,\quad \sum_{i=1}^m v_i^*=1, v_i^*\geqslant 0, i\in I,\quad v_i^*(f_i(x^*)-t^*)=0, i\in I. \tag{5.2.9}$$

引理 5.6　假设 (d_k, z_k) 是 SQP 信赖域子问题 (5.2.7) 的解, 则

(1) 如果 $d_k = 0$, 则 $z_k = 0$;

(2) 如果 $d_k \neq 0$, 则 $z_k < 0$.

证明　(1) 不失一般性, 在 (5.2.7) 中, 由算法 5.2 可知, 因为 (d_k, z_k) 是 SQP 信赖域子问题 (5.2.7) 的解, 所以存在乘子 $v_k \in \mathbb{R}^m$ 和 $u_k \in \mathbb{R}$, 满足

$$(H_k + v_k E)d_k + \nabla f(x_k)v_k = 0, \quad e^{\mathrm{T}}v_k = 1,$$

$$\big(F(x_k) + \mathrm{diag}(\nabla f_1(x_k)^{\mathrm{T}}d_k, \cdots, \nabla f_m(x_k)^{\mathrm{T}}d_k) - (\phi(x_k) + z_k)E\big)\, v_k = 0,$$

$$u_k(\|d_k\| - \Delta_k) = 0,$$

$$\nabla f(x_k)^{\mathrm{T}}d_k - z_k e \leqslant \phi(x_k)e - f(x_k),$$

$$\|d_k\| \leqslant \Delta_k, \quad v_k \geqslant 0, \quad u_k \geqslant 0.$$

如果 $d_k = 0$, 可以得到 $z_k \geqslant 0$, 即 $(d, z) = (0, 0)^{\mathrm{T}}$ 是子问题 (5.2.7) 的可行解, 则得到

$$\frac{1}{2}d_k^{\mathrm{T}}H_k d_k + z_k \leqslant 0.$$

通过假设 $d_k = 0$, 有 $z_k \leqslant 0$ 成立, 所以 $z_k = 0$.

(2) 事实上, 因为 $(0, 0)^{\mathrm{T}}$ 是子问题 (5.2.7) 的可行解, 且 $\frac{1}{2}d_k^{\mathrm{T}}H_k d_k + z_k \leqslant 0$, 可以得到

$$z_k \leqslant -\frac{1}{2}d_k^{\mathrm{T}}H_k d_k < 0,$$

所以结论 (2) 成立.　□

引理 5.7　设假设 5.3—假设 5.8 成立, 且令 (d_k, z_k) 是子问题 (5.2.7) 的可行点, 则

$$h(x_k^+, t_k^+) \leqslant \frac{1}{2}mnM_f\Delta_k^2, \tag{5.2.10}$$

$$\mathrm{Rared}_k^l \geqslant \mathrm{Pred}_k^P - \frac{1}{2}(n+1)M_H\Delta_k^2 - \frac{1}{2}mnM_f\Delta_k^3. \tag{5.2.11}$$

证明　对于所有的 $i \in I$, 使用泰勒展开可以得到

$$f_i(x_k+d_k)-(t_k+z_k) = -t_k+f_i(x_k)+\nabla f_i(x_k)^{\mathrm{T}}d_k-z_k+\frac{1}{2}d_k^{\mathrm{T}}\nabla^2 f_i(y_k)d_k, \tag{5.2.12}$$

其中 y_k 介于 x_k 和 $x_k + d_k$ 之间. 因为 d_k 是可行的且 $\|\nabla^2 f_i(y_k)\|_2 \leqslant d_k$, 得到

$$f_i(x_k + d_k) - (t_k + z_k) \leqslant \frac{1}{2}d_k^{\mathrm{T}}\nabla^2 f_i(y_k)d_k$$

$$\leqslant \frac{1}{2}\|\nabla^2 f_i(y_k)\|\|d_k\|^2$$
$$\leqslant \frac{1}{2}nM_f\Delta_k^2, \tag{5.2.13}$$

对于所有的 $i \in I$ 成立. 根据约束违反度函数 $h(x,t)$ 和 $|I| = m$, 则得到

$$h(x_k^+, t_k^+) = \|(f(x_k + d_k) - (t_k + z_k)e)^+\|_2 \leqslant \frac{1}{2}mnM_f\Delta_k^2. \tag{5.2.14}$$

故 (5.2.10) 成立. 由 $l(x,t)$ 的预测下降量和实际下降量, 有

$$\text{Rared}_k^l = \text{Pred}_k^P + \frac{1}{2}d_k^{\mathrm{T}}H_kd_k + \delta_k h_k - \delta_{k+1}h_{k+1},$$

根据假设 $\|H_k\| \leqslant M_H$ 和不等式

$$\|d_k\|^2 \leqslant (n+1)\|d_k\|_\infty^2 \leqslant (n+1)\Delta_k^2,$$

及 δ_k 的更新和 (5.2.10), 得到 $|\delta_{k+1}| < \Delta_k$, 因此,

$$\begin{aligned}\text{Rared}_k^l - \text{Pred}_k^P &= \frac{1}{2}d_k^{\mathrm{T}}H_kd_k + \delta_k h_k - \delta_{k+1}h_{k+1}\\ &\geqslant \frac{1}{2}d_k^{\mathrm{T}}H_kd_k - \delta_{k+1}h_{k+1}\\ &\geqslant -\frac{1}{2}(n+1)M_H\Delta_k^2 - \frac{1}{2}mnM_f\Delta_k^3,\end{aligned} \tag{5.2.15}$$

则 (5.2.11) 成立. □

引理 5.8 在假设条件成立前提下, 算法 5.2 是有效的.

引理 5.9 设假设条件成立, 且算法 5.2 非有限终止, 则 $\lim\limits_{k\to\infty} h_k = 0$.

引理 5.10 设假设 5.3—假设 5.8 成立, 如果算法 5.2 非有限终止, 则有

$$\lim_{k\to\infty}\|d_k\| = 0.$$

定理 5.2 设 (x_k, t_k) 是由算法 5.2 生成的无穷序列, 则存在 (x_k, t_k) 的聚点为 (5.2.2) 的 KKT 点.

证明 设 $\lim\limits_{k\to\infty}(x_k, t_k) = (x^*, t^*)$, 且乘子 u_k 有界, v_k 属于一个紧集:

$$\Lambda = \left\{v \in \mathbb{R}^m : \sum_{i=1}^m v_i = 1, v_i \geqslant 0, \forall i = 1, 2, \cdots, m\right\}. \tag{5.2.16}$$

因此, 存在一个子集 K, $v^* \in \Lambda$, 使得在 K 上, $v_k \to v^*$, 称序列 v_k 收敛于 v^*.

令 $I_A(x)=\{i:v_{k_i}>0\}$, 对于任意的 $i\in I_A(x)$, 由引理 5.6 中证明可知

$$\nabla f_i(x_k)^{\mathrm{T}}d_k=\phi(x_k)+z_k-f_i(x_k), \tag{5.2.17}$$

因此,

$$\begin{aligned}\sum_{i=1}^{m}v_{k_i}\nabla f_i(x_k)^{\mathrm{T}}d_k&=\sum_{i\in I_A(x)}v_{k_i}\nabla f_i(x_k)^{\mathrm{T}}d_k\\&=\sum_{i\in I_A(x)}v_{k_i}(\phi(x_k)+z_k-f_i(x_k))\\&\geqslant\sum_{i\in I_A(x)}v_{k_i}z_k=z_k,\end{aligned} \tag{5.2.18}$$

并且

$$d_k^{\mathrm{T}}(H_k+u_kE)d_k=-\sum_{i=1}^{m}v_{k_i}\nabla f_i(x_k)^{\mathrm{T}}d_k,$$

因此,

$$z_k\leqslant -d_k^{\mathrm{T}}(H_k+u_kE)d_k,$$

令 $k\to\infty$, 对引理 5.6 中乘子满足的式子取极限, 可得 KKT 条件成立. □

5.3 求解半无限问题的自适应非单调滤子方法

考虑如下非线性半无限规划 (SIP) 问题:

$$\begin{aligned}(\mathrm{SIP}):\quad &\min_{x\in\mathbb{R}^n}\quad f(x)\\&\ \mathrm{s.t.}\quad\ g(x,t)\leqslant 0,\quad t\in T,\end{aligned}$$

其中 $x\in\mathbb{R}^n$, Ω 是一个闭紧集, 目标函数 $f:\mathbb{R}^n\to\mathbb{R}$ 是一个二次连续可微函数, $g(x,t):\mathbb{R}^n\times\mathbb{R}^{|\Omega|}\to\mathbb{R}$ 关于 x 和 t 连续可微. 考虑 $\Omega=[a,b]$, 其中 a 和 b 是实数. 利用积分形式将半无限约束等价转化为等式约束, 引入自适应参数, 调整试探点的可接受准则.

5.3.1 算法描述

令

$$g_\varepsilon(x,w)=\begin{cases}0, & \text{若 } g(x,t)<-\varepsilon,\\[2mm] \dfrac{(g(x,t)+\varepsilon)^2}{4\varepsilon}, & \text{若 } -\varepsilon\leqslant g(x,t)\leqslant\varepsilon,\\[2mm] g(x,w), & \text{若 } g(x,t)>\varepsilon.\end{cases} \tag{5.3.1}$$

$$G(x) = \int_{\Omega} [g_{\varepsilon}(x,t)]^2 dt. \tag{5.3.2}$$

所以问题 (3.1.59) 等价于下列有限问题

$$\begin{aligned} \text{(FP)}: \quad & \min_{x \in \mathbb{R}^n} \ f(x) \\ & \text{s.t.} \quad G(x) \leqslant \rho, \end{aligned} \tag{5.3.3}$$

其中 ε, ρ 是小的正常数. 当 ρ 接近 0 时, (5.3.3) 等价于 (SIP).

信赖域方法对于保证全局收敛性同时保持局部快速收敛性极为重要, 因此将信赖域条件加入到 (5.3.2) 的二次子问题中.

在当前的第 k 次迭代中, 通过求解以下修正信赖域二次子问题 (5.3.4) 获得 d_k:

$$\begin{aligned} \min \quad & \nabla f(x_k)^{\mathrm{T}} d + \frac{1}{2} d^{\mathrm{T}} H_k d + \delta_k \|G(x_k) + \nabla G(x_k)^{\mathrm{T}} d\|_2^2 \\ \text{s.t.} \quad & \|d\|_2^2 \leqslant \Delta_k, \end{aligned} \tag{5.3.4}$$

其中, x_k 是当前迭代点, H_k 是 $f(x)$ 在点 x_k 的黑塞矩阵的近似值, H_k 是对称正定矩阵, $\Delta_k \geqslant 0$ 是第 k 个信赖域半径.

在当前的第 k 次迭代中,

$$x_k^+ = x_k + d_k, \tag{5.3.5}$$

$$M(x_k) = f(x_k) + \delta_k \|G(x_k)\|_{\infty}, \tag{5.3.6}$$

其中, δ_k 是自适应参数. 令

$$q(d) = \nabla f(x_k)^{\mathrm{T}} d + \frac{1}{2} d^{\mathrm{T}} H_k d + \delta_k \|G(x_k) + \nabla G(x_k)^{\mathrm{T}} d\|_2^2. \tag{5.3.7}$$

x_k 处的约束违反度 $h(x_k)$ 为

$$h(x_k) = \max\{G(x_k) - \rho, 0\}. \tag{5.3.8}$$

$H_k^{\max}$ 为

$$H_k^{\max} = \max\{h(x_1), h(x_2), \cdots, h(x_k)\}. \tag{5.3.9}$$

$M_k^{\max}$ 为

$$M_k^{\max} = \max\{M(x_1), M(x_2), \cdots, M(x_k)\}. \tag{5.3.10}$$

$M(x)$ 的实际减少量为

$$\Delta M_k = M(x_k) - M(x_k^+). \tag{5.3.11}$$

$f(x)$ 的预测减少量为

$$\Delta q_k = q(0) - q(d_k). \tag{5.3.12}$$

算法 5.3

步骤 0 初始化. 给定 $x_0 \in \mathbb{R}^n$, Δ_0, $\varepsilon > 0$, 令 $k = 0$, $H = \| G(x_0) - \rho \|_\infty$, $\alpha > 1$, $\beta, \gamma, \sigma \in (0,1)$.

步骤 1 更新 $H(x_k)$, $H(x_k) = \max\{G(x_k) - \rho, 0\}$, 转步骤 2.

步骤 2 求解 (5.3.4) 得到 d_k. 如果 $\|d_k\|_2 < \varepsilon$, 停止; 否则令 $x_k^+ = x_k + d_k$, 转步骤 3.

步骤 3 如果 $h(x_k^+) \leqslant \beta H$ 或者 $\Delta M_k \geqslant \gamma h(x_k^+)$ 且 $h(x_k^+) \leqslant \alpha\beta H$ 成立, 转步骤 4; 否则, 转步骤 7.

步骤 4 如果 $\Delta q_k \leqslant 0$, 令 $x_{k+1} = x_k^+$, $\Delta_{k+1} = \dfrac{\Delta_k}{2}$, $\delta_{k+1} = \delta_k$, 更新 H_k, 令 $k := k+1$ 转步骤 1; 否则转步骤 5.

步骤 5 如果 $\Delta M_k \leqslant \sigma \Delta q_k$, 令 $x_{k+1} = x_k$, $\Delta_{k+1} = \dfrac{\Delta_k}{2}$, $k := k+1$ 转步骤 1; 否则转步骤 6.

步骤 6 如果 $h(x_k^+) \leqslant \beta h(x_k)$ 或者 $\Delta M_k \geqslant \gamma h(x_k^+)$, 令 $x_{k+1} = x_k^+$, $\Delta_{k+1} = 2\Delta_k$, $\delta_{k+1} = \delta_k - \left|\dfrac{f(x_k) - f(x_k^+)}{h(x_k) - h(x_k^+)}\right|$, 更新 H_k, 令 $k := k+1$ 转步骤 1; 否则, 令 $x_{k+1} = x_k$, $\Delta_{k+1} = \dfrac{\Delta_k}{2}$, $\delta_{k+1} = \delta_k + \left|\dfrac{f(x_k) - f(x_k^+)}{h(x_k) - h(x_k^+)}\right|$, $k := k+1$ 转步骤 1.

步骤 7 如果 $h(x_k^+) > \alpha\beta H$, 令 $x_{k+1} = x_k$, $\Delta_{k+1} = \dfrac{\Delta_k}{2}$, $\delta_{k+1} = \delta_k + \left|\dfrac{f(x_k) - f(x_k^+)}{h(x_k) - h(x_k^+)}\right|$, $k := k+1$ 转步骤 1; 否则, 令 $x_{k+1} = x_k$, $\Delta_{k+1} = \dfrac{\Delta_k}{2}$, $\delta_{k+1} = \delta_k$, $k := k+1$ 转步骤 1.

在上述算法中, 将目标函数 $f(x)$ 替换为 $M(x)$, 且 δ_k 不是罚参数, 它根据试探点所做的不同改进而改变. 如果在试探点处, 约束违反度函数 $h(x)$ 下降或者目标函数 $M(x)$ 下降, 同时保持一定程度的可行性, 则认为试探点是可接受的. 如果步骤 3 的条件成立, 则需要考虑两种情况, 分别为 $\Delta q_k \leqslant 0$ 和 $\Delta q_k > 0$. 否则, 令

$$\delta_{k+1} = \begin{cases} \delta_k + \left|\dfrac{f(x_k) - f(x_k^+)}{h(x_k) - h(x_k^+)}\right|, & \text{若 } h(x_k^+) > \alpha\beta H, \\ \delta_k, & \text{其他}. \end{cases} \tag{5.3.13}$$

如果 $\Delta q_k \leqslant 0$, 即意味着 d_k 不是 $M(x)$ 的下降方向, 但违反程度降低, 则接受试探点.

如果 $\Delta q_k > 0$, 这意味着 d_k 是 $M(x)$ 的下降方向. 如果 $\Delta M_k > \sigma \Delta q_k$ 和步

骤 6 的条件成立, 则接受试探点. 此外, 可以更改参数 δ_k 以放松可接受的标准, 令

$$\delta_{k+1}=\delta_k+\left|\frac{f(x_k)-f(x_k^+)}{h(x_k)-h(x_k^+)}\right|. \tag{5.3.14}$$

否则, 可以限制可接受的标准并给定参数:

$$\delta_{k+1}=\delta_k-\left|\frac{f(x_k)-f(x_k^+)}{h(x_k)-h(x_k^+)}\right|. \tag{5.3.15}$$

对于信赖域 Δ_k, 如果试探点被拒绝, 则减小信赖域的半径. 否则, 将信赖域的半径更新为

$$\Delta_{k+1}=\begin{cases}2\Delta_k, & 若\ x_k\ 被接受,\\ \Delta_k, & 其他.\end{cases} \tag{5.3.16}$$

注意算法 5.3 包含四个内部迭代 (步骤 1 → 步骤 4, 步骤 1 → 步骤 5, 步骤 1 → 步骤 6, 步骤 1→ 步骤 2→ 步骤 3→ 步骤 7) 和由 k 产生的外部迭代. 在内部迭代期间, 信赖域半径通过 $\Delta>0$ 进行初始化, 并减小直到找到一个可接受的点或进入外部迭代.

假设 (5.3.4) 具有局部最优解 d_k, 即 d_k 是 (5.3.4) 的一个 KKT 点. 那么存在乘子 μ, 满足

$$\begin{aligned}
&\nabla f(x_k)^{\mathrm{T}}+H_kd+2\delta_k(G(x_k)+\nabla G(x_k)^{\mathrm{T}}d)\nabla G(x_k)+2\mu d=0,\\
&\|d\|_2^2-\Delta_k\leqslant 0,\\
&\mu(\|d\|_2^2-\Delta_k)=0,\\
&\mu\geqslant 0.
\end{aligned} \tag{5.3.17}$$

类似地, 如果 x_k 是问题 (5.3.1) 的 KKT 点, 则存在乘子向量 λ, 使得

$$\begin{aligned}
&\nabla f(x_k)+\lambda\nabla G(x_k)=0,\\
&G(x_k)=0,\\
&\lambda\nabla G(x_k)=0.
\end{aligned} \tag{5.3.18}$$

下面的引理表明算法 5.3 是良定的.

假设 5.9 设 $f(x):\mathbb{R}^n\to\mathbb{R}$ 和 $g(x,t):\mathbb{R}^n\times\Omega\to\mathbb{R}$ 连续可微.

假设 5.10 假设 MFCQ 在任意 $x\in\mathbb{R}^n$ 成立, 即存在一个向量 d 满足

$$\{d\mid \nabla_x g(x,t)^{\mathrm{T}}d<0,\forall t\in T=\{t|g(x,t)=0\}\}.$$

引理 5.11 若假设 5.9 成立并且 $x_k \in \mathbb{R}^n$, 那么 d_k 是子问题 (5.3.4) 的最优解当且仅当 d_k 是 (5.3.4) 的 KKT 点.

证明 由于子问题 (5.3.4) 是凸规划, 若 d_k 是子问题 (5.3.4) 的 KKT 点, 则它是子问题的最优解. 相反, 如果 d_k 是子问题 (5.3.4) 的最优解, 且 MFCQ 成立, 那么 d_k 就是子问题 (5.3.4) 的 KKT 点. □

引理 5.12 如果 d_k 是子问题 (5.3.4) 的最优解, 那么 x_k 是 (SIP) 的 KKT 点.

证明 如果 d_k 是子问题 (5.3.4) 的最优解, 那么, d_k 是 (5.3.4) 的 KKT 点, 即 d_k 满足 (5.3.18). 令 $d_k = 0$, 则有

$$\begin{aligned}
&\nabla f(x_k)^{\mathrm{T}} + 2\delta_k(G(x_k))\nabla G(x_k) = 0,\\
&-\Delta_k \leqslant 0,\\
&\mu(-\Delta_k) = 0,\\
&\mu \geqslant 0.
\end{aligned} \tag{5.3.19}$$

令 $\lambda_k = 2\delta_k(G(x_k))$, 可得

$$\begin{aligned}
&\nabla f(x_k)^{\mathrm{T}} + \lambda_k\nabla G(x_k) = 0,\\
&-\Delta_k \leqslant 0,\\
&\mu(-\Delta_k) = 0,\\
&\mu \geqslant 0.
\end{aligned} \tag{5.3.20}$$

此外, 有 $G(x_k) = 0$, $\lambda_k\nabla G(x_k) = 0$. 因此, x_k 满足 (5.3.19). 所以, x_k 是 (SIP) 的一个 KKT 点. □

在引理 5.12 中, $d_k = 0$ 可以用作终止条件. 除此之外, 算法 5.3 步骤 6 中的参数 δ_k 更新为

$$\delta_{k+1} = \delta_k + \left|\frac{f(x_k) - f(x_k^+)}{h(x_k) - h(x_k^+)}\right| \quad \text{或} \quad \delta_{k+1} = \delta_k - \left|\frac{f(x_k) - f(x_k^+)}{h(x_k) - h(x_k^+)}\right|,$$

算法 5.3 步骤 7 中的参数 δ_k 更新为

$$\delta_{k+1} = \delta_k + \left|\frac{f(x_k) - f(x_k^+)}{h(x_k) - h(x_k^+)}\right| \quad \text{或} \quad \delta_{k+1} = \delta_k,$$

称 δ_k 是自适应参数.

5.3.2 算法的收敛性

为建立算法 5.3 的收敛性, 需要以下基本假设.

假设 5.11 集合 $\{x_k\} \in X = \{x \in \mathbb{R}^n | G(x) - \rho < \varepsilon\}$ 非空有界.

假设 5.12 函数 $f(x)$ 和 $G(x)$ 在包含 X 的开集上二次连续可微.

假设 5.13 矩阵序列 $\{H_k\}$ 一致有界.

为了说明算法 5.3 是有意义的, 需要以下引理.

引理 5.13 若假设 5.11—假设 5.13 成立, 那么 $h(x_k^+) < \dfrac{1}{2}n^2 M\Delta_K^2$, 其中 $x \in \mathbb{R}^n$, M 是一个正常数.

证明 假设

$$\|\nabla G(x_k)\|_\infty \leqslant M, \quad \|\nabla^2 f(x_k)\|_\infty \leqslant M, \quad \|\nabla^2 G(x_k)\|_\infty \leqslant M,$$

对任意 $x \in X$ 成立. 现在考虑 $h(x_k^+) = \max\{G(x_k^+), 0\}$. 根据泰勒展开, 有

$$G(x_k^+) = G(x_k) + \nabla G(x_k)^{\mathrm{T}} d + \frac{1}{2} d^{\mathrm{T}} \nabla^2 G(x_k) d + o(\|d\|^2).$$

因此,

$$\begin{aligned} h(x_k^+) &= \|G(x_k^+)\|_\infty \\ &= \|G(x_k) + \nabla G(x_k)^{\mathrm{T}} d + \frac{1}{2} d^{\mathrm{T}} \nabla^2 G(x_k) d + o(\|d\|^2)\|_\infty \\ &\leqslant \frac{1}{2} n^2 M \Delta_k^2. \end{aligned} \tag{5.3.21}$$

□

引理 5.14 $\{H_k^{\max}\}$ 和 $\{M_k^{\max}\}$ 在序列 $\{x_k\}$ 上非增.

引理 5.15 如果无限迭代序列 $\{h(x_k)\} > 0$, $M(x_k)$ 有下界, 那么 $\{h(x_k)\} \to 0$.

证明 在当前第 k 次迭代,

$$\begin{aligned} H_k^{\max} &= \max\{h(x_1), h(x_2), \cdots, h(x_k)\}, \\ M_k^{\max} &= \max\{M(x_1), M(x_2), \cdots, M(x_k)\}. \end{aligned}$$

显然, 条件 $h(x_k^+) \leqslant \beta H_k^{\max}$ 或者 $\Delta M_k \geqslant \gamma h(x_k^+)$ 且 $h(x_k^+) \leqslant \alpha\beta H_k^{\max}$ 在这个序列上成立.

反证法. 首先, 对于任意的 k, 考虑 $\Delta M_k \geqslant \gamma h(x_k^+)$. 假设存在一个子集 K 在 $h(x_k^+) \geqslant \varepsilon$ 上总是成立, 其中常数 $\varepsilon > 0$, 有

$$M_k^{\max} - M(x_{(k+1)^+}) \geqslant \gamma\varepsilon,$$

对于所有的足够大的 $k\in K$ 成立. 因此, 存在一些指数 $k_1,k_2,\cdots,k_k\in K$ 满足对任意 $i<j$ 有 $k_i<k_j$, 且

$$\begin{aligned}&M_{k_1}^{\max}-M(x_{(k_1)^+})\geqslant\gamma\varepsilon,\\&M_{k_1}^{\max}-M(x_{(k_2)^+})\geqslant M_{k_2}^{\max}-M(x_{(k_2)^+})\geqslant\gamma\varepsilon,\\&\qquad\vdots\\&M_{k_1}^{\max}-M(x_{(k_e)^+})\geqslant M_{k_e}^{\max}-M(x_{(k_e)^+})\geqslant\gamma\varepsilon,\end{aligned}\tag{5.3.22}$$

所以存在 k 个点, 其函数值小于 $M_{k_1}^{\max}$, 且

$$M_{k_1}^{\max}-M_{k_k}^{\max}\geqslant\gamma\varepsilon.\tag{5.3.23}$$

那么可以得出结论 $M_k^{\max}\to-\infty$, 与 $M(x_k)$ 有下界矛盾. 因此, 有 $\{h(x_k)\}\to 0$.

否则, 存在子序列 K_1 使得对任意 $k\subset K_1$, 有 $h(x_k^+)\leqslant\beta H_k^{\max}$.

由于 $H_k^{\max}$ 在 K_1 上单调递减, 对任意 $i<j$, 存在 e 个指标 $k_1,k_2,\cdots,k_e\in S$ 满足 $k_i<k_j$, 且

$$\begin{aligned}&h(x_{k_1}^+)\leqslant\beta H_{k_1}^{\max},\\&h(x_{k_2}^+)\leqslant\beta H_{k_2}^{\max}\leqslant\beta H_{k_1}^{\max},\\&\qquad\vdots\\&h(x_{k_e}^+)\leqslant\beta H_{k_e}^{\max}\leqslant\beta H_{k_1}^{\max}.\end{aligned}\tag{5.3.24}$$

因此, 存在 k 个点, 其函数值小于 $H_{k_1}^{\max}$, 且 $H_{k_e}^{\max}\leqslant\beta H_{k_1}^{\max}$ 成立. 因为对于任意 $k_1\in K_1$ 存在指数 $k_e\in K_1$ 满足 $H_{k_e}^{\max}\leqslant\beta H_{k_1}^{\max}$, $H_k^{\max}$ 在 K_1 上收敛到零. 此外, 从 $H_k^{\max}$ 的单调性可以看出, $H_k^{\max}\to 0$, 所以 $h(x_k)\to 0$. □

定理 5.3 若假设 5.9 和假设 5.12 成立使得 $x^*\in\Omega=\{x\in\mathbb{R}^n|g(x,t)\leqslant 0,t\in T\}$ 是问题 (SIP) 的可行点, 但非 KKT 点, 且 MFCQ 成立. 那么存在 x^* 的邻域 N 和正常数 ξ_1,ξ_2,ξ_3,M 使得对所有 $x_k\in N\cap X$ 和 Δ_k 有

$$\xi_1 h(x_k)\leqslant\Delta_k\leqslant\xi_2,\tag{5.3.25}$$

因此, 当常数 ξ_1 足够大时,

$$-\nabla f(x_k)^{\mathrm T}d-\frac{1}{2}d^{\mathrm T}H_k d\geqslant\frac{1}{3}\xi_3\Delta_k,\tag{5.3.26}$$

如果 $\Delta_k \leqslant \dfrac{(1-\sigma)\xi_3}{3nM}$, 那么

$$f(x_k) - f(x_k^+) \geqslant \frac{1}{3}\sigma\xi_3\Delta_k. \tag{5.3.27}$$

如果 $h(x_k) > 0$, $\Delta_k \leqslant \sqrt{\dfrac{2\beta h(x_k)}{n^2 M}}$, 那么

$$h(x_k^+) \leqslant \beta h(x_k). \tag{5.3.28}$$

证明 类似于引理 5.15. □

引理 5.16 若假设 5.11—假设 5.13 成立. 设 $h(x_k^+) < \dfrac{(1-\sigma)\Delta q_k}{\delta_k}$, $k \to \infty$, 则内部迭代 (步骤 1→ 步骤 4, 步骤 1→ 步骤 5, 步骤 2→ 步骤 6) 有限终止.

证明 若 x_k 是问题 SIP 的 KKT 点, 那么 $d_k = 0$, 并且算法终止. 否则, x_k 不是问题 SIP 的 KKT 点.

反证法. 设内部迭代不是有限终止.

情形 I: $\delta \neq 0$. 根据假设 5.12, 当 $k \to \infty$ 时, 有 $\Delta_k > 0$. 此外, 当 $k \to \infty$ 时, 有 $\Delta M_k > \sigma\Delta q_k$. 根据引理 5.13, 有 $h(x_k^+) \leqslant \beta h(x_k)$. 因此, $\Delta_k > 0$, $\Delta M_k > \sigma\Delta q_k$ 且满足 $h(x_k^+) \leqslant \beta h(x_k)$. 这样, 算法 5.3 将进入步骤 6, 内部迭代以有限次数的迭代结束.

情形 II: $\delta = 0$. 当 $k \to \infty$ 时, 有

$$\Delta_k > 0, \quad \Delta M_k = \Delta q_k, \quad \Delta M_k > \sigma\Delta q_k,$$

满足 $h(x_k^+) \leqslant \beta h(x_k)$. 因此, 算法 5.3 将进入步骤 6, 内部迭代以有限次数的迭代结束. □

引理 5.17 内部迭代 (步骤 1→ 步骤 2→ 步骤 3→ 步骤 4→ 步骤 7) 有限终止.

证明 根据 Δ_k 的定义和 Δ_k 的更新规则, 在有限次迭代后, 条件 $\|d_k\|_2 < \varepsilon$ 将得到满足, 因此内部迭代有限终止. □

引理 5.18 信赖域半径满足 $\Delta_k \geqslant \dfrac{1}{\alpha_1} h(x_k)^{\frac{1}{1+\alpha_2}}$.

证明 如果内部迭代有限终止, 则存在 $0 < \alpha_1, \alpha_2 < 1$, 使得

$$\Delta_k \geqslant \frac{1}{\alpha_1} h(x_k)^{\frac{1}{1+\alpha_2}}.$$

反证法. 若 $\Delta_k \geqslant \dfrac{1}{\alpha_1} h(x_k)^{\frac{1}{1+\alpha_2}}$ 不成立, 应该有

$$\Delta_k < \frac{1}{\alpha_1} h(x_k)^{\frac{1}{1+\alpha_2}} \quad 和 \quad \lim_{k\to\infty} \Delta_k = 0.$$

根据引理 5.11, 有

$$h(x_k^+) < \frac{1}{2} n^2 M \Delta_k^2.$$

此外, 满足 $h(x_k^+) \leqslant 2n^2 M\Delta_k^2$. 当 $\Delta_k \leqslant 2\Delta_{k+1}$ 和 $\Delta_{k+1} \leqslant \left(\frac{\alpha_1^{1+\alpha_2}}{8n^2 M}\right)^{\frac{1}{1-\alpha_2}}$ 时, 对于足够大的 k, 有

$$\begin{aligned} h(x_k^+) &\leqslant 2n^2 M\Delta_k^2 \leqslant 8n^2 M\Delta_{k+1}^2 \\ &= 8n^2 M\Delta_{k+1}^{1-\alpha_2}\Delta_{k+1}^{1+\alpha_2} \leqslant \alpha_1^{1+\alpha_2}\Delta_{k+1}^{1+\alpha_2}, \end{aligned} \tag{5.3.29}$$

因此,

$$\frac{1}{\alpha_1} h(x_k^+)^{\frac{1}{1+\alpha_2}} \leqslant \Delta_{k+1}.$$

类似地, 对于所有 $i \geqslant 1$, 有

$$\frac{1}{\alpha_1} h(x_{k+i}^+)^{\frac{1}{1+\alpha_2}} \leqslant \Delta_{k+i}.$$

但是由于 $\lim\limits_{k\to\infty} \Delta_k = 0$, 内部迭代不是有限终止. 与 $\Delta_{k+i} \leqslant \frac{1}{\alpha_1} h(x_{k+i}^+)^{\frac{1}{1+\alpha_2}}$ 矛盾. □

引理 5.19 对于所有的 k, 参数 δ_k 有界.

证明 根据引理 5.17, δ_k 在有限次迭代后不会改变, 所以 δ_k 有界. □

利用上述引理的结果和假设 5.12 可以得到全局收敛性.

定理 5.4 若假设 5.12 成立, 并通过算法 5.3 生成 $\{x_k\} \in X$, 其中算法 5.3 在 MFCQ 满足时具有问题 (SIP) 的聚点, 则 $\{x_k\} \in X$ 存在聚点, 是问题 (SIP) 的 KKT 点或不可行稳定点.

证明 如果算法 5.3 有限终止, 且对某些 k, 有 $d_k = 0$, 则 x_k 是问题 (SIP) 的 KKT 点或不可行稳定点.

反证法. 假设算法 5.3 非有限终止. $\{x_k\} \in X$ 的聚点不是 KKT 点或不可行稳定点. 根据算法 5.3 和引理 5.14, 将存在整数 k_0 使得 $h(x_k)$ 足够小, 且对所有 $k > k_0$, 有 $\Delta M_k \geqslant \gamma\Delta q_k$.

令

$$K_1 = \{k | k > k_0 \text{ 且 } \Delta M_k \geqslant \gamma \Delta q_k\}. \tag{5.3.30}$$

根据定理 5.3, 有

$$\infty > \sum_{k\in K_1} \Delta M_k = \sum_{k\in K_1} (M_k(x_k) - M_k(x_k^+))$$

$$
\begin{aligned}
&= \sum_{k\in K_1} (f(x_k) - f(x_k^+) + \delta_k(h(x_k) - h(x_k^+))) \\
&\geqslant \sum_{k\in K_1} \left(\frac{1}{3}\sigma\xi_3\Delta_k + \delta_k(h(x_k) - h(x_k^+))\right). \qquad (5.3.31)
\end{aligned}
$$

因为 $h(x_k) \to 0$, 对于 $k \in K_1$, 有 $\lim\limits_{k\to+\infty} \Delta_k = 0$. 根据引理 5.16, 有 $k \to +\infty$, 算法 5.3 的内部迭代有限终止, 这与算法 5.3 不能有限终止相矛盾. 因此, $\{x_k\} \in X$ 的聚点不是 KKT 点或不可行稳定点. □

5.3.3 数值结果

利用算法 5.3 测试如下. 算法中使用的参数为: $\alpha = 2$, $\gamma = 0.999$, $\beta = 0.001$, $\varepsilon = 10^{-6}$, $\sigma = 0.5$.

例 5.1

$$
\begin{aligned}
\min_{x\in\mathbb{R}^n} \quad & f(x) = 1.21\exp(x_1) + \exp(x_2) \\
\text{s.t.} \quad & g(x,w) = w - \exp(x_1 + x_2) \leqslant 0, \quad w \in \Omega = [0,1], \\
& x_0 = (0.8, 0.9)^{\mathrm{T}}.
\end{aligned}
$$

例 5.2

$$
\begin{aligned}
\min_{x\in\mathbb{R}^n} \quad & f(x) = x_1^2 + x_2^2 + x_3^2 \\
\text{s.t.} \quad & g(x,w) = x_1 + x_2\exp(x_3 w) + \exp(2w) - 2\sin(4w) \leqslant 0, \quad w \in \Omega = [0,1], \\
& x_0 = (1,1,1)^{\mathrm{T}}.
\end{aligned}
$$

例 5.3

$$
\begin{aligned}
\min_{x\in\mathbb{R}^n} \quad & f(x) = \frac{1}{3}x_1^2 + \frac{1}{2}x_1 + x_2^2 \\
\text{s.t.} \quad & g(x,w) = (1 - x_1^2 w^2)^2 - x_1 w^2 - x_2^2 + x_2 \leqslant 0, \quad w \in \Omega = [0,1], \\
& x_0 = (1, -1)^{\mathrm{T}}.
\end{aligned}
$$

例 5.4

$$
\min_{x\in\mathbb{R}^n} \quad f(x) = \sum_{i=1}^{n} \exp(x_i)
$$

$$\text{s.t.} \quad g(x,w) = \frac{1}{1+w^2} - \sum_{i=1}^{n} x_i w^{i-1} \leqslant 0, \quad w \in \Omega = [-1,1],$$

$$x_0 = (1, 0 \cdots 0, \cdots, 0)^{\mathrm{T}}.$$

在表 5.3 和表 5.4 中, n 表示 x 的维数, $f(x^*)$ 表示目标函数的最优值.

表 5.3 相同条件下算法 5.3 与 Matlab 中算法的比较

	n	迭代次数		$f(x^*)$
		算法 5.3	Matlab 中的算法	
例 5.1	2	14	37	2.2000
例 5.2	3	25	40	5.3257
例 5.3	2	33	8	0.1944
例 5.4	10	26	58	11.2252
例 5.4	50	27	88	50.7584

在表 5.3 中, 数值结果表明, 算法 5.3 的迭代次数比 Matlab 少. 此外, 应注意的是, 最优值对自适应参数 δ_k 的初始值不敏感, 无论如何选择 δ_k 的初始值, 结果都保持不变 (例如, 初始 δ_k 给定 -10, 10, 0, -100, 100, δ_k 的最优值不会改变).

表 5.4 n 不同时, 算法 5.3 与 Matlab 中的算法关于目标函数值的比较

	n	$f(x^*)$	
		算法 5.3	Matlab 中的算法
例 5.4	100	99.5988	-
例 5.4	150	149.3297	-
例 5.4	200	199.1493	-
例 5.4	250	249.0060	-
例 5.4	500	498.7796	-
例 5.4	1000	998.7832	-

在表 5.4 中, 对于例 5.4, 当 $n \geqslant 100$ 时, Matlab 中的算法失效, 而上述所提出的算法可以稳定地解决该问题.

第 6 章　无罚无滤方法

6.1　求解非线性互补问题的自适应无罚无滤方法

非线性互补问题[97,102,113,114] 是一类寻找满足等式和不等式系统

$$x \geqslant 0, \quad F(x) \geqslant 0, \quad x^{\mathrm{T}} F(x) = 0 \tag{6.1.1}$$

的向量 $x \in \mathbb{R}^n$ 的问题, 其中 $F : \mathbb{R}^n \to \mathbb{R}^n$ 是一个给定的可微连续函数.

数学、经济、管理和工程中的许多问题都可以表述为互补问题, 例如, 在数学领域中, 互补问题可以用来求解绝对值方程; 在经济领域中, 竞争均衡问题中的经典 Walrasian 定律可以表述为以价格和超额需求为变量的互补问题, 此时的互补条件表示为: 如果商品的价格为正, 则商品的超额需求必须为零, 如果商品的超额供给为正, 则商品的价格必须为零; 在交通领域中, 交通理论中著名的 Wardrop 用户均衡原理能够表述为一个互补系统, 在这种情况下, 互补条件是陈述在网络中采用最短路径的交通网络用户的行为.

6.1.1　非线性互补自适应算法

将非线性互补问题重构为一个具有以下形式的约束最优化问题:

$$\begin{aligned} \min_{x \in \mathbb{R}^n} \quad & f(x) = \|x^{\mathrm{T}} c(x)\|_2^2, \\ \text{s.t.} \quad & c(x) \geqslant 0, \\ & x \geqslant 0, \end{aligned} \tag{6.1.2}$$

其中, $x = (x_1, x_2, \cdots, x_n)^{\mathrm{T}}$, $c(x) = (c_1(x), c_2(x), \cdots, c_n(x))^{\mathrm{T}}$.

仿照前面所述的滤子方法的思想, 构造合适的目标函数和约束违反度函数来达到最优性和可行性的双重目标. 利用约束违反度函数信息构造目标函数如下:

$$\theta(x) = f(x) + \delta h(x), \tag{6.1.3}$$

其中 δ 不是罚参数, 而是前面所述的根据试探点对算法的贡献而自主进行更新的自适应算子.

$$h(x) = \|[(x^{\mathrm{T}}, c(x)^{\mathrm{T}})^{\mathrm{T}}]^{+}\|, \tag{6.1.4}$$

其中,

$$[(x^{\mathrm{T}}, c(x)^{\mathrm{T}})^{\mathrm{T}}]_i^{+} = \max\{(x^{\mathrm{T}}, c(x)^{\mathrm{T}})_i^{\mathrm{T}}, 0\}. \tag{6.1.5}$$

对于当前第 k 次迭代, 分别将 $\theta(x_k), h(x_k), f(x_k)$ 写为 θ_k, h_k, f_k. d_k 由以下改进信赖域二次子问题 (6.1.6) 得到,

$$\begin{aligned} \min \quad & \nabla\|x^{\mathrm{T}}c(x)\|_2^2 \\ \text{s.t.} \quad & c_i(x_k) + \nabla c_i(x_k)^{\mathrm{T}} d_k \geqslant \Psi^{+}(x_k, \Delta_k), \quad i \in I = \{1, 2, \cdots, m\}, \\ & x_i(x_k) + E_i d_k \geqslant \Psi^{+}(x_k, \Delta_k), \quad i \in I = \{1, 2, \cdots, m\}, \\ & \|d_k\|_2 \leqslant \Delta_k, \end{aligned} \tag{6.1.6}$$

其中 E_i 是单位矩阵 E 的第 i 列,

$$\Psi^{+}(x_k, \Delta_k) = \min\{\Psi(x_k, \Delta_k), 0\}, \tag{6.1.7}$$

$$\Psi(x_k, \Delta_k) = \min\{\bar{\Psi}(x_k, \Delta_k) : \|d\|_2 \leqslant \Delta_k\}, \tag{6.1.8}$$

且

$$\bar{\Psi}(x_k, \Delta_k) = \min\{c_i(x_k) + \nabla c_i(x_k)^{\mathrm{T}} d_k, x_i + E_i d_k\}, \quad i \in I. \tag{6.1.9}$$

传统的目标函数实际下降量和预测下降量的度量方法为

$$\mathrm{Ared}_k^f = f(x_k) - f(x_k^{+}), \tag{6.1.10}$$

$$\mathrm{Pred}_k^f = -\left((\nabla\|f(x_k)\|_2^2)^{\mathrm{T}} d_k + \frac{1}{2} d_k^{\mathrm{T}} H_k d_k\right), \tag{6.1.11}$$

其中 $x_k^{+} = x_k + d_k$, H_k 是 $\nabla^2 f(x_k)$ 的近似.

基于上一章提到的非单调技巧, 定义了 $f(x)$ 和 $\theta(x)$ 的非单调下降量,

$$\mathrm{Rared}_k^f = rc_k^f - f(x_k^{+}), \tag{6.1.12}$$

$$\mathrm{Rared}_k^\theta = rc_k^\theta - \theta(x_k^{+}), \tag{6.1.13}$$

其中,

$$rc_k^f = \lambda_1^f rc_{k-1}^f + \lambda_2^f f_k, \tag{6.1.14}$$

$$rc_0^f = f(x_0), \tag{6.1.15}$$

$$\lambda_1^f, \lambda_2^f \in (0, 1), \tag{6.1.16}$$

$$rc_k^\theta = \lambda_1^\theta rc_{k-1}^\theta + \lambda_2^\theta \theta_k, \tag{6.1.17}$$

$$rc_0^\theta = \theta(x_0), \tag{6.1.18}$$

$$\lambda_1^\theta, \lambda_2^\theta \in (0,1). \tag{6.1.19}$$

为了方便起见, 定义

$$\Delta f_k = f(x_k) - f(x_k + d_k), \tag{6.1.20}$$

$$\Delta q_k = \frac{\text{Rared}_k^f}{\text{Pred}_k^f}. \tag{6.1.21}$$

算法的两个目标是最小化目标函数和最小化约束违反度函数. 在非单调的意义下, 令

$$rc_k^h = \lambda_1^h rc_{k-1}^h + \lambda_2^h h_k, \tag{6.1.22}$$

其中 $rc_0^h = h(x_0)$, $\lambda_1^h, \lambda_2^h \in (0,1)$.

如果一个试探点能使约束违反度函数 $h(x)$ 或目标函数 $\theta(x)$ 有一定程度的优化, 那就认为该试探点是可以接受的. 定义约束违反度函数和目标函数的充分下降条件为

$$h(x_k^+) \leqslant \beta \max_{0 \leqslant j \leqslant m(k)-1} \{h_{k-j}\}, \tag{6.1.23}$$

或

$$\theta(x_k^+) \leqslant rc_k^\theta - \gamma h(x_k^+) \quad 和 \quad h(x_k^+) \leqslant \beta rc_k^h, \tag{6.1.24}$$

其中 β, γ 是两个常数且 $0 < \gamma < \beta < 1$, $m(k)$ 是一个常数.

若 (6.1.23) 或 (6.1.24) 成立, 需要考虑以下两种情形.

情形 I: $\Delta q_k \leqslant 0$.

在这种情形下, 若

$$h(x_k^+) \leqslant \beta h(x_k), \tag{6.1.25}$$

则接受该试探点, 且自适应算子保持不变.

情形 II: $\Delta q_k > 0$.

在这种情况下, 若

$$\text{Rared}_k^\theta > \eta \text{Pred}_k^f, \tag{6.1.26}$$

其中 $\eta \in (0,1)$, 则接受试探点并增大自适应算子.

自适应算子 δ 更新为下式:

$$\delta_{k+1} = \delta_k + \left| \frac{\theta(x_k) - \theta(x_k^+)}{h(x_k) - h(x_k^+)} \right|. \tag{6.1.27}$$

若 (6.1.23) 和 (6.1.24) 都不成立, 但有

$$\|h(x_k^+)\| \leqslant \alpha_1 \|d_k\|_\infty^{\alpha_2} \quad 且 \quad \mathrm{Ared}_k^f > \eta \mathrm{Pred}_k^f \tag{6.1.28}$$

成立, 其中 $\alpha_1, \eta \in (0,1)$, $\alpha_2 > 1$, 则接受试探点. 此时, 可以收紧接受域, 更新自适应算子 δ 为

$$\delta_{k+1} = \delta_k - \left| \frac{\theta(x_k) - \theta(x_k^+)}{h(x_k) - h(x_k^+)} \right|. \tag{6.1.29}$$

随着试探点接受或拒绝为成功迭代, 信赖域半径更新为

$$\Delta_{k+1} = \begin{cases} 2\Delta_k, & 若接受\ x_k^+, \\ \dfrac{1}{2}\Delta_k, & 否则. \end{cases} \tag{6.1.30}$$

提出下面的算法:

算法 6.1

步骤 0 初始化. 令 $x_0 \in \mathbb{R}^n$, Δ_0, $\varepsilon > 0$, $k = 0$, $h(x_0) = \|c(x_0)\|_\infty$, $\alpha_1 \in (0,1)$, $\alpha_2 > 1$, β, γ, $\eta \in (0,1)$, $m(k) > 0$.

步骤 1 解 (6.1.6) 得到 d_k. 若 $\|d_k\|_2 < \varepsilon$, 停止; 否则令 $x_k^+ = x_k + d_k$, 转步骤 2.

步骤 2 若 $k < m(k) - 1$, 转步骤 3; 否则转步骤 6.

步骤 3 若满足 (6.1.23) 或 (6.1.24), 转步骤 4; 否则转步骤 5.

步骤 4 若 $\Delta q_k \leqslant 0$, 转步骤 6; 否则转步骤 7.

步骤 5 若 $\|h(x_k^+)\| \leqslant \alpha_1 \|d_k\|_\infty^{\alpha_2}$ 且 $\mathrm{Ared}_k^f > \eta \mathrm{Pred}_k^f$, 令 $x_{k+1} = x_k^+$, $\delta_{k+1} = \delta_k - \left| \dfrac{\theta(x_k) - \theta(x_k^+)}{h(x_k) - h(x_k^+)} \right|$, 转步骤 8; 否则令 $x_{k+1} = x_k$, $\delta_{k+1} = \delta_k$, 转步骤 8.

步骤 6 若满足 $h(x_k^+) \leqslant \beta h(x_k)$, 令 $x_{k+1} = x_k^+$, $\delta_{k+1} = \delta_k$, 转步骤 8; 否则令 $x_{k+1} = x_k$, $\delta_{k+1} = \delta_k$, 转步骤 8.

步骤 7 若满足 $\mathrm{Rared}_k^\theta > \eta \mathrm{Pred}_k^f$, 令 $x_{k+1} = x_k^+$, $\delta_{k+1} = \delta_k + \left| \dfrac{\theta(x_k) - \theta(x_k^+)}{h(x_k) - h(x_k^+)} \right|$, 转步骤 8; 否则令 $x_{k+1} = x_k$, $\delta_{k+1} = \delta_k$, 转步骤 8.

步骤 8 更新信赖域半径

$$\Delta_{k+1} = \begin{cases} 2\Delta_k, & 若接受\ x_k^+, \\ \dfrac{1}{2}\Delta_k, & 否则, \end{cases} \tag{6.1.31}$$

转步骤 9.

步骤 9 令 $k := k+1$, 转步骤 1.

假设 (6.1.6) 有局部解 d_k, 则 d_k 是 (6.1.6) 的一个 KKT 点. 这意味着存在乘子 $\lambda_1, \lambda_2, \mu \in \mathbb{R}^n$, 满足

$$\begin{aligned}
&\nabla \|x_k^{\mathrm{T}} c(x_k)\|^2 + H_k d_k + \lambda_1 \nabla c(x_k) + \lambda_2 + \mu d_k = 0, \\
&\nabla c_i(x_k)^{\mathrm{T}} d_k + c_i(x_k) - \Psi^+(x_k, \Delta_k) \geqslant 0, \quad i \in I = \{1, 2, \cdots, m\}, \\
&x_i(x_k) + E_i^{\mathrm{T}} d_k - \Psi^+(x_k, \Delta_k) \geqslant 0, \quad i \in I = \{1, 2, \cdots, m\}, \\
&\Delta_k - \|d_k\|_2 \geqslant 0, \\
&\lambda_1^i(\nabla c_i(x_k)^{\mathrm{T}} d_k + F_i(x_k) - \Psi^+(x_k, \Delta_k)) = 0, \quad i \in I = \{1, 2, \cdots, m\}, \\
&\lambda_2^i(x_i(x_k) + d_k - \Psi^+(x_k, \Delta_k)) = 0, \quad i \in I = \{1, 2, \cdots, m\}, \\
&\mu(\Delta_k - \|d_k\|_2) = 0, \\
&\lambda_1, \lambda_2, \mu \geqslant 0.
\end{aligned} \tag{6.1.32}$$

类似地, 若 x_k 是问题 (6.1.2) 的一个 KKT 点, 则存在乘子向量 $\overline{\lambda}_1, \overline{\lambda}_2$ 满足

$$\begin{aligned}
&\nabla \|x_k^{\mathrm{T}} c(x_k)\|^2 + \overline{\lambda}_1^{\mathrm{T}} \nabla c(x_k) + \overline{\lambda}_2 = 0, \\
&c(x_k) \geqslant 0, \\
&x_k \geqslant 0, \\
&\overline{\lambda}_1^{\mathrm{T}} c(x_k) = 0, \\
&\overline{\lambda}_2^{\mathrm{T}} x_k = 0, \\
&\overline{\lambda}_1, \overline{\lambda}_2 \geqslant 0.
\end{aligned} \tag{6.1.33}$$

为了证明算法的适定性, 做出以下假设:

假设 6.1 $f : \mathbb{R}^n \to \mathbb{R}$ 和 $c : \mathbb{R}^n \to \mathbb{R}^n$ 连续可微.

假设 6.2 假设 MFCQ 在 $x \in \mathbb{R}^n$ 成立, 即存在一个向量 d 满足

$$\{d \mid \nabla c(x)^{\mathrm{T}} d < 0\}.$$

引理 6.1 设假设 6.1 成立且 $x_k \in \mathbb{R}^n$, 那么 d_k 是子问题 (6.1.6) 的一个最优解当且仅当 d_k 为 (6.1.6) 的一个 KKT 点.

证明 若 d_k 是子问题 (6.1.6) 的一个 KKT 点, 其中 (6.1.6) 是一个凸规划, 则 d_k 也是子问题 (6.1.6) 的一个最优解. 相反, 若 d_k 是 (6.1.6) 的一个最优解, 其中 MFCQ 成立, 则 d_k 是 (6.1.6) 的一个 KKT 点. □

引理 6.2 若 $d_k = 0$ 是子问题 (6.1.6) 的一个最优解, 那么 x_k 是非线性互补问题的一个 KKT 点.

证明 若 $d_k=0$ 是子问题 (6.1.6) 的一个最优解, 那么, $d_k=0$ 是 (6.1.6) 的一个 KKT 点, 即 $d_k=0$ 满足 (6.1.32). 令 $d_k=0$, $\lambda_1,\lambda_2=0$, 得到 x_k 满足 (6.1.33). 所以, x_k 是非线性互补问题的一个 KKT 点. □

此外, 算法 6.1 中的自适应算子 δ_k 的更新仅与目标函数和约束违反度函数相关, 其更新格式为

$$\delta_{k+1}=\delta_k+\left|\frac{\theta(x_k)-\theta(x_k^+)}{h(x_k)-h(x_k^+)}\right|, \tag{6.1.34}$$

或

$$\delta_{k+1}=\delta_k-\left|\frac{\theta(x_k)-\theta(x_k^+)}{h(x_k)-h(x_k^+)}\right|. \tag{6.1.35}$$

6.1.2 算法的收敛性

为了得到算法 6.1 的全局收敛性, 给出如下基本假设.

假设 6.3 迭代 $\{x_k\}$ 位于紧凸集 $\Omega=\{x\in\mathbb{R}^n|x\geqslant 0, c(x)\geqslant 0\}$ 上.

假设 6.4 函数 $c(x)$ 在包含 X 的开集中二次连续可微.

假设 6.5 矩阵序列 $\{H_k\}$ 一致有界, 这意味着存在常数 M 满足 $\|H_k\|\leqslant M$.

假设 6.6 函数 $c(x)$ 在 X 上一致有界.

引理 6.3[23] 设假设 6.3 和假设 6.6 成立, 且令 $\overline{x}$ 为问题在 MFCQ 成立时的一个可行点, 但不是 KKT 点. 那么存在 $\overline{x}$ 的邻域 N 和正常数 ξ_1, ξ_2, ξ_3 和 ν, 对于所有的 $x_k\in N\cap X$ 和所有满足

$$\xi_2 h(x_k)\leqslant\rho_k\leqslant\xi_3 \tag{6.1.36}$$

的 ρ_k 成立

$$\mathrm{Pred}_k^f\geqslant\frac{1}{3}\xi_1\rho_k, \tag{6.1.37}$$

其中常数 ξ_1 充分大.

若 $\rho_k\leqslant\dfrac{(1-\eta_3)\xi_1}{3n\nu}$, 那么

$$f(x_k)-f(x_k^+)\geqslant\eta\mathrm{Pred}_k^f, \tag{6.1.38}$$

其中 $\eta<\eta_3$. 若 $h(x_k)>0$ 和 $\rho_k\leqslant\sqrt{\dfrac{2\beta h(x_k)}{n^2\nu_2}}$ 成立, 那么

$$h(x_k^+)\leqslant\beta h(x_k). \tag{6.1.39}$$

引理 6.4 若算法产生一个无限迭代序列 $\{x_k\}$, 其中 $\{h(x_k)\}>0$, $f(x_k)$ 有下界, 那么 $h(x_k)\to 0$, $k\to\infty$.

证明 从如下三种情况进行证明.

情形 I: $K_1=\{k|h(x_k^+)\leqslant\beta\max\limits_{0\leqslant j\leqslant m(k)-1}h_{k-j}\}$ 是一个无限指标集. 令

$$h(x_{l(k)})=\max_{0\leqslant j\leqslant m(k)-1}\{h_{k-j}\},\tag{6.1.40}$$

其中 $k-m(k)\leqslant l(k)\leqslant k$.

由于 $m(k+1)\leqslant m(k)$, 故有

$$\begin{aligned}h(x_{l(k+1)})&=\max_{0\leqslant j\leqslant m(k+1)-1}\{h_{k+1-j}\}\\&\leqslant\max_{0\leqslant j\leqslant m(k)-1}\{h_{k+1-j}\}\\&\leqslant\max_{0\leqslant j\leqslant m(k)}\{h_{k+1-j}\}\\&=\max\{h(x_{l(k)}),h(x_{k+1})\}\\&=h(x_{l(k)}),\end{aligned}\tag{6.1.41}$$

这意味着 $\{h(x_{l(k)})\}$ 收敛. 那么, 通过

$$h(x_{k+1})\leqslant\beta\max_{0\leqslant j\leqslant m(k+1)-1}\{h_{k-j}\},\tag{6.1.42}$$

有

$$h(x_{l(k+1)})\leqslant\beta h(x_{l(k)}).\tag{6.1.43}$$

因为 $\beta\in(0,1)$, 则得到 $h(x_{l(k)})\to0(k\to\infty)$. 因此 $h(x_{k+1})\leqslant\beta h(x_{l(k)})\to0$ 成立, 即 $\lim\limits_{k\to\infty}h(x_k)=0$.

情形 II: $K_2=\{k|\theta(x_k^+)\leqslant rc_k^\theta-\gamma h(x_k)$ 且 $h(x_k^+)\leqslant\beta rc_k^h\}$ 是一个无限指标集. 则对于所有的 $k\in K_2$, 下式成立,

$$\theta(x_k)\leqslant\theta(x_0)-\lambda\gamma\sum_{r=0}^{k-2}h(x_r)-\gamma h(x_{k-1})\leqslant\theta(x_0)-\lambda\gamma\sum_{r=0}^{k-1}h(x_r),\tag{6.1.44}$$

其中 $\lambda\in(0,1)$. 用归纳法证明:

若 $k=1$, 有

$$\theta(x_1)\leqslant\theta(x_0)-\gamma h(x_0)\leqslant\theta(x_0)-\lambda\gamma h(x_0).$$

假设上式对于 $1,2,\cdots,k$ 成立, 那么考虑在下列情况下对于 $k+1$ 成立, 则

$$\theta(x_{k+1})\leqslant\max\{\theta(x_k),rc_k^\theta-\gamma h(x_k)\}$$

$$\leqslant \sum_{t=0}^{m(k)} \lambda_{kt} \left(\theta(x_0) - \lambda\gamma \sum_{r=0}^{k-t-2} h(x_r) - \gamma h(x_{k-t-1}) \right) - \gamma h(x_k)$$

$$:= A + B + C$$

$$\leqslant \sum_{t=0}^{m(k)} \lambda_{kt} \left(\theta(x_0) - \lambda\gamma \sum_{r=0}^{k-m(k)-2} \left(\sum_{t=0}^{m(k)} \lambda_{kt} \right) h(x_r) \right.$$

$$\left. - \sum_{t=0}^{m(k)} \lambda_{kt} \gamma h(x_{k-t-1}) \right) - \gamma h(x_k), \tag{6.1.45}$$

其中,

$$A = \lambda_{k0} \left(\theta(x_0) - \lambda\gamma \sum_{r=0}^{k-m(k)-2} h(x_r) - \lambda\gamma \sum_{r=k-m(k)-1}^{k-2} h(x_r) - \gamma h(x_{k-1}) \right) - \gamma h(x_k), \tag{6.1.46}$$

$$B = \lambda_{k1} \left(\theta(x_0) - \lambda\gamma \sum_{r=0}^{k-m(k)-2} h(x_r) - \lambda\gamma \sum_{r=k-m(k)-1}^{k-3} h(x_r) \right) - \gamma h(x_{k-2}), \tag{6.1.47}$$

$$C = \lambda_{km(k)} \left(\theta(x_0) - \lambda\gamma \sum_{r=0}^{k-m(k)-2} h(x_r) \right) - \gamma h(x_{k-m(k)-1}), \quad \lambda_{kt} \in (0,1). \tag{6.1.48}$$

那么, 有

$$\theta(x_{k+1}) \leqslant \sum_{t=0}^{m(k)} \lambda_{kt} \theta(x_0) - \lambda\gamma \sum_{r=0}^{k-m(k)-2} h(x_r) - \lambda\gamma \sum_{r=k-m(k)-1}^{k-1} h(x_r) - \gamma h(x_k)$$

$$= \sum_{t=0}^{m(k)} \lambda_{kt} \theta(x_0) - \lambda\gamma \sum_{r=0}^{k-1} h(x_r) - \gamma h(x_k)$$

$$\leqslant \sum_{t=0}^{m(k)} \lambda_{kt} \theta(x_0) - \lambda\gamma \sum_{r=0}^{k} h(x_r)$$

$$\leqslant \theta(x_0) - \lambda\gamma \sum_{r=0}^{k} h(x_r). \tag{6.1.49}$$

因此, 对于所有 $k \in K_2$, $\theta(x_k) \leqslant \theta(x_0) - \lambda\gamma \sum\limits_{r=0}^{k-1} h(x_r)$ 成立.

此外, 因为 $\{\theta(x_k)\}$ 有下界, 令 $k\to\infty$, 则有 $\sum\limits_{r=0}^{\infty}h(x_r)<\infty$, 满足 $h(x_k)\to 0, k\to\infty$.

情形 III: $K_3=\{k|\|h(x_k^+)\|\leqslant\alpha_1\|d_k\|_\infty^{\alpha_2}$ 且 $\mathrm{Ared}_k^f>\eta\mathrm{Pred}_k^f\}$ 是一个无限指标集.

反证法. 假设存在一个常数 ε, 即 $h(x_k)>\varepsilon$, 对于所有充分大的 $k\in K_3$ 成立. 由上面的定义, 下式成立,

$$
\begin{aligned}
&\left|\mathrm{Ared}_k^f-\mathrm{Pred}_k^f\right|\\
=&\left|\theta(x_k)-\theta(x_k^+)+g_k^{\mathrm{T}}d_k+\frac{1}{2}d_k^{\mathrm{T}}H_kd_k\right|\\
=&\left|f(x_k)+\delta_kh(x_k)-f(x_k^+)-\delta_{k+1}h(x_k+d_k)+g_k^{\mathrm{T}}d_k+\frac{1}{2}d_k^{\mathrm{T}}H_kd_k\right|\\
\leqslant&\left|\frac{1}{2}d_k^{\mathrm{T}}(\nabla^2f(y_k)-H_k)d_k+\delta_kh(x_k)-\delta_{k+1}h(x_k^+)\right|\\
\leqslant&\rho_k^2\frac{1}{2}\|\nabla^2f(y_k)-H_k\|+|\delta_{k+1}|h(x_k^+),
\end{aligned}
\tag{6.1.50}
$$

其中 $y_k=x_k+\xi d_k, \xi\in(0,1)$. 由 δ_k 的更新和 $h(x_k^+)$ 的定义, 有

$$
|\delta_{k+1}|\leqslant\rho_k\quad 和\quad h(x_k^+)=\|c^+(x_k+d_k)\|\leqslant\nu_2\rho_k+\frac{1}{2}\nu_2\rho_k^2.
$$

因此, 得到

$$
\begin{aligned}
|\mathrm{Ared}_k^f-\mathrm{Pred}_k^f|&\leqslant\rho_k^2b+\rho_k\left(\nu_2\rho_k+\frac{1}{2}\nu_2\rho_k^2\right)\\
&\leqslant\left(b+\nu_2\left(1+\frac{1}{2}\delta\right)\right)\rho_k^2,
\end{aligned}
\tag{6.1.51}
$$

其中 $b=\frac{1}{2}(\sup\|H_k\|+\max\|\nabla^2f(x)\|)$. 联立

$$
|\mathrm{Pred}_k^f|=|-g_k^{\mathrm{T}}d_k-\frac{1}{2}d_k^{\mathrm{T}}H_kd_k|\geqslant\frac{1}{3}\xi_1\rho_k,\tag{6.1.52}
$$

有

$$
\left|\frac{\mathrm{Ared}_k^f-\mathrm{Pred}_k^f}{\mathrm{Pred}_k^f}\right|\leqslant\frac{\left(b+\nu_2\left(1+\frac{1}{2}\delta\right)\right)\rho_k^2}{\frac{1}{3}\xi_1\rho_k}.\tag{6.1.53}
$$

因为 $\mathrm{Ared}_k^f > \eta \mathrm{Pred}_k^f$, 故所有 $\rho_k \to 0$ 对于充分大的 k 成立, 这与 $\|d_k\| > 0$ 矛盾. 所以结论成立. □

引理 6.5　设假设 6.3—假设 6.6 成立. 若算法 6.1 非有限终止, 则

$$\lim_{k\to\infty} \|d_k\| = 0.$$

证明　反证法. 假设存在常数 $\varepsilon > 0$ 和 $\overline{k} > 0$ 对于所有的 $k > \overline{k}$ 满足 $\|d_k\| > \varepsilon$.

因为 $\mathrm{Ared}_k^f \geqslant \eta \mathrm{Pred}_k^f$, 由 $|\mathrm{Pred}_k^f| > \dfrac{1}{3}\xi_1 \varepsilon > 0$, 有

$$f(x_k) - f(x_k^+) \geqslant \sigma \mathrm{Pred}_k^f.$$

因为序列 $\{f(x_k)\}$ 有下界, 所以有 $\eta \sum \mathrm{Pred}_k^f < \infty$, 这意味着随着 $k \to \infty$, $\mathrm{Pred}_k^f \to 0$, 这与 $\mathrm{Pred}_k^f > 0$ 矛盾. 结论成立. □

引理 6.6　设假设 6.3—假设 6.6 成立, 则算法 6.1 的内循环有限终止.

证明　由 Δ_k 的定义和 Δ_k 的更新规则可知, 内循环在有限次迭代内终止. 这意味着在有限次迭代后, 满足条件 $\|d_k\|_2 < \varepsilon$. □

引理 6.7　自适应算子 δ_k 有界.

证明　由引理 6.5 知 δ_k 在有限次迭代后保持不变. 因此 δ_k 有界. □

利用上述引理和假设的结果, 可得到下述全局收敛性结果.

定理 6.1　设假设 6.3—假设 6.6 成立, 那么算法的结果为下列之一:

(1) 收敛到非线性互补问题的 KKT 点;

(2) 通过算法 6.1 得到无限序列 $\{x_k\} \in X$, 存在可行聚点, 该点要么是一个 KKT 点, 要么不满足 MFCQ.

6.1.3 数值结果

将算法 6.1 与牛顿型算法和传统滤子算法进行了性能比较. 参数设置为: $\Delta_0 = 3$, $\varepsilon = 10^{-4}$, $\beta = 0.9$, $\gamma = 0.1$, $\lambda_l = 0.5$, $\lambda_h = 0.5$, $\lambda_f = 0.5$, $\eta = 0.9$, $\alpha_1 = 0.5$, $\alpha_2 = 2$, $\delta_0 = 0.5$. M 表示非单调程度.

问题形式为

$$\begin{aligned} \min_{x\in\mathbb{R}^n} \quad & f(x) = \|x^{\mathrm{T}} c(X)\|_2^2 \\ \text{s.t.} \quad & c(x) \geqslant 0, \\ & x \geqslant 0. \end{aligned}$$

例 6.1

$$c(x) = [c_1(x), c_2(x), c_3(x), c_4(x)]^{\mathrm{T}},$$

$$
\begin{aligned}
c_1(x) &= 3x_1^2 + 2x_1x_2 + 2x_2^2 + x_3 + 3x_4 - 6, \\
c_2(x) &= 2x_1^2 + x_1 + x_2^2 + 10x_3 + 2x_4 - 2, \\
c_3(x) &= 3x_1^2 + x_1x_2 + 2x_2^2 + 2x_3 + 9x_4 - 9, \\
c_4(x) &= x_1^2 + 3x_2^2 + 2x_3 + 3x_4 - 3.
\end{aligned}
$$

该问题有一个非退化解 $x^* = (1,0,3,0)^{\mathrm{T}}$ 和一个退化解 $x^{**} = \left(\dfrac{\sqrt{6}}{2}, 0, 0, \dfrac{1}{2}\right)^{\mathrm{T}}$.

选择初始点 $x_0 = a(1,1,1,1)^{\mathrm{T}}$, 其中 a 是一个随机数. 将算法 6.1 的结果与传统滤子方法和牛顿法进行比较.

在表 6.1 中, 迭代次数用 "ITER" 表示, CPU 运行时间用 "CPU" 表示, "NT" 表示牛顿型方法, 其结果可参见 [109]; "TR" 指传统滤子算法, 其结果可参见 [115], "ALG 6.1" 是应用算法 6.1 得到的结果. 从表 6.1 可以看出, 算法 6.1 比其他两种算法都要快. 虽然算法 6.1 的迭代次数比传统的滤子算法和牛顿法都要大, 但 CPU 时间大大缩短.

表 6.1 算法 6.1 与牛顿法的比较

	ITER NT-TR-ALG 6.1	CPU NT-TR-ALG 6.1
$a=1$	16**-41**-3*	1.8440-28.6090-0.05486
$a=5$	41**-169**-91**	30.4840-140.2960-1.4454
$a=30$	18**-33**-44**	14.3440-29.7030-0.5905
$a=100$	21**-53**-69**	17.1870-37.5000-0.9774

在表 6.2 中, 列出了不同非单调程度下的不同迭代数和 CPU 时间.

表 6.2 不同非单调程度 $m(k)$ 下迭代次数与 CPU 时间的比较

		$m(k)=1$	$m(k)=3$	$m(k)=10$
$a=1$	ITER	3	3	3
	CPU	0.05486	0.05536	0.04988
$a=5$	ITER	91	47	44
	CPU	1.4454	0.9027	0.6512
$a=30$	ITER	44	41	41
	CPU	0.5905	0.5262	0.5442
$a=100$	ITER	69	69	69
	CPU	0.9774	0.9469	0.9148

例 6.2

$$c(x) = [c_1(x), \cdots, c_8(x)]^{\mathrm{T}},$$

$$
\begin{aligned}
c_1(x) &= -0.8 + x_4 e^{x_1} + x_6, \\
c_2(x) &= -x_4 + x_5 e^{x_2} + x_7, \\
c_3(x) &= -0.2 - x_5 + x_8, \\
c_4(x) &= x_2 - e^{x_1}, \\
c_5(x) &= x_3 - e^{x_2}, \\
c_6(x) &= 100 - x_1, \\
c_7(x) &= 100 - x_2, \\
c_8(x) &= 10 - x_3.
\end{aligned}
$$

从表 6.3 中可以看出, 对于不同的起点, 算法 6.1 的迭代次数和 CPU 时间都远小于 Matlab 中的算法. 相比于传统算法, 虽然对于不同的起点, 算法 6.1 在迭代次数和 CPU 时间上的优势有所变化, 但是算法 6.1 总是优于传统算法的. 因此, 与传统算法以及 Matlab 中的算法相比, 算法 6.1 明显更加有效.

表 6.3　算法 6.1 与 Matlab 中起点不同的传统方法的比较

起点	ITER ALG-6.1-TR-Matlab	CPU ALG-6.1-TR-Matlab
$x_0=(-1,-1,-1,-1,-1,-1,-1,-1)^{\mathrm{T}}$	22-26-278	0.5285-1.2553-1.6683
$x_0=(-1,-1,-1,-1,1,1,1,1)^{\mathrm{T}}$	23-23-284	0.6991-0.7942-1.7323
$x_0=(0,0,0,0,0,0,0,0)^{\mathrm{T}}$	17-40-289	0.4030-0.5164-2.1705

6.2　求解半无限问题的无罚无滤方法

考虑下面的非线性半无限规划:

$$
\begin{aligned}
\text{(SIP):}\quad & \min_{x\in\mathbb{R}^n} \quad f(x) \\
& \text{s.t.} \quad g(x,t)\leqslant 0, \quad t\in T,
\end{aligned}
$$

其中, $x\in\mathbb{R}^n$ 是决策向量, T 是闭紧集, 目标函数 $f:\mathbb{R}^n\to\mathbb{R}$ 是二阶连续可微函数, $g(x,t):\mathbb{R}^n\times\mathbb{R}^{|T|}\to\mathbb{R}$ 关于 x 和 t 是连续可微函数.

为了将半无限问题转化为有限问题 [137], 定义 $g_\varepsilon(x,t)$ 为

$$
g_\varepsilon(x,w)=\begin{cases} 0, & \text{若 } g(x,t)<-\varepsilon, \\ \dfrac{(g(x,t)+\varepsilon)^2}{4\varepsilon}, & \text{若 } -\varepsilon\leqslant g(x,t)\leqslant\varepsilon, \\ g(x,w), & \text{若 } g(x,t)>\varepsilon. \end{cases} \tag{6.2.1}
$$

$$G(x) = \int_{\Omega} [g_{\varepsilon}(x,t)]^2 dt, \qquad G(x) \in \mathbb{R}, \tag{6.2.2}$$

故问题 (3.1.59) 等价于下面的有限问题:

$$\begin{aligned} \text{(FP):} \quad & \min_{x\in\mathbb{R}^n} \quad f(x) \\ & \text{s.t.} \quad\ \ G(x) = \rho, \end{aligned} \tag{6.2.3}$$

其中 ε 和 ρ 趋近于 0.

注 6.1 根据 (6.2.2), 当 $\rho = 0$ 时, 有 $\int_T [g_\varepsilon(x,t)]^2 dt = 0$, 即 $g_\varepsilon(x,t) = 0$. 这意味着 $g(x,t) < -\varepsilon$, 满足 $g(x,t) \leqslant 0$.

为了提高 (3.1.59) 最优解的准确性, 采用信赖域策略. 在当前的第 k 次迭代中, d_k 通过下列改进的信赖域二次子问题 (QP) 得到,

$$\begin{aligned} \text{(QP):} \quad \min \quad & \nabla f(x_k)^{\mathrm{T}} d + \frac{1}{2} d^{\mathrm{T}} H_k d + \Delta_k \|G(x_k) + \nabla G(x_k)^{\mathrm{T}} d\|_2^2 \\ \text{s.t.} \quad & \|d\|_2^2 \leqslant \Delta_k, \end{aligned} \tag{6.2.4}$$

其中, x_k 为当前迭代点, $H_k \in \mathbb{R}^{n\times n}$ 为 $f(x)$ 在点 x_k 处的黑塞矩阵的近似, H_k 为对称正定矩阵, 此外, H_k 采用 BFGS 公式更新. $\Delta_k \geqslant 0$ 为第 k 个信赖域的半径.

在当前第 k 次迭代时, 令

$$x_k^+ = x_k + d_k, \tag{6.2.5}$$

$$M(x_k) = f(x_k) + \delta_k \|G(x_k)\|_\infty, \tag{6.2.6}$$

其中 δ_k 为自适应算子.

$$q(d) = \nabla f(x_k)^{\mathrm{T}} d + \frac{1}{2} d^{\mathrm{T}} H_k d + \Delta_k \|G(x_k) + \nabla G(x_k)^{\mathrm{T}} d\|_2^2. \tag{6.2.7}$$

在 x_k 点处的约束违反度函数定义为

$$h(x_k) = \max\{G(x_k) - \rho, 0\}. \tag{6.2.8}$$

定义 $H_k^{\max}$, $M_k^{\max}$, $M(x)$ 的实际减少量 ΔM_k, $f(x)$ 的预测减少量 Δq_k 分别同 (5.3.9), (5.3.10), (5.3.11), (5.3.12).

提出如下算法:

算法6.2

步骤 0　初始化. 令 $x_0 \in \mathbb{R}^n$, $\Delta_0 > 0$, $\varepsilon > 0$. 令$k = 0$, $H_0^{\max} = \|G(x_0) - \rho\|_\infty$, $H_0 = I$, $\alpha > 1$, $\beta, \gamma, \sigma \in (0,1)$.

步骤 1　令 $h(x_k) = \max\{G(x_k) - \rho, 0\}$, 且 $H_k^{\max} = \max\{h(x_1), h(x_2), \cdots, h(x_k)\}$.

步骤 2　若 $\|d_k\|_2 < \varepsilon$, 则返回一阶最优解 x_k. 否则, 令 $x_k^+ = x_k + d_k$.

步骤 3　若 $h(x_k^+) \leqslant \beta H$ 成立或 $\Delta M_k \geqslant \gamma h(x_k^+)$ 和 $h(x_k^+) \leqslant \alpha\beta H$ 同时成立, 则更新 $H_k^{\max}$ 和 H_k (根据 BFGS 公式) 并转步骤 4; 否则, 转步骤 7.

步骤 4　若 $\Delta q_k \leqslant 0$, 则 $x_{k+1} = x_k^+$, $\Delta_{k+1} = \dfrac{\Delta_k}{2}$, $\delta_{k+1} = \delta_k$, $k := k+1$, 更新 $H_k^{\max}$ 和 H_k, 转步骤 2; 否则, 转步骤 5.

步骤 5　若 $\Delta M_k \leqslant \sigma \Delta q_k$, 则令 $x_{k+1} = x_k^+$, $\Delta_{k+1} = \dfrac{\Delta_k}{2}$, $k := k+1$ 更新 $H_k^{\max}$ 和 H_k, 转步骤 2; 否则, 转步骤 6.

步骤 6　若 $h(x_k^+) \leqslant \beta h(x_k)$ 或 $\Delta M_k \geqslant \gamma h(x_k^+)$, 则令 $x_{k+1} = x_k^+$, $\Delta_{k+1} = 2\Delta_k$, $\delta_{k+1} = \delta_k - \left|\dfrac{f(x_k) - f(x_k^+)}{h(x_k) - h(x_k^+)}\right|$, $k := k+1$ 更新 $H_k^{\max}$ 和 H_k, 转步骤 2; 否则, 令 $x_{k+1} = x_k$, $\Delta_{k+1} = \dfrac{\Delta_k}{2}$, $\delta_{k+1} = \delta_k + \left|\dfrac{f(x_k) - f(x_k^+)}{h(x_k) - h(x_k^+)}\right|$, $k := k+1$ 更新 $H_k^{\max}$ 和 H_k. 转步骤 2.

步骤 7　若 $h(x_k^+) > \alpha\beta H$, 则令 $x_{k+1} = x_k$, $\Delta_{k+1} = \dfrac{\Delta_k}{2}$, $\delta_{k+1} = \delta_k + \left|\dfrac{f(x_k) - f(x_k^+)}{h(x_k) - h(x_k^+)}\right|$, $k := k+1$, 更新 $H_k^{\max}$ 和 H_k 并转步骤 2; 否则, 令 $x_{k+1} = x_k$, $\Delta_{k+1} = \dfrac{\Delta_k}{2}$, $\delta_{k+1} = \delta_k$, $k := k+1$, 更新 $H_k^{\max}$ 和 H_k 并转步骤 2.

算法 6.2 中, 用 $M(x)$ 代替目标函数 $f(x)$, 其中 δ_k 是自适应参数, 更新公式为

$$\delta_{k+1} = \begin{cases} \delta_k + \left|\dfrac{f(x_k) - f(x_k^+)}{h(x_k) - h(x_k^+)}\right|, & h(x_k^+) > \alpha\beta H, \\ \delta_k, & \text{其他}. \end{cases} \tag{6.2.9}$$

情形 I: $\Delta q_k \leqslant 0$, 这意味着 d_k 不是 $M(x)$ 的下降方向, 但违反度降低, 接受该试探点. 即, 若 $\Delta M_k \leqslant \sigma \Delta q_k$, 则接受该试探点.

情形 II: $\Delta q_k > 0$, 这意味着 d_k 是 $M(x)$ 的下降方向. 如果 $\Delta M_k > \sigma \Delta q_k$, 且步骤 6 的条件成立, 则接受该试探点. 此外, 如果 $h(x_k^+) \leqslant \beta h(x_k)$ 或 $\Delta M_k \geqslant \gamma h(x_k^+)$, 则可以调整参数 δ_k 以放宽可接受标准. 用下列公式更新 δ_k:

$$\delta_{k+1} = \delta_k - \left| \frac{f(x_k) - f(x_k^+)}{h(x_k) - h(x_k^+)} \right|. \tag{6.2.10}$$

否则, 我们加强可接受条件并增加参数:

$$\delta_{k+1} = \delta_k + \left| \frac{f(x_k) - f(x_k^+)}{h(x_k) - h(x_k^+)} \right|. \tag{6.2.11}$$

若 $h(x_k^+) > \alpha\beta H$, 根据 (6.2.11) 更新 δ_k.

对于信赖域 Δ_k. 如果拒绝该试探点, 则减少信赖域半径. 否则, 通过下式更新信赖域半径,

$$\Delta_{k+1} = \begin{cases} 2\Delta_k, & \text{若接受 } x_k, \\ \dfrac{1}{2}\Delta_k, & \text{否则}. \end{cases} \tag{6.2.12}$$

注意, 算法 6.2 包含了 4 次内部迭代 (分别为步骤 2 → 步骤 4, 步骤 2 → 步骤 5, 步骤 2 → 步骤 6 和步骤 2 → 步骤 3 → 步骤 7) 和一个以 k 为指数的外部迭代. 在内部迭代中, 信赖域半径初始化为 $\Delta > 0$, 并不断减小, 直到找到一个可接受点或进入外部迭代.

设 (6.2.4) 有局部最优解 d_k, 即 d_k 是 (6.2.4) 的一个 KKT 点. 因此, 存在乘子 $\mu_k \in \mathbb{R}^n$, 满足

$$\begin{aligned} &\nabla f(x_k) + H_k d_k + 2\delta_k(G(x_k) + \nabla G(x_k)^{\mathrm{T}} d_k)\nabla G(x_k) + 2\mu_k d_k = 0, \\ &\|d_k\|_2^2 - \Delta_k \leqslant 0, \\ &\mu_k(\|d_k\|_2^2 - \Delta_k) = 0, \\ &\mu_k \geqslant 0. \end{aligned} \tag{6.2.13}$$

同样, 如果 x_k 是问题 (6.2.3) 的一个 KKT 点, 一般令 $\rho = 0$, 那么存在一个乘子向量 λ_k, 使满足下列公式:

$$\begin{aligned} &\nabla f(x_k) + \lambda_k \nabla G(x_k) = 0, \\ &G(x_k) = 0. \end{aligned} \tag{6.2.14}$$

假设 6.7 $f : \mathbb{R}^n \to \mathbb{R}$ 和 $g : \mathbb{R}^n \times T \to \mathbb{R}$ 二次连续可微.

假设 6.8 假设 MFCQ 在任意的 $x \in \mathbb{R}^n$ 成立, 即存在一个向量 d 对于所有的 $w \in \bar{\Omega} = \{w | g(x,t) = 0\}$ 满足 $\nabla_x g(x,t)^{\mathrm{T}} d < 0$.

类似于引理 6.1, 可得

引理 6.8 设假设 6.7 成立且 $x_k \in \mathbb{R}^n$, 当且仅当 d_k 是子问题 (6.2.4) 的 KKT 点时, d_k 是该子问题的一个全局最优解.

类似于引理 6.2, 可得

引理 6.9　若 $d_k = 0$ 是子问题 (6.2.4) 的一个全局最优解, 则 x_k 是 (3.1.59) 的一个 KKT 点.

由引理 6.9 可知, $d_k = 0$ 可以作为终止条件.

此外, 算法 6.2 中参数 δ_k 更新为

$$\delta_{k+1} = \delta_k + \left|\frac{f(x_k) - f(x_k^+)}{h(x_k) - h(x_k^+)}\right|,$$

或

$$\delta_{k+1} = \delta_k - \left|\frac{f(x_k) - f(x_k^+)}{h(x_k) - h(x_k^+)}\right|,$$

或

$$\delta_{k+1} = \delta_k + \left|\frac{f(x_k) - f(x_k^+)}{h(x_k) - h(x_k^+)}\right|,$$

或

$$\delta_{k+1} = \delta_k,$$

称 δ_k 为自适应参数.

6.2.1　算法的收敛性

在本节中, 在一些合理的条件下, 建立了算法 6.2 的收敛性. 给出以下基本假设.

假设 6.9　集合 $\{x_k\} \in \Omega = \{x \in \mathbb{R}^n | G(x) - \rho < \varepsilon\}$ 非空有界.

假设 6.10　函数 $f(x)$ 和 $G(x)$ 在包含 X 的开集中二次连续可微.

为了说明算法 6.2 有意义, 需要以下引理:

引理 6.10　设假设 6.9, 假设 6.10 和假设 6.5 成立, 则

$$h(x_k^+) < \frac{1}{2} n^2 M \Delta_K^2,$$

其中 n 是 x 的维数, M 是正常数.

证明　假设

$$\|\nabla G(x_k)\|_\infty \leqslant M, \quad \|\nabla^2 f(x_k)\|_\infty \leqslant M, \quad \|\nabla^2 G(x_k)\|_\infty \leqslant M,$$

对于所有的 $x \in X$ 成立. 现在考虑 $h(x_k^+) = \max\{G(x_k^+), 0\}$. 由泰勒展开得

$$G(x_k^+) = G(x_k) + \nabla G(x_k) d + \frac{1}{2} d \nabla^2 G(x_k) d + o(\|d\|^2).$$

因此,

$$\begin{aligned} h(x_k^+) &= \|G(x_k^+)\|_\infty \\ &= \|G(x_k) + \nabla G(x_k)^{\mathrm{T}} d + \frac{1}{2} d^{\mathrm{T}} \nabla^2 G(x_k) d + o(\|d\|^2)\|_\infty \\ &\leqslant \frac{1}{2} n^2 M \Delta_k^2. \end{aligned} \tag{6.2.15}$$

□

引理 6.11 $\{H_k^{\max}\}$ 和 $\{M_k^{\max}\}$ 关于 $\{x_k\}$ 非增.

证明 由 $\{H_k^{\max}\}$, $\{M_k^{\max}\}$ 的定义和算法 6.2 可得该引理成立. □

类似于引理 5.15, 有

引理 6.12 若无限迭代序列 $\{x_k\}$ 满足 $\{h(x_k)\} > 0$ 和 $M(x_k)$ 有下界, 则

$$\lim_{k\to\infty} h(x_k) = 0.$$

定理 6.2 设假设 6.7 和假设 6.10 成立, 令 $x^* \in X = \{x \in \mathbb{R}^n | g(x,t) \leqslant 0, t \in T\}$ 是问题 (3.1.59) 的一个可行点且 MFCQ 成立, 但非 KKT 点. 那么存在 x^* 的一个邻域 N, 正常数 ξ_1, ξ_2, ξ_3 和 M, 对于所有的 $x_k \in N \cap X$ 和 Δ_k, 其中,

$$\xi_1 h(x_k) \leqslant \Delta_k \xi_2, \tag{6.2.16}$$

满足

$$-\nabla f(x_k)^{\mathrm{T}} d - \frac{1}{2} d^{\mathrm{T}} H_k d \geqslant \frac{1}{3} \xi_3 \Delta_k, \tag{6.2.17}$$

其中常数 ξ_1 充分大.

若 $\Delta_k \leqslant \dfrac{(1-\sigma)\xi_3}{3nM}$, 则

$$f(x_k) - f(x_k^+) \geqslant \frac{1}{3} \sigma \xi_3 \Delta_k. \tag{6.2.18}$$

若 $h(x_k) > 0$ 和 $\Delta_k \leqslant \sqrt{\dfrac{2\beta h(x_k)}{n^2 M}}$, 则

$$h(x_k^+) \leqslant \beta h(x_k). \tag{6.2.19}$$

引理 6.13 设假设 6.9, 假设 6.10 和假设 6.5 成立. 若随着 $k \to \infty$,

$$h(x_k^+) < \frac{(1-\sigma)\Delta_{q_k}}{\delta_k}.$$

内部迭代 (步骤 2 $\to$ 步骤 4, 步骤 2 $\to$ 步骤 5, 步骤 2 $\to$ 步骤 6) 在有限次迭代后终止.

证明 若 x_k 是问题 (3.1.59) 的一个 KKT 点, 那么 $d_k = 0$, 且算法终止. 否则, 若内部迭代没有在有限次迭代内终止, 则需要考虑两种情况:

情形 I: $\delta \neq 0$. 在假设 6.10 条件下, 随着 $k \to \infty$, $\Delta_k > 0$. 此外, 当 $k \to \infty$ 时, 我们有 $\Delta M_k > \sigma \Delta_k$. 由引理 6.10 得 $h(x_k^+) \leqslant \beta h(x_k)$. 因此, 满足以下条件:

$$\Delta_k > 0, \quad \Delta M_k > \sigma \Delta_k \quad 和 \quad h(x_k^+) \leqslant \beta h(x_k).$$

这样, 算法 6.2 将进入步骤 6, 内部迭代在有限次迭代中终止.

情形 II: $\delta = 0$. 当 $k \to \infty$ 时, $\Delta M_k = \Delta_k$, 同时也满足

$$\Delta_k > 0, \quad \Delta M_k > \sigma \Delta_k \quad 和 \quad h(x_k^+) \leqslant \beta h(x_k).$$

因此, 算法 6.2 将进入步骤 6, 并且内部迭代在有限次迭代中终止. □

引理 6.14 内部迭代 (步骤 2 → 步骤 3 → 步骤 4 → 步骤 7) 在有限次迭代内结束.

证明 由 Δ_k 的定义和 Δ_k 的更新规则可知, 因为经过有限次迭代后, 满足条件 $\|d_k\|_2 < \varepsilon$, 所以内部迭代以有限次迭代结束. □

引理 6.15 信赖域半径 $\Delta_k \geqslant \dfrac{1}{\alpha_1} h(x_k)^{\frac{1}{1+\alpha_2}}$ 是合理的.

证明 假设内部迭代在有限次迭代中终止, 则存在 $0 < \alpha_1, \alpha_2 < 1$ 满足

$$\Delta_k \geqslant \frac{1}{\alpha_1} h(x_k)^{\frac{1}{1+\alpha_2}}.$$

假设内部迭代不能在有限次迭代中终止. 反证法, 若 $\Delta_k \geqslant \dfrac{1}{\alpha_1} h(x_k)^{\frac{1}{1+\alpha_2}}$ 总是失败, 则存在 $\Delta_k < \dfrac{1}{\alpha_1} h(x_k)^{\frac{1}{1+\alpha_2}}$ 且

$$\lim_{k \to \infty} \Delta_k = 0. \tag{6.2.20}$$

由引理 6.8, 有

$$h(x_k^+) < \frac{1}{2} n^2 M \Delta_k^2,$$

此外, $h(x_k^+) \leqslant 2n^2 M \Delta_k^2$ 也成立. 当

$$\Delta_k \leqslant 2\Delta_{k+1} \quad 和 \quad \Delta_{k+1} \leqslant \left(\frac{\alpha_1^{1+\alpha_2}}{8n^2 M} \right)^{\frac{1}{1-\alpha_2}}$$

对于充分大的 k 成立时, 有

$$h(x_k^+) \leqslant 2n^2 M \Delta_k^2 \leqslant 8n^2 M \Delta_{k+1}^2$$

$$= 8n^2 M\Delta_{k+1}^{1-\alpha_2}\Delta_{k+1}^{1+\alpha_2} \leqslant \alpha_1^{1+\alpha_2}\Delta_{k+1}^{1+\alpha_2}, \tag{6.2.21}$$

因此,

$$\frac{1}{\alpha_1}h(x_k^+)^{\frac{1}{1+\alpha_2}} \leqslant \Delta_{k+1}.$$

通过类似的分析, 有

$$\frac{1}{\alpha_1}h(x_{k+i}^+)^{\frac{1}{1+\alpha_2}} \leqslant \Delta_{k+i}, \tag{6.2.22}$$

对于所有整数 $i \geqslant 1$ 成立. 但是因为 $\lim\limits_{k\to\infty}\Delta_k = 0$, 所以内部迭代非有限终止且

$$\Delta_{k+i} \leqslant \frac{1}{\alpha_1}h(x_{k+i}^+)^{\frac{1}{1+\alpha_2}}.$$

矛盾. □

由引理 6.7 知自适应算子 δ_k 对所有 k 有界.

那么, 利用上述引理和假设 6.10 可以得到全局收敛性.

定理 6.3 设假设 6.10 成立, 并设 $\{x_k\} \in X$ 由算法生成, 其中该算法在 MFCQ 成立的情况下有问题 (3.1.59) 的聚点. 那么, $\{x_k\} \in X$ 有一个聚点, 且该点是问题 (3.1.59) 的 KKT 点或不可行稳定点.

证明 若算法 6.2 有限终止, 且对于某些指标 k, $d_k = 0$, 则 x_k 是问题 (3.1.59) 的 KKT 点或不可行稳定点且结果显然成立.

假设算法 6.2 不能有限终止, 即 $\{x_k\} \in X$ 的聚点不是 KKT 点或不可行稳定点. 根据算法 6.2 和引理 6.11, 存在一个整数 k_0, 使得 $h(x_k)$ 足够小, 并且对于所有 $k > k_0$, 满足 $\Delta M_k \geqslant \gamma\Delta_k$.

令

$$K_1 = \{k | k > k_0 \text{ 且 } \Delta M_k \geqslant \gamma\Delta_k\}. \tag{6.2.23}$$

由定理 6.2, 得

$$\begin{aligned}\infty > \sum_{k\in K_1}\Delta M_k &= \sum_{k\in K_1}(M_k(x_k) - M_k(x_k^+))\\ &= \sum_{k\in K_1}(f(x_k) - f(x_k^+) + \delta_k(h(x_k) - h(x_k^+)))\\ &\geqslant \sum_{k\in K_1}\left(\frac{1}{3}\sigma\xi_3\Delta_k + \delta_k(h(x_k) - h(x_k^+))\right).\end{aligned} \tag{6.2.24}$$

因此, 由于 $h(x_k) \to 0$, 对于 $k \in K_1$, 有 $\lim\limits_{k\to+\infty}\Delta_k = 0$. 根据 Δ_k 的定义, 对于所有的 $k \in K_1$, 有 $\lim\limits_{k\to+\infty}\Delta_k = 0$. 由引理 6.13, 随着 $k \to +\infty$, 算法 6.2 的内部迭代有限次终止, 这与算法 6.2 不能有限次终止的事实相矛盾. 因此, $\{x_k\} \in X$ 的聚点不是 KKT 点或不可行稳定点. □

6.2.2 数值结果

算法中的参数设置为: $\alpha = 2$, $\gamma = 0.999$, $\beta = 0.001$, $\varepsilon = 10^{-6}$, $\sigma = 0.5$.

例 6.3

$$\begin{aligned}
\min_{x\in\mathbb{R}^n} \quad & f(x) = 1.21\exp(x_1) + \exp(x_2) \\
\text{s.t.} \quad & c(x,w) = w - \exp(x_1 + x_2) \leqslant 0, \quad w \in \Omega = [0,1], \\
& x_0 = (0.8, 0.9)^{\mathrm{T}}.
\end{aligned}$$

例 6.4

$$\begin{aligned}
\min_{x\in\mathbb{R}^n} \quad & f(x) = x_1^2 + x_2^2 + x_3^2 \\
\text{s.t.} \quad & c(x,w) = x_1 + x_2 \exp x_3 w + \exp(2w) - 2\sin 4w \leqslant 0, \\
& w \in \Omega = [0,1], \\
& x_0 = (1,1,1)^{\mathrm{T}}.
\end{aligned}$$

例 6.5

$$\begin{aligned}
\min_{x\in\mathbb{R}^n} \quad & f(x) = \frac{1}{3}x_1^2 + \frac{1}{2}x_1 + x_2^2 \\
\text{s.t.} \quad & c(x,w) = (1 - x_1^2 w^2)^2 - x_1 w^2 - x_2^2 + x_2 \leqslant 0, \quad w \in \Omega = [0,1], \\
& x_0 = (1,-1)^{\mathrm{T}}.
\end{aligned}$$

例 6.6

$$\begin{aligned}
\min_{x\in\mathbb{R}^n} \quad & f(x) = \sum_{i=1}^{n} \exp(x_i) \\
\text{s.t.} \quad & c(x,w) = \frac{1}{1+w^2} - \sum_{i=1}^{n} x_i w^{i-1} \geqslant 0, \quad w \in \Omega = [0,1], \\
& x_0 = (1, 0, \cdots, 0, \cdots, 0)^{\mathrm{T}}.
\end{aligned}$$

在表 6.4 中, 令 “Iter” 为迭代次数, “CPU” 为解决每个问题的 CPU 运行时间 (秒), “$f(x^*)$” 为目标函数的最优值, 并令 “I_c” 为函数 c 的迭代次数. 从数值结果可以看出, 算法 6.2 在 CPU 时间上优于 Matlab 中的算法, 迭代次数也小于 Matlab 中的算法. 在迭代次数上, 有一个例外, 例 6.5 的迭代次数比 Matlab 中算法的迭代次数高, 但 CPU 时间较低. 这是合理的, 因为在 Matlab 中, 一个循环会花费很多时间, 而在算法 6.2 中, 花费更低. 总的来说, 算法 6.2 有一些优点. 对于例 6.6, 当 $n \geqslant 100$ 时, Matlab 中的算法失效, 而算法 6.2 可以求解. 实际上, 算法 6.2 是全局收敛的, 所以它可以在有限的时间内终止, 实际上是一分钟以内. 但是在 Matlab 中, 当实验过程中 n 足够大时, 算法无法在有限的时间内终止, 例如 5 分钟. 因此, 算法 6.2 比 Matlab 工具箱中的算法更高效. 例如, 当 $n = 100$ 时, 算法 6.2 显示 Iter = 31 和 $I_c = 37$, 但 Matlab 显示 Iter = 95, $I_c = 10100$. 更重要的是, 随着 n 的增加, Matlab 中的迭代次数越来越多, 而算法 6.2 却没有. 通过对迭代次数和 CPU 的比较, 算法 6.2 优于 Matlab 工具箱中的算法.

表 6.4 算法 6.2 与 Matlab 中的算法的比较

问题	算法 6.2				Matlab 中的算法			
	Iter	CPU	$f(x^*)$	I_c	Iter	CPU	$f(x^*)$	I_c
1	14	1.1711	1.8348	25	38	0.1835	2.1126	202
2	25	0.4832	5.3257	31	39	0.7644	5.1293	303
3	33	0.3198	0.1944	43	8	0.5304	0.1945	38
4	26	2.5901	10.7224	27	70	5.9672	11.2252	1010

6.3 求解一般约束的无罚无滤方法

考虑下面的不等式约束优化问题[29,119,122,145,173,179]

$$\begin{aligned} &\min\ f(x) \\ &\text{s.t.}\quad c_i(x) \leqslant 0, \quad i \in I = \{1, 2, \cdots, m\}, \end{aligned} \tag{6.3.1}$$

其中, $f : \mathbb{R}^n \to \mathbb{R}$ 和 $c_i : \mathbb{R}^n \to \mathbb{R}(i \in I)$ 是实值和二次连续可微函数, $\Omega = \{x \in \mathbb{R}^n | c_i(x) \leqslant 0, i \in I\}$ 表示可行集. 如果存在一个向量 $\lambda \in \mathbb{R}^m$ 使得 (6.3.2) 成立, 则称给定的点 $x \in \mathbb{R}^n$ 是问题 (6.3.1) 的 KKT 点.

$$\begin{aligned} &\nabla_x L(x, \lambda) = 0, \\ &\lambda_i c_i(x) \leqslant 0, \quad i \in I, \\ &\lambda_i \geqslant 0, \quad i \in I, \\ &c_i(x) \leqslant 0, \quad i \in I, \end{aligned} \tag{6.3.2}$$

其中, 向量 $\lambda = (\lambda_1, \lambda_2, \cdots, \lambda_m)^{\mathrm{T}}$ 是对应的拉格朗日乘子, $L(x, \lambda) = f(x) + \sum\limits_{i=1}^{m} \lambda_i c_i(x)$ 是问题 (6.3.1) 的拉格朗日函数.

令 (x^*, λ^*) 为 (6.3.1) 的 KKT 点. 定义 $\Phi : \mathbb{R}^{n+m} \to \mathbb{R}^{n+m}$ 为

$$\Phi(x,\lambda)=\begin{pmatrix}\nabla_x L(x,\lambda)\\ \min\{-c_I(x),\lambda\}\end{pmatrix}. \tag{6.3.3}$$

定义函数 $\varphi:\mathbb{R}^{n+m}\to\mathbb{R}$ 为

$$\varphi(x,\lambda)=\sqrt{\|\Phi(x,\lambda)\|}, \tag{6.3.4}$$

其中, $\|\cdot\|$ 表示欧几里得范数, $c_I(x)=(c_1(x),c_2(x),\cdots,c_m(x))^{\mathrm{T}}$, $\lambda=(\lambda_1,\lambda_2,\cdots,\lambda_m)^{\mathrm{T}}$. 函数 $\varphi(x,\lambda)=\sqrt{\|\Phi(x,\lambda)\|}$ 是一个非负的连续函数, 当 $\varphi(x^*,\lambda^*)=0$ 时, (x^*,λ^*) 是问题 (6.3.1) 的一个 KKT 点. 定义约束违反度函数 $h:\mathbb{R}^n\to\mathbb{R}$ 为

$$h(x)=\|c^{(-)}(x)\|.$$

6.3.1 无罚无滤的修正非单调 QP-free 算法

定义如下工作集

$$\begin{aligned}A_{\varepsilon,\varphi_{\max}}(x,\lambda)&=\{i\in I\mid c_i(x)\geqslant-\varepsilon\min\{\varphi(x,\lambda),\varphi_{\max}\}\},\\ \Lambda_{\varepsilon,\varphi_{\max}}(x,\lambda)&=\{i\in A_{\varepsilon,\varphi_{\max}}\mid \lambda_i\geqslant\varepsilon\min\{\varphi(x,\lambda),\varphi_{\max}\}\}.\end{aligned} \tag{6.3.5}$$

为了简化表示, 令

$$\begin{aligned}W_k&=A_{\varepsilon_k,\varphi_{\max}}(x_k,\lambda^{k-1,0}),\\ L_k&=\Lambda_{\varepsilon_k,\varphi_{\max}}(x_k,\lambda^{k-1,0}),\end{aligned} \tag{6.3.6}$$

其中, $\varphi_{\max}>0$, $\varepsilon>0$, $A_{\varepsilon,\varphi_{\max}}(x,\lambda)$ 是最终积极集 $I(x^*)$ 的估计, $\Lambda_{\varepsilon,\varphi_{\max}}(x,\lambda)$ 是强积极集的估计, $\lambda^{k-1,0}$ 和 ε_k 将在算法中指定. 令带有正乘子的积极约束集为

$$I^+(x^*)=\{i\in I(x^*)\mid\lambda_i^*>0\}. \tag{6.3.7}$$

为了避免计算线性无关的约束梯度, 令牛顿方程的系数矩阵 N_k 只包含工作集 W_k 中的约束,

$$N_k=\begin{pmatrix}H_k & \nabla c_{W_k}(x_k)\\ U_k\nabla c_{W_k}(x_k)^{\mathrm{T}} & C_{W_k}(x_k)\end{pmatrix}, \tag{6.3.8}$$

其中, $H_k\in\mathbb{R}^{n\times n}$ 是拉格朗日黑塞矩阵的估计, $U_k=\mathrm{diag}(\mu_{W_k}^k)$ 和 $C_{W_k}(x_k)=\mathrm{diag}(c_{W_k}(x_k))$, 注意, 在线性无关约束规范条件 (Linear Independence Constraint Qualification, LICQ)[146] 和强二阶充分条件 (Strong Second-Order Sufficient Condition, SSOSC) 下, μ^k 被控制为分量下界小于零, 有

$$\mu_i^k\to\delta^*+\lambda_i^*,\quad i\in I(x^*). \tag{6.3.9}$$

这确保了即使 λ^* 退化或几乎退化, M_k 也是一致的.

采用改进的非单调线性搜索来确定步长的可接受性.

给出算法 6.3 如下:

算法 6.3

步骤 0 给出一个初始点 $x_1 \in \mathbb{R}^n$. $\delta > 0$, $\sigma, r^1 \in (0,1)$, $h_{\max}^1 > 0$, $\chi_1 \gg \varphi_{\max}, \varepsilon_1 > 0, \varphi_{\max} > 0, \lambda^{0,0} > 0, \gamma \geqslant 1, M \geqslant 1, m(k) \in [0, \min\{m(k-1)+1, M\}]$, $H^1 = \nabla_{xx} L(x^1, \lambda^0)$. 令 $k=1$.

步骤 1 通过求解 (d,λ) 中的线性系统, 计算 $d^{k,0}$ 和 $\lambda^{k,0}$:

$$N_k \begin{pmatrix} d \\ \lambda \end{pmatrix} = -\begin{pmatrix} \nabla f(x_k) \\ 0 \end{pmatrix}. \tag{6.3.10}$$

令 $\lambda_i^{k,0} = 0, i \in I \backslash W_k$.

步骤 2 通过求解 (d,λ) 中的线性系统, 计算 $d^{k,1}$ 和 $\lambda^{k,1}$:

$$N_k \begin{pmatrix} d \\ \lambda \end{pmatrix} = \begin{pmatrix} -\nabla f(x_k) \\ \delta^k v_{W_k}^k \end{pmatrix}, \tag{6.3.11}$$

其中 $v_{W_k}^k = (v_i^k, i \in W_k)$,

$$v_i^k = \begin{cases} \min\{-c_i(x_k), \lambda_i^{k,0}\}, & \lambda_i^{k,0} < 0, \\ -c_i(x_k), & \text{否则}. \end{cases} \tag{6.3.12}$$

令 $\lambda_i^{k,0} = 0, i \in I \backslash W_k$. 如果 $\nabla f(x_k)^{\mathrm{T}} d^{k,1} = 0$ 和 $h(x_k) = 0$, 则停止. 如果 $\|\lambda_{-,W_k}^{k,0}\| \leqslant \gamma \|d^{k,1}\|$, 其中 $\lambda_{-,i}^{k,0} = \min\{\lambda_i^{k,0}, 0\}, i \in W_k$, 令 $d^k = d^{k,1}, \lambda^k = \lambda^{k,1}$ 并转到步骤 4.

步骤 3 通过求解 (d,λ) 中的线性系统, 计算 $d^{k,2}$ 和 $\lambda^{k,2}$:

$$N_k \begin{pmatrix} d \\ \lambda \end{pmatrix} = \begin{pmatrix} 0 \\ -C_{W_k}(x_k + d^{k,1}) \end{pmatrix}, \tag{6.3.13}$$

令 $d^k = d^{k,2}, \lambda^k = (\lambda_{W_k}^{k,2}, 0)$.

步骤 4 计算 α_k, 序列 $\{1, \beta, \beta^2, \cdots\}$ 的第一个使两个不等式

$$f(x_k + \alpha d^k) \leqslant \max_{0 \leqslant j \leqslant m(k)-1} f(x_{k-j}) + \alpha \eta_1 \min\{\nabla f(x_k)^{\mathrm{T}} d^k, -h(x_k)\}, \tag{6.3.14}$$

$$h(x_k + \alpha d^k) \leqslant \max\left\{\frac{r^k+1}{2}, 0.95\right\} h_{\max}^k, \quad \text{若 } h_{\max}^k \neq 0 \tag{6.3.15}$$

成立或不等式

$$h(x_k+\alpha d^k)\leqslant \max_{0\leqslant j\leqslant m(k)-1} h(x_{k-j})+\eta_2\min\{-\alpha h(x_k),-\alpha^2\omega^k\} \tag{6.3.16}$$

满足的数记为 α, 其中 $\omega^k=\|d^k\|^2+\|\lambda^{k,0}_{-,W_k}\|^2$. 令 $x_{k+1}=x_k+\alpha_k d^k$.

步骤 5　如果 (6.3.16) 在 x_{k+1} 处成立, 但在 x_k 处不成立, 令 $h^{k+1}_{\max}=h(x_k)$, 否则 $h^{k+1}_{\max}=h^k_{\max}$.

步骤 6　更新. 令 $H^{k+1}=\nabla_{xx}L(x_{k+1},\lambda^k)$. 如果 $\|\lambda^{k,0}\|_\infty>\chi_k$, 令 $\varepsilon_{k+1}=\dfrac{1}{2}\varepsilon_k$ 和 $\chi_{k+1}=2\chi_k$, $(\varepsilon_{k+1},\chi_{k+1})=(\varepsilon_k,\chi_k)$. 如果 $L_{k+1}\neq\phi$ 和 $\varphi(x_{k+1},\lambda^{k,0})>0$, 令 $\delta^{k+1}=v\min\{\lambda^{k,0}_i,i\in L_{k+1}\}$; 否则, 令 $\delta^{k+1}=\delta$. 令

$$\mu_i^{k+1}=\begin{cases}\delta^{k+1}+\max\{\lambda_i^{k,0},0\}, & i\in L_k,\\ \delta^{k+1}, & \text{否则}.\end{cases} \tag{6.3.17}$$

如果 (6.3.16) 成立, 计算 $r^{k+1}=\dfrac{h(x_{k+1})}{h(x_k)}$, 否则 $r^{k+1}=r^k$. 令 $k=k+1$ 并转到步骤 1.

6.3.2　无罚无滤修正非单调算法的全局收敛性

为了得到算法 6.3 收敛, 给出如下假设:

假设 6.11　Ω 是非空的.

假设 6.12　函数 $f(x)$ 和 $c_i(x)(i\in I)$ 是二次连续可微的且在 Ω 上有界.

假设 6.13　向量 $\{\nabla c_i(x),i\in W_k\}$ 中对于 $x\in\Omega$ 中的每一个点均是线性无关的.

假设 6.14　存在 $\theta_1,\theta_2>0$ 使得对于所有 k, $\|H_k\|\leqslant\theta_2$, 且

$$d^{\mathrm T}\widehat{H}_k d\geqslant\theta_1\|d\|^2,\quad \forall d\in\aleph(x^k), \tag{6.3.18}$$

其中,

$$\widehat{H}_k=H_k-\sum_{i\in W_k\backslash I(x_k)}\frac{\mu_i^k}{c_i(x_k)}\nabla c_i(x_k)\nabla c_i(x_k)^{\mathrm T}, \tag{6.3.19}$$

$$\aleph(x)=\{d\in\mathbb{R}^n\mid\nabla c_i(x_k)^{\mathrm T}d=0,i\in W_k\}. \tag{6.3.20}$$

类似于引理 4.1 和引理 4.2, 有

引理 6.16　序列 $\{\chi_k\}$ 和 ε_k 在算法 6.3 中只改变有限次.

引理 6.17　对于 $x^*\in X$, 令 $\mu^k\in\mathbb{R}^m$ 满足对于所有 $i\in I$ 有 $\mu_i^k>0$, 对于所有 $i\in W(x_k)$ 有 $\mu_i^k\geqslant0$. 设 H_k 为满足条件 (6.3.18) 的对称矩阵, 则 (6.3.8) 定义的矩阵 N_k 是非奇异的.

引理 6.18　在假设 6.11—假设 6.14 成立条件下, 算法 6.3 中的序列 $\{\lambda^{k,0}\}$, $\{\delta^k\}$ 和 $\{\mu^k\}$ 是有界的.

证明 引理 6.16 给出 χ_k 有一个上界, 因此 $\{\lambda^{k,0}\}$ 受算法 6.3 的约束. $\{\delta^k\}$ 和 $\{\mu^k\}$ 的有界性直接由它们的定义和 $\lambda^{k,0}$ 的有界性得到. □

引理 6.19 如果 $\{\delta^k\}_K$ 下界为 0, 那么 N_k 的系数矩阵的逆是一致有界的, 其中 K 是一个无穷指标集.

证明 由算法 6.3 可知, $\mu_k > 0$ 且假设 6.14 和假设 6.12 保证了 N_k 对于每个 k 的非奇异性. 反证法. 假设存在一个无限子集 $K' \subset K$ 满足随着 $k \in K' \to \infty$ 有 $\|N_k^{-1}\| \to \infty$. 根据引理 6.17 和假设 6.13, 假设 6.14, 随着 $k \in K' \to \infty$ 有

$$\delta^k \to \bar{\delta} > 0, \quad \mu^k \to \bar{\mu} > 0, \quad x_k \to \bar{x} \in \mathcal{F} \quad \text{和} \quad H_k \to H_*.$$

此外, 由于 W 是有限的, W_k, L_k 和 $W(x^k)$ 对于所有的 $k \in K'$ 是独立的. 令 $W_{K'} = W_k$, $L_{K'} = L_k$ 和 $\overline{W}_{K'} = W(x_k)$. 对于任意的 $y \in T(\bar{x})\backslash\{0\}$, 取极限得

$$\{N_k\}_{K'} \to \overline{N} = \begin{bmatrix} H_* & \nabla c_{W_{K'}}(\bar{x}) \\ \mathrm{diag}(\bar{\mu}_{W_{K'}})\nabla c_{W_{K'}}(\bar{x})^{\mathrm{T}} & \mathrm{diag}(c_{W_{K'}}(\bar{x})) \end{bmatrix}. \tag{6.3.21}$$

假设 6.12 确保 $\nabla c_{W(\bar{x})}(x_k)^{\mathrm{T}}$ 对于所有的 $k \in K'$ 行满秩. 因此, 对于充分大的 $k \in K'$, 令

$$y_k = (E - \nabla c_{W(\bar{x})}(x_k)(\nabla c_{W(\bar{x})}(x_k)^{\mathrm{T}}\nabla c_{W(\bar{x})}(x_k))^{-1}\nabla c_{W(\bar{x})}(x_k)^{\mathrm{T}})y. \tag{6.3.22}$$

显然, 对于所有充分大的 $k \in K'$ 有

$$\nabla c_{W(\bar{x})}(x_k)^{\mathrm{T}} y_k = 0,$$

且随着 $k \in K' \to \infty$ 有 $y_k \to y$. 当 x_k 接近 $\bar{x}$ 时, 由于 $\bar{I}_{K'} \subset I(\bar{x})$, 有 $y_k \in T(x_k)$. 因此, 根据假设 6.13, 对于足够大的 $k \in K'$ 有

$$\begin{aligned} &(y_k)^{\mathrm{T}}\left(H_k - \sum_{W_{K'}\backslash W(\bar{x})} \frac{\mu_i^k}{c_i(x_k)\nabla c_i(x_k)^T}\right) y_k \\ &= (y_k)^{\mathrm{T}}\left(H_k - \sum_{W_{K'}\backslash \overline{W}(K')} \frac{\mu_i^k}{c_i(x_k)\nabla c_i(x_k)^T}\right) y_k \\ &= (y_k)^{\mathrm{T}}\hat{H}_k y_k \geqslant \varrho_1\|y_k\|^2. \end{aligned} \tag{6.3.23}$$

令 $k \in K' \to \infty$ 得

$$y^{\mathrm{T}}\left(H_* - \sum_{W_{K'}\backslash W(\bar{x})} \frac{\bar{\mu}_i}{c_i(\bar{x})}\nabla c_i(\bar{x})\nabla c_i(\bar{x})^{\mathrm{T}}\right) y > 0. \tag{6.3.24}$$

因此, $\bar{N}$ 是非奇异的, 矛盾. □

类似于引理 4.4, 有

引理 6.20　在引理 6.17 的条件下, 定义

$$N_k^{-1} = \begin{pmatrix} A_k & B_k \\ C_k & D_k \end{pmatrix}, \tag{6.3.25}$$

那么, $C_k = U_k B_k^{\mathrm{T}}$.

引理 6.21　如果 $\{x_{k_j}\}$ 是 $\Gamma_{k_j} \geqslant \varepsilon$ 的迭代子集, 且与 j 无关, 则存在常数 ε_1 和 ε_2, 如果 $h(x_{k_j}) \leqslant \varepsilon_1$, 则对于所有 j,

$$\nabla f(x_{k_j})^{\mathrm{T}} d^{k_j,1} \leqslant -\varepsilon_2.$$

证明　将引理 6.20 的结论代入 (6.3.10) 和 (6.3.11) 可得

$$\begin{aligned} &d^{k,0} = -A_k \nabla f(x_k), \quad \lambda^{k,0} = -C_k \nabla f(x_k), \\ &d^{k,1} = d^{k,0} + B_k \delta^k v^k, \quad \lambda^{k,1} = \lambda^{k,0} + D_k \delta^k v^k. \end{aligned} \tag{6.3.26}$$

由 (6.3.10) 和 (6.3.26) 可知

$$\begin{aligned} \nabla f(x_{k_j})^{\mathrm{T}} d^{k_j,1} &= \nabla f(x_{k_j})^{\mathrm{T}} (d^{k_j,0} + B_{k_j} \delta^{k_j} v^{k_j}) \\ &= -(d^{k_j,0})^{\mathrm{T}} \widehat{H}_{k_j} d^{k_j,0} + \nabla f(x_{k_j})^{\mathrm{T}} B_{k_j} \delta^{k_j} v^{k_j} \\ &= -(d^{k_j,0})^{\mathrm{T}} \widehat{H}_{k_j} d^{k_j,0} - (\lambda^{k_j,0})_{I_{k_j}}^{\mathrm{T}} U_k^{-1} \delta^{k_j} v^{k_j} \\ &= -(d^{k_j,0})^{\mathrm{T}} \widehat{H}_{k_j} d^{k_j,0} + \sum_{i \in L_k^-} \lambda_i^{k_j,0} \frac{\delta^i}{\mu_i} c_i(x_{k_j}) + \sum_{i \in L_k^+} \lambda_i^{k_j,0} \frac{\delta^i}{\mu_i} c_i(x_{k_j}) \\ &\quad - \sum_{i \in W_{k_j} \backslash L_{k_j}} \lambda_i^{k_j,0} \frac{\delta^i}{\mu_i} \min\{-c_i(x_{k_j}), \lambda_i^{k_j,0}\}, \end{aligned} \tag{6.3.27}$$

为了简单起见, 对于 $x \in \mathbb{R}^n$ 中的一个点, 用下列符号表示,

$$L_k^+ = \{i \in L_k \mid c_i(x) > 0\}, \quad L_k^- = L_k \backslash L_k^+, \tag{6.3.28}$$

并且令

$$\begin{aligned} \Gamma_k = (d^{k,0})^{\mathrm{T}} \widehat{H}_k d^{k,0} &- \sum_{i \in L_k^-} \lambda_i^{k,0} \frac{\delta^i}{\mu_i} c_i(x_k) \\ &+ \sum_{i \in W_k \backslash L_k} \lambda_i^{k,0} \frac{\delta^i}{\mu_i} \min\{-c_i(x_k), \lambda_i^{k,0}\}, \end{aligned} \tag{6.3.29}$$

所以有

$$\nabla f(x_{k_i})^{\mathrm{T}} d^{k_i,1} = -\Gamma_{k_i} + \sum_{i \in L_k^+} \lambda_i^{k_i,0} \frac{\delta^i}{\mu_i} c_i(x_{k_i}). \tag{6.3.30}$$

因此, 存在一个标量 $\mathfrak{c} > 0$, 使得

$$\nabla f(x_{k_i})^{\mathrm{T}} d^{k_i,1} + \Gamma_{k_i} = \sum_{i \in L_k^+} \lambda_i^{k_i,0} \frac{\delta^i}{\mu_i} c_i(x_{k_i}) \leqslant \mathfrak{c} h(x_{k_i}). \tag{6.3.31}$$

根据 $\Gamma_{k_i} \geqslant \varepsilon$ 和公式 (6.3.30), 有

$$\nabla f(x_{k_i})^{\mathrm{T}} d^{k_i,1} \leqslant -\varepsilon + \mathfrak{c} h(x_{k_i}).$$

在这里, 如果 $h(x_{k_i}) \leqslant \varepsilon_1 = \dfrac{\varepsilon}{2\mathfrak{c}}$ 成立, 那么

$$\nabla f(x_{k_i})^{\mathrm{T}} d^{k_i,1} \leqslant -\varepsilon_2 = -\frac{\varepsilon}{2}.$$

因此, 结论是成立的. □

引理 6.22 如果 x_k 不是问题 (6.3.1) 的 KKT 点, 则有 $\Gamma_k + h(x_k) > 0$.

证明 根据定义, 有 $\Gamma_k \geqslant 0$ 和 $h(x_k) \geqslant 0$. 设 $\Gamma_k = 0$, 则有

$$(d^{k,0})^{\mathrm{T}} \widehat{H}_k d^{k,0} = 0, \tag{6.3.32}$$

$$\sum_{i \in L_k^-} \lambda_i^{k,0} c_i(x_k) = 0, \tag{6.3.33}$$

$$\sum_{i \in W_k \setminus L_k} \lambda_i^{k,0} \min\{-c_i(x_k), \lambda_i^{k,0}\} = 0. \tag{6.3.34}$$

设 $h(x_k) = 0$, 由 (6.3.34) 可知 $c_i(x_k) \leqslant 0$ 和 $\lambda_i^{k,0} \geqslant 0, i \in I$, 因此,

$$L_k^+ = \phi, \quad L_k^- = L_k = W_k.$$

由假设 6.14, (6.3.32), (6.3.33) 可知

$$d^{k,0} = 0 \quad 和 \quad \lambda_i^{k,0} c_i(x_k) = 0, \quad i \in I.$$

结合 (6.3.10), 可得

$$\begin{aligned} &\nabla_x L(x_k, \lambda_i^{k,0}) = 0, \\ &\lambda_i^{k,0} c_i(x_k) = 0, \quad i \in I, \\ &c_i(x) \leqslant 0, \quad i \in I, \\ &\lambda_i^{k,0} \geqslant 0, \quad i \in I. \end{aligned} \tag{6.3.35}$$

这与 x_k 是 KKT 点矛盾. 因此, 结论成立. □

引理 6.23　设假设 6.11—假设 6.14 成立, 如果 $\nabla c_{I(x_k)}(x_k)$ 是满秩的, 那么

(i) $\nabla f(x_k)^{\mathrm{T}} d^{k,1} \leqslant -\theta_1 \|d^{k,1}\|^2 + \|\lambda^{k,1}\| h(x_k)$;

(ii) $\nabla f(x_k)^{\mathrm{T}} d^{k,2} = \nabla f(x_k)^{\mathrm{T}} d^{k,1} - \|\lambda_{-,W_k}^{k,1}\|^2$.

证明　(i) 由 (6.3.11), 得到

$$
\begin{aligned}
\nabla f(x_k)^{\mathrm{T}} d^{k,1} &= -(d^{k,1})^{\mathrm{T}} H_k d^{k,1} - \sum_{i \in W_k} \lambda_i^{k,1} \nabla c_i(x_k)^{\mathrm{T}} d^{k,1} \\
&= -(d^{k,1})^{\mathrm{T}} \left(\widehat{H}_k + \sum_{i \in W_k \setminus I(x_k)} \frac{\mu_i^k}{c_i(x_k)} \nabla c_i(x_k) \nabla c_i(x_k)^{\mathrm{T}} \right) d^{k,1} \\
&\quad - \sum_{i \in W_k} \lambda_i^{k,1} \nabla c_i(x_k) d^{k,1} \\
&\leqslant -(d^{k,1})^{\mathrm{T}} \widehat{H}_k d^{k,1} + \sum_{i \in L_k} \lambda_i^{k,1} c_i(x_k) - \sum_{i \in W_k \setminus L_k} \lambda_i^{k,1} \nabla c_i(x_k)^{\mathrm{T}} d^{k,1} \\
&\leqslant -\theta_1 \|d^{k,1}\|^2 + \|\lambda^{k,1}\| h(x_k).
\end{aligned} \tag{6.3.36}
$$

上式中, 对所有的 $i \in W_k \setminus L_k$, 有

$$
\lambda_i^{k,1} \nabla c_i(x_k)^{\mathrm{T}} d^{k,1} > 0,
$$

因此不等式由假设 6.14 和 $h(x_k)$ 的定义得到. 所以 (i) 成立.

(ii) 由 (6.3.12) 和 (6.3.27) 可得

$$
\begin{aligned}
& \nabla f(x_k)^{\mathrm{T}} d^{k,2} \\
&= \nabla f(x_k)^{\mathrm{T}} d^{k,1} - (\lambda_{W_k}^{k,1})^{\mathrm{T}} U_k^{-1} v^k \\
&= \nabla f(x_k)^{\mathrm{T}} d^{k,1} - \sum_{i \in W_k} (\lambda_{-,i}^{k,1})^2 / \mu_i^k \\
&= -(d^{k,1})^{\mathrm{T}} \hat{H}_k d^{k,1} - \sum_{i \in W_k} (\lambda_{-,i}^{k,0})^2 / \mu_i^k.
\end{aligned} \tag{6.3.37}
$$

由于算法 6.3 形成了一个无限迭代序列, 则 x_k 不是 (6.3.1) 的 KKT 点. 此外, 由于 $W(x_k) \subset W_k$, 根据 (6.3.10) 有 (6.3.34) 成立. 因此, 根据 $\mu^k > 0$ 有 $d^{k,1} \in T(x_k)$. 由 (6.3.18) 和 (6.3.37) 可知

$$
\nabla f(x_k)^{\mathrm{T}} d^{k,2} < 0.
$$

因此, (ii) 成立. □

引理 6.24 存在与 k 无关的 $\widetilde{\alpha} \in (0,1]$ 对所有 $k \geqslant 1$ 满足 $\widetilde{\alpha} \leqslant \alpha_k \leqslant 1$, 即 (6.3.14) 和 (6.3.15) 都满足或 (6.3.16) 成立且 α_k 远离 0.

证明 分别两种情况讨论.

情况 I: $d^k = d^{k,1}$.

通过假设 6.12 和中值定理, 存在一个常数 $M > 0$, 使得

$$
\begin{aligned}
h(x_k + \alpha d^k) &= \sum_{i \in I} \max\{c_i(x_k + \alpha d^k), 0\} \\
&\leqslant \sum_{i \in I} \max\{c_i(x_k) + \alpha \nabla c_i(x_k)^{\mathrm{T}} d^k + M\alpha^2 \|d^k\|^2, 0\} \\
&\leqslant \sum_{i \in L_k} \max\{c_i(x_k)(1-\alpha), 0\} + mM\alpha^2 \|d^k\|^2 \\
&\quad + \sum_{i \in I \backslash W_k} \max\{c_i(x_k) + \alpha \nabla c_i(x_k)^{\mathrm{T}} d^k, 0\} \\
&\quad + \sum_{i \in W_k \backslash L_k} \max\left\{c_i(x_k)\left(1 - \frac{\lambda_i^k}{\mu_i^k}\right), 0\right\} \\
&\leqslant (1-\alpha) h(x_k) + mM\alpha^2 \|d^k\|^2 \\
&= h(x_k) - \alpha h(x_k) + mM\alpha^2 \|d^k\|^2 \\
&\leqslant \max_{0 \leqslant j \leqslant m(k)-1} h(x_{k-j}) - \alpha h(x_k) + mM\alpha^2 \|d^k\|^2,
\end{aligned} \tag{6.3.38}
$$

对所有 $\alpha \in \left(0, \dfrac{\varsigma}{M^2}\right)$ 成立. 对 $i \in I \backslash W_k$, 由 $\mu_i^k \geqslant \varsigma$ 和 $|\lambda_i^k| < M$, 有

$$
1 - \frac{\mu_i^k}{\lambda_i^k} \alpha > 0
$$

成立. 对于 $i \in I \backslash W_k$, 结合 W_k 的设置, 有 $c_i(x_k) \leqslant -\varsigma$. 那么对于所有 $\alpha \in \left(0, \dfrac{\varsigma}{M^2}\right)$, 有

$$
c_i(x_k) + \alpha \nabla c_i(x_k)^{\mathrm{T}} d^k < 0.
$$

假设有一个常数 $\epsilon > 0$, 使得

$$
h(x_k) \geqslant \epsilon(\|d^k\|^2 + \|\lambda_{-,W_k}^{k,0}\|^2), \tag{6.3.39}
$$

这意味着

$$
-\alpha h(x_k) \leqslant -\epsilon\alpha(\|d^k\|^2 + \|\lambda_{-,W_k}^{k,0}\|^2) \leqslant -\alpha^2(\|d^k\|^2 + \|\lambda_{-,W_k}^{k,0}\|^2), \tag{6.3.40}
$$

$0 < \alpha \leqslant \epsilon$. 根据 (6.3.38), 有

$$\begin{aligned}
&h(x_k + \alpha d^k) - \max_{0\leqslant j\leqslant m(k)-1} h(x_{k-j}) + \eta_2\alpha h(x_k)\\
&\leqslant -\alpha h(x_k) + \eta_2\alpha h(x_k) + mM\alpha^2\|d^k\|^2\\
&\leqslant (\eta_2 - 1)\alpha h(x_k) + mM\alpha^2\|d^k\|^2\\
&\leqslant 0,
\end{aligned} \tag{6.3.41}$$

对所有 $\alpha \in \left(0, \min\left\{\dfrac{(\eta_2-1)\epsilon}{mM}, \dfrac{\varsigma}{M^2}\right\}\right)$ 均成立. 令 $\bar{\alpha} = \min\left\{\epsilon, \dfrac{(\eta_2-1)\epsilon}{mM}, \dfrac{\varsigma}{M^2}\right\}$, 那么对所有 $\alpha \in (0, \bar{\alpha}]$, (6.3.16) 成立.

考虑 $h(x_k) < \epsilon(\|d^k\|^2 + \|\lambda^{k,0}_{-,W_k}\|^2)$.

根据引理 6.23 和 $\lambda^{k,1}$ 的有界性, 对于一个常数

$$\epsilon \leqslant \frac{1}{M+1}\frac{\theta_1\|d^k\|^2}{\|d^k\|^2 + \|\lambda^{k,0}_{-,W_k}\|^2},$$

有

$$\begin{aligned}
\nabla f(x_k)^{\mathrm{T}} d^k &\leqslant -\theta_1\|d^k\|^2 + \|\lambda^{k,1}\| h(x_k)\\
&\leqslant -\theta_1\|d^k\|^2 + M h(x_k)\\
&\leqslant -\theta_1\|d^k\|^2 + M\epsilon(\|d^k\|^2 + \|\lambda^{k,0}_{-,W_k}\|^2)\\
&\leqslant -\epsilon(\|d^k\|^2 + \|\lambda^{k,0}_{-,W_k}\|^2).
\end{aligned} \tag{6.3.42}$$

于是有

$$\nabla f(x_k)^{\mathrm{T}} d^k \leqslant -h(x_k).$$

根据 (6.3.42) 和中值定理, 有

$$\begin{aligned}
&f(x^k + \alpha d^k) - \max_{0\leqslant j\leqslant m(k)-1} f(x_{k-j}) + \eta_1\alpha\nabla f(x_k)^{\mathrm{T}} d^k\\
&\leqslant (1-\eta_1)\alpha\nabla f(x_k)^{\mathrm{T}} d^k + M\alpha^2\|d^k\|^2\\
&\leqslant -(1-\eta_1)\alpha\epsilon(\|d^k\|^2 + \|\lambda^{k,0}_{-,W_k}\|^2) + M\alpha^2\|d^k\|^2\\
&\leqslant \alpha(M\alpha - (1-\eta_1)\epsilon)\|d^k\|^2\\
&\leqslant 0,
\end{aligned} \tag{6.3.43}$$

对所有 $\alpha \in \left[0, \dfrac{(1-\eta_1)\epsilon}{M}\right]$ 成立.

在后面的证明中, 考虑满足 $h(x_k) < \epsilon(\|d^k\|^2 + \|\lambda^{k,0}_{-,W_k}\|^2)$ 的 (6.3.15). 如果 $h^k_{\max} \neq 0$, 那么, 对一些

$$\epsilon \leqslant \frac{1}{M+1}\frac{\theta_1\|d^k\|^2}{\|d^k\|^2 + \|\lambda^{k,0}_{-,W_k}\|^2},$$

假设

$$h^k_{\max} \geqslant \epsilon(\|d^k\|^2 + \|\lambda^{k,0}_{-,W_k}\|^2). \tag{6.3.44}$$

由于 $\alpha \in \left(0, \min\left\{\sqrt{\dfrac{\epsilon}{2mM}}, \dfrac{\epsilon}{M^2}\right\}\right]$, 故有

$$h(x_k + \alpha d^k) \leqslant mM\alpha^2\|d^k\|^2 \leqslant \frac{mM}{\epsilon}\alpha^2 h^k_{\max} \leqslant \frac{1}{2}h^k_{\max} \leqslant \frac{1+r^k}{2}h^k_{\max}. \tag{6.3.45}$$

如果 x_k 由 f 型迭代产生, 那么

$$r^k = r^{k-1}, \quad h^k_{\max} = h^{k-1}_{\max} \quad 且 \quad h(x_k) \leqslant \max\left\{\frac{1+r^k}{2}, 0.95\right\} h^k_{\max}, \tag{6.3.46}$$

否则, 有 $h(x_{k-1}) \leqslant h^k_{\max}$, 则

$$h(x_k) = r^k h(x_{k-1}) \leqslant \max\left\{\frac{1+r^k}{2}, 0.95\right\} h^k_{\max}. \tag{6.3.47}$$

因此, 由 (6.3.38), 有

$$\begin{aligned} h(x_k + \alpha d^k) &\leqslant (1-\alpha)h(x_k) + mM\alpha^2\|d^k\|^2 \\ &\leqslant (1-\alpha)\max\left\{\frac{1+r^k}{2}, 0.95\right\} h^k_{\max} + \frac{mM}{\epsilon}\alpha^2 h^k_{\max} \\ &\leqslant \max\left\{\frac{1+r^k}{2}, 0.95\right\} h^k_{\max} + \alpha\left(\frac{mM}{\epsilon}\alpha - 0.95\right) h^k_{\max} \end{aligned} \tag{6.3.48}$$

成立, (6.3.15) 在 $\alpha \in \left(0, \min\left\{\dfrac{0.95\epsilon}{mM}, \dfrac{\varsigma}{mM}\right\}\right]$ 时成立.

因此, 如果

$$\epsilon \leqslant \frac{1}{M+1}\frac{\theta_1\|d^k\|^2}{\|d^k\|^2 + \|\lambda^{k,0}_{-,W_k}\|^2},$$

有 (6.3.14) 和 (6.3.15) 都满足; 若 $\alpha \in (0, \widetilde{\alpha}]$, 这表明 $\alpha_k \geqslant \widetilde{\alpha}$ 对所有 k 成立, 且 $d^k = d^{k,1}$, 则 (6.3.16) 成立, 其中,

$$\widetilde{\alpha} = \min\left\{\epsilon, \frac{(1-\eta_1)\epsilon}{mM}, \frac{0.95\epsilon}{mM}, \sqrt{\frac{\epsilon}{2mM}}, \frac{\varsigma}{M^2}\right\}.$$

情况 II: $d^k = d^{k,2}$.

证明与情况 I 类似. □

类似于引理 4.8, 有

引理 6.25 如果算法非有限终止, 对于某个索引集 K, 有

$$\lim_{k\to\infty, k\in K} \nabla f(x_k)^{\mathrm{T}} d^{k,1} = 0. \tag{6.3.49}$$

引理 6.26 如果 $h(x_k) = 0$ 和 $\nabla f(x_k)^{\mathrm{T}} d^{k,1} = 0$ 成立, 则 x_k 是问题 (6.3.1) 的 KKT 点.

证明 因为 $I(x_k) \subseteq W_k$, 由 (6.3.10) 可得

$$\mu_i^k \nabla c_i(x_k)^{\mathrm{T}} d^{k,0} = -c_i(x_k)\lambda_i^{k,0} = 0, \quad \forall i \in I(x_k). \tag{6.3.50}$$

由于

$$\nabla f(x_k)^{\mathrm{T}} d^{k,1} = 0,$$

若 $h(x_k) = 0$, 则 $L_k^+ = \varnothing$ 和 $c_i(x_k) \leqslant 0, i \in I$. 因此由 (6.3.27) 可知

$$\begin{aligned}\nabla f(x_k)^{\mathrm{T}} d^{k,1} &= -(d^{k,0})^{\mathrm{T}} \widehat{H}_k d^{k,0} + \sum_{i\in L_k^-} \lambda_i^{k,0} \frac{\delta^i}{\mu_i} c_i(x_k) \\ &\quad - \sum_{i\in W_k\setminus L_k} \lambda_i^{k,0} \frac{\delta^i}{\mu_i} \min\{-c_i(x_k), \lambda_i^{k,0}\} \\ &= 0, \end{aligned} \tag{6.3.51}$$

因此,

$$(d^{k,0})^{\mathrm{T}} \widehat{H}_k d^{k,0} = 0, \tag{6.3.52}$$

$$\sum_{i\in L_k^-} \lambda_i^{k,0} c_i(x_k) = 0, \tag{6.3.53}$$

$$\sum_{i\in W_k\setminus L_k} \lambda_i^{k,0} \min\{-c_i(x_k), \lambda_i^{k,0}\} = 0. \tag{6.3.54}$$

因此, 由假设 6.14 可知, $d^{k,0} = 0$ 和 $\lambda_i^{k,0} = 0, i \in I$. 结合方程 (6.3.10), 得到 KKT 条件 (6.3.2). □

定理 6.4 设假设 6.11—假设 6.14 成立, 且算法 6.3 生成的序列 $\{(x_k,\lambda^k)\}$ 是无穷的, 则序列 $\{(x_k,\lambda^k)\}$ 的每个聚点都是问题 (6.3.1) 的一个 KKT 点对.

6.3.3 非单调线搜索 QP-free 算法

对于点 $x\in\Omega$ 和下标集 $J\subseteq I$, 定义以下符号:

$$r_i(x)=\nabla c_i(x)/\|\nabla c_i(x)\|,\quad i\in J, \tag{6.3.55}$$

$$R_J(x)=(r_i(x),i\in J), \tag{6.3.56}$$

$$N_J(x)=[R_J(x)^{\mathrm{T}}R_J(x)]^{-1}R_J(x)^{\mathrm{T}}, \tag{6.3.57}$$

$$P_J(x)=E_n-R_J(x)N_J(x), \tag{6.3.58}$$

$$(\vartheta_i(x),i\in J)=N_J(x)\nabla f(x), \tag{6.3.59}$$

$$\rho_J(x)=\frac{\det(R_J(x)^{\mathrm{T}}R_J(x))}{e|J|\|\nabla f(x)\|+1}, \tag{6.3.60}$$

$$a_i(x,\sigma)=r_i(x)-\sigma\rho_J(x)\nabla f(x), \tag{6.3.61}$$

$$C_J(x_i,\zeta)=(\nabla c_i(x)-\zeta\|\nabla c_i(x)\|\nabla f(x),i\in J,\zeta\in[0,\rho_J(x)]), \tag{6.3.62}$$

式中 $|J|$ 为集合 J 中的元素个数, e 为自然对数的底, ς 为非负实数, E_n 为单位矩阵.

在算法中, 通过旋转操作得到一个下标集 $\overline{W}_k$, 然后在 $\overline{W}_k$ 中使用其中一个 $\varphi(x,\lambda)$ 更新工作集, 可以减少计算量, 与现有技术相比更容易实现.

该算法首先求解线性方程组, 得到搜索方向和对应的乘子, 然后利用乘子和拉格朗日函数弯曲搜索方向. 此外, 为避免 Maratos 效应, 进行了二阶校正.

为使算法收敛, 受 [116] 思想的启发, 我们放宽了传统的非单调线搜索精度[182], 在算法的非单调线搜索技术中, 用 $\overline{f}(x_k)$ 和 $\overline{h}(x_k)$ 来代替目标函数 $f(x_k)$ 和约束违反度函数 $h(x_k)$, 其中,

$$\begin{aligned}
\overline{f}(x_k)&=\begin{cases}f(x_0), & \text{若 } k=1,\\[2mm] \dfrac{f(x_k)+\overline{f}(x_{k-1})}{2}, & \text{若 } k>1,\end{cases}\\
\overline{h}(x_k)&=\begin{cases}h(x_0), & \text{若 } k=1,\\[2mm] \dfrac{h(x_k)+\overline{h}(x_{k-1})}{2}, & \text{若 } k>1.\end{cases}
\end{aligned} \tag{6.3.63}$$

给出算法 6.4 如下.

算法 6.4

步骤 0　给定起始点 $x_0 \in \Omega$, $\eta_1, \eta_2 \in (0, 1/2)$, $\beta \in (0,1)$, $t_1, t_2 > 0$, $\varepsilon_0 > 0$, $M > 0$, $\gamma \in [0,1]$, 初始对称正定矩阵 H_0. 设 $k = 1$.

步骤 1　旋转运算.

步骤 1.1　设置 $\varepsilon = \varepsilon_{k-1} > 0$, 其中 $\varepsilon_{k-1} > 0$ 是由之前的旋转操作迭代 x_{k-1} 产生的参数.

步骤 1.2　计算 $I(x_k, \varepsilon) = \{i \in I | -\varepsilon \leqslant c_i(x_k) \leqslant 0\}$.

步骤 1.3　如果 $\det(c_{I(x_k,\varepsilon)}(x_k)^{\mathrm{T}} c_{I(x_k,\varepsilon)}(x^k)) \geqslant \varepsilon$ 或者 $I(x_k, \varepsilon) = \varnothing$, 其中 $c_{I(x_k,\varepsilon)}(x_k) = (c_i(x_k), i \in I(x_k, \varepsilon))$, 设 $\varepsilon_k = \varepsilon, \overline{W}_k = I(x_k, \varepsilon)$, 并转向步骤 2; 否则, 令 $\varepsilon := \varepsilon/2$, 重复步骤 1.2.

步骤 2　计算近似乘数向量

$$\lambda(x_k) = [-((\nabla c_{\overline{W}_k}(x_k))^{\mathrm{T}} \nabla c_{\overline{W}_k}(x_k))^{-1} \times (\nabla c_{\overline{W}_k}(x_k))^{\mathrm{T}} \nabla f(x_k), 0_{I \setminus \overline{W}_k}] \tag{6.3.64}$$

和工作集

$$W_k = \{i \in \overline{W}_k | c_i(x_k) + \varphi(x_k, \lambda(x_k)) \geqslant 0\}, \tag{6.3.65}$$

其中 $\varphi(x, \lambda(x_k))$ 通过计算 (6.3.4) 得到. 如果 $\varphi(x_k, \lambda(x_k)) = 0$, 那么 x_k 是 (6.3.1) 的 KKT 点, 停止.

步骤 3　从 (6.3.60) 开始计算 $\rho_k = \rho_{\overline{W}_k}(x_k)$, 并调整参数

$$\zeta_k = \begin{cases} \rho_0, & \text{当 } k = 1, \\ \min\{\rho_k, \|d^{k-1,0}\|^{t_1} + \|\widetilde{v}^{k-1}\|^{t_2}, \zeta_{k-1}\}, & \text{当 } k > 1. \end{cases} \tag{6.3.66}$$

令 $C_k = C_{W_k}(x_k, \zeta_k)$, 并设系数矩阵

$$N_k = \begin{pmatrix} H_k & C_k \\ C_k^{\mathrm{T}} & 0 \end{pmatrix}. \tag{6.3.67}$$

步骤 4　通过求解线性方程组计算 $(d^{k,0}, \lambda_{W_k}^{k,0})$:

$$N_k \begin{pmatrix} d \\ \lambda \end{pmatrix} = -\begin{pmatrix} \nabla f(x_k) \\ 0 \end{pmatrix}. \tag{6.3.68}$$

步骤 5　通过求解线性方程组计算 $(d^{k,1}, \lambda_{W_k}^{k,1})$:

$$N_k \begin{pmatrix} d \\ \lambda \end{pmatrix} = -\begin{pmatrix} \nabla_x L(x_k, u^k) \\ v^k \end{pmatrix}, \tag{6.3.69}$$

其中 $u^k=(u_i^k,i\in W_k)$, $u_i^k=\max\{\lambda_i^{k,0},0\}$, $v^k=(v_i^k,i\in W_k)$, $\widetilde{v}^k=(\widetilde{v}_i^k,i\in W_k)$,

$$
\begin{aligned}
v_i^k&=\begin{cases}\lambda_i^{k,0}, & \text{当 } \lambda_i^{k,0}<0,\\ -c_i(x_k), & \text{当 } \lambda_i^{k,0}c_i(x_k)<0,\\ 0, & \text{其他},\end{cases}\\
\widetilde{v}_i^k&=\begin{cases}\lambda_i^{k,0}, & \text{当 } \lambda_i^{k,0}<0,\\ \lambda_i^{k,0}c_i(x_k), & \text{当 } \lambda_i^{k,0}c_i(x_k)<0,\\ 0, & \text{其他}.\end{cases}
\end{aligned}
\tag{6.3.70}
$$

令 $\Gamma_k=1-\zeta_k\sum\limits_{i\in W_k}\lambda_i^{k,1}\|\nabla c_i(x_k)\|$. 如果 $d^{k,1}=0$, $\Gamma_k\geqslant 0$, 则停止.

步骤 6 如果

$$
\begin{aligned}
f(x_k+d^{k,1})&\leqslant \max_{0\leqslant j\leqslant m(k)-1}\left\{\overline{f}(x_{k-j})\right\}+\eta_1\min\{\nabla f(x_k)^{\mathrm{T}}d^{k,1},-h(x_k)\},\\
h(x_k+d^{k,1})&\leqslant \max_{0\leqslant j\leqslant m(k)-1}\left\{\overline{h}(x_{k-j})\right\}+\eta_2\min\{-h(x_k),-\|d^{k,1}\|^2\}
\end{aligned}
\tag{6.3.71}
$$

成立, 其中 $\overline{f}(x_k)$ 和 $\overline{h}(x_k)$ 由 (6.3.63) 定义, 则令 $\alpha_k=1, d^{k,2}=0$, 转步骤 9.

步骤 7 通过求解线性系统计算 $(d^{k,2},\lambda^{k,2})$:

$$
N_k\begin{pmatrix} d\\ \lambda\end{pmatrix}=-\begin{pmatrix}0\\ c(x_k+d^{k,1})\end{pmatrix}, \tag{6.3.72}
$$

其中 $c(x_k+d^{k,1})=(c_i(x_k+d^{k,1}),i\in W_k)$. 如果 $\|d^{k,2}\|>M\|d^{k,1}\|$, 令 $d^{k,2}=0$, $\theta_k=\|d^{k,1}\|^2$; 否则, 令 $\theta_k=\gamma\|d^{k,1}\|^2+(1-\gamma)\|\lambda_{W_k,-}^{k,0}\|^2$, 其中 $\lambda_{W_k,-}^{k,0}=(\lambda_{i,-}^{k,0},i\in W_k)=(\min\{\lambda_i^{k,0},0\},i\in W_k)$.

步骤 8 计算步长 α_k, 序列 $\{1,\beta,\beta^2,\cdots\}$ 的第一个使两个不等式

$$
\begin{aligned}
&f(x_k+\alpha_kd^{k,1}+\alpha_k^2d^{k,2})\\
\leqslant& \max_{0\leqslant j\leqslant m(k)-1}\left\{\overline{f}(x_{k-j})\right\}+\alpha_k\eta_1\min\{\nabla f(x_k)^{\mathrm{T}}d^{k,1},-h(x_k)\},\\
&h(x_k+\alpha_kd^{k,1}+\alpha_k^2d^{k,2})\\
\leqslant& \max_{0\leqslant j\leqslant m(k)-1}\left\{\overline{h}(x_{k-j})\right\}+\eta_2\min\{-\alpha_kh(x_k),-\alpha_k^2\theta_k\}
\end{aligned}
\tag{6.3.73}
$$

都成立的数记为 α, 其中 $m(0)=0$, $0\leqslant m(k)\leqslant\min\{m(k-1)+1,M\}$, M 是一个正的常数.

步骤 9 设 $x_{k+1}=x_k+\alpha_kd^{k,1}+\alpha_k^2d^{k,2}$, 更新 H_{k+1}. 令 $k=k+1$, 返回步骤 1.

注 6.2　旋转操作产生近似正定集 $\overline{W}_k \supset I(x_k)$, 使 $c_{\overline{W}_k}(x_k)$ 列满秩.

注 6.3　如果在算法 6.4 的处理过程中 $d^{k,1}=0, \Gamma_k<0$, 它将在非 KKT 点终止. 为了防止这种情况发生, 令 $\zeta_{k+1}=(1/2)\zeta_k$, 然后计算线性方程 (6.3.68) 和 (6.3.69).

注 6.4　算法 6.4 的步骤 6 检验步长 $\alpha_k=1$ 是否可接受. 如果被接受, 则减少算法的计算量.

6.3.4　非单调线搜索算法的全局收敛性

为了证明算法 6.4 对问题 (6.3.1) 的 KKT 点全局收敛, 做出以下假设:

假设 6.15　函数 $f(x)$ 和 $c_i(x)(i\in I)$ 是连续可微的.

假设 6.16　向量 $\{\nabla c_i(x), i\in I(x)\}$ 对于每个点 $x\in\Omega$ 是线性无关的.

假设 6.17　算法 6.4 产生的序列 $\{x_k\}$ 是有界的.

假设 6.18　存在两个正常数 b_1 和 b_2 对所有 k 成立,

$$b_1\|y\|^2 \leqslant y^{\mathrm{T}}H_k y \leqslant b_2\|y\|^2, \quad \forall y\in\mathbb{R}^n. \tag{6.3.74}$$

引理 6.27　对于给定的点 $x\in X$ 和工作集 $W_k\subseteq I$, 设向量 $\{\nabla c_i(x), i\in W_k\}$ 线性无关. 那么

(i) 存在函数 $\rho_k>0$, 使向量 $C_{W_k}(x_k,\zeta)$ 对 $\zeta\in[0,\rho_k]$ 线性无关;

(ii) 向量 $\{a_i(x,\varsigma), i\in W_k\}$ 对于每一个 $\varsigma\in[0,1]$ 是线性无关的.

证明　(i) 根据函数 $c_i(x)$ $(\forall i\in I)$ 的连续可微性可知.

(ii) 反证法. 假设向量 $\{a_i(x,\varsigma), i\in W_k\}$ 是线性相关的, 即存在一组 $k_i(i\in W_k)$ 不全为零, 使

$$\sum_{i\in W_k} k_i a_i(x,\varsigma) = \sum_{i\in W_k} k_i(r_i(x)-\varsigma\rho_k\nabla f(x)) = 0, \tag{6.3.75}$$

这意味着

$$\sum_{i\in W_k} k_i r_i(x) = \sum_{i\in W_k} k_i\varsigma\rho_k\nabla f(x). \tag{6.3.76}$$

由于向量 $\{\nabla c_i(x), i\in W_k\}$ 是线性无关的, 因此向量 $\{r_i(x), i\in W_k\}$ 也是线性无关的, 即

$$\sum_{i\in W_k} k_i r_i(x) \neq 0, \quad \sum_{i\in W_k} k_i\varsigma\rho_k \neq 0,$$

因此,

$$\nabla f(x) = \sum_{i\in W_k} \frac{k_i}{\varsigma\rho_k \sum\limits_{i\in W_k} k_i} r_i(x). \tag{6.3.77}$$

由 (6.3.77) 和 (6.3.58) 得到

$$\begin{aligned}P_{W_k}\nabla f(x) &= \nabla f(x) - \sum_{i\in W_k} r_i(x)[r_i(x)^{\mathrm{T}}r_i(x)]^{-1}r_i(x)^{\mathrm{T}}\nabla f(x)\\ &= \sum_{i\in W_k}\frac{k_i}{\varsigma\rho_k\sum\limits_{i\in W_k}k_i}r_i(x)\\ &\quad - \sum_{i\in W_k}\left[r_i(x)[r_i(x)^{\mathrm{T}}r_i(x)]^{-1}r_i(x)^{\mathrm{T}}\times\sum_{i\in W_k}\frac{k_i}{\varsigma\rho_k\sum\limits_{i\in W_k}k_i}r_i(x)\right]\\ &= 0,\end{aligned} \tag{6.3.78}$$

因此,

$$\begin{aligned}\nabla f(x) &= \sum_{i\in W_k} r_i(x)[r_i(x)^{\mathrm{T}}r_i(x)]^{-1}r_i(x)^{\mathrm{T}}\nabla f(x)\\ &= \sum_{i\in W_k}\vartheta_i(x)r_i(x),\end{aligned} \tag{6.3.79}$$

加上 (6.3.58), (6.3.79) 和 $\varsigma\in[0,1]$, 有

$$\sum_{i\in W_k}\vartheta_i(x) = \frac{1}{\varsigma\rho_k} > \frac{1}{\rho_k}. \tag{6.3.80}$$

事实上, 通过 (6.3.59),

$$\begin{aligned}\left|\sum_{i\in J}\vartheta_i(x)\right| &\leqslant \sum_{i\in J}|\vartheta_i(x)|\\ &\leqslant \sqrt{|J|}\sqrt{\sum_{i\in J}\vartheta_i^2(x)}\\ &= \sqrt{|J|}\times\|[R_J(x)^{\mathrm{T}}R_J(x)]^{-1}R_J(x)^{\mathrm{T}}\nabla f(x)\|\\ &\leqslant \frac{\sqrt{|J|}}{\min\limits_{i=1,\cdots,|J|}\tau_i}\|R_J(x)^{\mathrm{T}}\nabla f(x)\|,\end{aligned} \tag{6.3.81}$$

式中, $\tau_i>0$ $(i=1,\cdots,|J|)$ 为 $R_J(x)^{\mathrm{T}}R_J(x)$ 的 $|J|$ 特征根, 则

$$\begin{aligned}&\prod_{i=1}^{|J|}\tau_i = \det(R_J(x)^{\mathrm{T}}R_J(x)),\\ &\sum_{i=1}^{|J|}\tau_i = \sum_{i\in J}\|r_i(x)\|^2 = |J|.\end{aligned} \tag{6.3.82}$$

所以, 对于每个 τ_i $(i=1,2,\cdots,j-1,j+1,\cdots,|J|)$, 下式成立,

$$\prod_{\substack{i=1\\i\neq j}}^{|J|}\tau_i\leqslant\left(\frac{\sum\limits_{\substack{i=1\\i\neq j}}^{|J|}\tau_i}{|J|-1}\right)^{|J|-1}\leqslant\left(\frac{|J|}{|J|-1}\right)^{|J|-1}<e. \tag{6.3.83}$$

所以, 有

$$\min_{i=1,\cdots,|J|}\tau_i\geqslant\frac{\det(R_J(x)^{\mathrm{T}}R_J(x))}{e}.$$

因为

$$\begin{aligned}\|R_J(x)^{\mathrm{T}}\nabla f(x)\|&=\sqrt{\sum_{i\in J}[r_i(x)^{\mathrm{T}}\nabla f(x)]^2}\\&\leqslant\sqrt{\sum_{i\in J}\|r_i(x)\|^2\|\nabla f(x)\|^2}\\&=\sqrt{|J|}\|\nabla f(x)\|,\end{aligned} \tag{6.3.84}$$

所以

$$\left|\sum_{i\in J}\vartheta_i(x)\right|\leqslant\frac{e|J|\|\nabla f(x)\|}{\det(R_J(x)^{\mathrm{T}}R_J(x))}<\frac{1}{\rho_J(x)}, \tag{6.3.85}$$

这意味着

$$\left|\sum_{i\in W_k}\vartheta_i(x)\right|<\frac{1}{\rho_k}. \tag{6.3.86}$$

这与 (6.3.80) 相矛盾, 结论得证. □

引理 6.28 设假设 6.15—假设 6.16 成立, $C_{W_k}(x_k,\zeta)$ 对于任意 $\zeta\in[0,\rho_k]$ 和 $W_k\subseteq\overline{W}_k$ 具有列满秩.

证明 由注 6.2 和引理 6.27 可知 $(a_i(x_k,\varsigma),i\in\overline{W}_k)$ 对于每个 $\varsigma\in[0,1]$ 都是列满秩的. 因此,

$$(\|\nabla c_i(x_k)\|a_i(x_k,\varsigma),i\in\overline{W}_k)=(\nabla c_i(x_k)-\varsigma\rho_k\|\nabla c_i(x_k)\|\nabla f(x_k),i\in\overline{W}_k), \tag{6.3.87}$$

对于每个 $\varsigma \in [0,1]$ 均为列满秩. 令 $\zeta = \varsigma\rho_k$, 则对于任何 $\zeta \in [0,\rho_k]$, 有

$$C_{W_k}(x_k,\zeta) = (\nabla c_i(x_k) - \zeta\|\nabla c_i(x_k)\|\nabla f(x_k), i \in W_k). \tag{6.3.88}$$

□

引理 6.29 设假设 6.15—假设 6.18 成立, $x_k \in \Omega$. 有

(i) 旋转操作在有限迭代中终止.

(ii) 如果序列 $\{x_k\}$ 有界, 则存在一个常数 $\widehat{\varepsilon} > 0$, 对于由旋转操作产生的序列 $\{\varepsilon_k\}$, 工作集 $W_k \subseteq \overline{W}_k$ 和每个 $\zeta \in [0,\rho_k]$, 有以下公式成立,

$$\det((\nabla c_{\overline{W}_k}(x_k))^{\mathrm{T}}\nabla c_{\overline{W}_k}(x_k)) \geqslant \inf\{\varepsilon_k\} > 0, \quad \forall k, \tag{6.3.89}$$

$$\det((C_{W_k}(x_k,\zeta))^{\mathrm{T}}C_{W_k}(x_k,\zeta)) \geqslant \widehat{\varepsilon_k}, \quad \forall k. \tag{6.3.90}$$

证明 由假设 6.16 易得 (i) 和 (6.3.89) 成立.

下面讨论 (6.3.90). 反证法. 由于 $\overline{W}_k$ 和 W_k 为有限集 I 的子集且 $\{x_k\}$ 是有界的, 假设存在一个无限子集 K 和 $\zeta_k \in [0,\rho_k]$, 使得

$$\begin{aligned} &\overline{W} = W^0, \quad W_k = J \subset W^0, \quad x_k \to x^*, \\ &\det(C_J(x_k,\zeta_k)^{\mathrm{T}}C_J(x_k,\zeta_k)) \to 0, \quad k \in K. \end{aligned} \tag{6.3.91}$$

根据 (6.3.60) 和假设 6.15, 有 $\rho_k (k \in K) \to \rho_* = \rho_{W^0}(x^*)$. 因此, 根据 $\zeta_k \in [0,\rho]$, 有 $\{\zeta_k\}_K$ 是有界的, 并且可以假设存在一个满足 $\zeta_k (k \in K') \to \zeta_* \in [0,\rho_*]$ 的无限子集 $K' \in K$. 另一方面, 根据 (6.3.89) 可知, 向量 $\{\nabla g_j(x^*), j \in I^0\}$ 是线性独立的. 因此, 根据引理 6.27 (ii), 有 $\{a_j(x^*,\epsilon), j \in W^0\}$ 对于每个 $\epsilon \in [0,1]$ 是线性独立的. 这表明向量

$$\{\|\nabla g_j(x^*)\|a_j(x^*,\epsilon) = \nabla g_j(x^*) - \epsilon\rho_*\|\nabla g_j(x^*)\|\nabla f(x^*), j \in W^0\} \tag{6.3.92}$$

对于每个 $\epsilon \in [0,1]$ 是线性独立的. 因此,

$$\{\nabla g_j(x^*) - \zeta\|\nabla g_j(x^*)\|\nabla f(x^*), j \in W^0\}$$

对于每个 $\zeta \in [0,\rho_*]$ 是线性独立的. 若令

$$A_*^0 = (\nabla g_j(x^*) - \zeta_*\|\nabla g_j(x^*)\|\nabla f(x^*), j \in J), \tag{6.3.93}$$

则根据 $\zeta_* \in [0,\rho_*]$ 有 A_*^0 行满秩. 然而,

$$0 = \lim_{k \in K'} \det((C_J(x_k,\zeta_k))^{\mathrm{T}}C_J(x_k,\zeta_k)) = \det((A_*^0)^{\mathrm{T}}A_*^0), \tag{6.3.94}$$

矛盾. 因此, (6.3.90) 成立. □

由引理 6.28 可知, 以下结论成立.

引理 6.30 设 $H_k \in \mathbb{B}^{n\times n}$ 为对称矩阵, 满足假设 6.18, 则 (6.3.67) 定义的矩阵 N_k 为非奇异矩阵.

引理 6.31 假设 $x_k \in \Omega$,

(i) 如果其中 $\varphi(x_k, \lambda^k) = 0$, 那么 x_k 是 (6.3.1) 的 KKT 点;

(ii) 如果 $d^{k,1} = 0$, $\Gamma_k \geqslant 0$, 则 x_k 为 (6.3.1) 的 KKT 点.

证明 (i) 很明显, 这个结论根据定义是成立的.

(ii) 因为 $d^{k,1} = 0$, 由 (6.3.69) 有 $v^k_{W_k} = 0$, 和 $C_k^{\mathrm{T}} x = 0$ 存在一个零解, 结合 (6.3.68) 的第二个方程, 有 $d^{k,0} = 0$. 因此,

$$\begin{cases} \left(1 - \zeta_k \sum\limits_{i\in W_k} \lambda_i^{k,0} \|\nabla c_i(x_k)\|\right) \nabla f(x_k) + \sum\limits_{i\in W_k} \lambda_i^{k,0} \nabla c_i(x_k) = 0, \\ v^k_{W_k} = 0 \end{cases} \tag{6.3.95}$$

成立. 通过 $v^k_{W_k} = 0$, 有

$$\sum_{i\in W_k} \lambda_i^{k,0} c_i(x_k) = 0, \quad \lambda_{W_k}^{k,0} \geqslant 0,\ i \in W_k. \tag{6.3.96}$$

由于 $\Gamma_k \geqslant 0$, 故有

$$\frac{\lambda_{W_k}^{k,0}}{\Gamma_k} \geqslant 0 \quad 和 \quad \frac{\lambda_{W_k}^{k,0}}{\Gamma_k} c_{W_k}(x_k) = 0.$$

因此, 对于 $x_k \in \Omega$, (6.3.95) 可以转化为

$$\begin{cases} \nabla f(x_k) + \sum\limits_{i\in W_k} \dfrac{\lambda_i^{k,0}}{\Gamma_k} \nabla c_i(x_k) = 0, & \\ \sum\limits_{i\in W_k} \dfrac{\lambda_i^{k,0}}{\Gamma_k} \geqslant 0, & i \in W_k, \\ \sum\limits_{i\in W_k} \dfrac{\lambda_i^{k,0}}{\Gamma_k} c_i(x_k) = 0, & i \in W_k, \\ c_i(x_k) \leqslant 0, & i \in W_k. \end{cases} \tag{6.3.97}$$

它意味着 x_k 是 (6.3.1) 的 KKT 点. □

引理 6.32 设假设 6.15—假设 6.18 成立, 序列 $\{\rho_k\}$, $\{\lambda(x_k)\}$, $\{\zeta_k\}$, $\{d^{k,0}\}$, $\{\lambda^{k,0}\}$, $\{d^{k,1}\}$, $\{\lambda^{k,1}\}$, $\{r_k\}$ 都是有界的.

证明 根据假设 6.17, (6.3.60), (6.3.64) 和引理 6.29(ii), 有 $\{\rho_k\}$ 和 $\{\lambda(x_k)\}$ 是有界的. 因此, 根据 $\zeta_k \in [0, \rho_k]$ 可知 $\{\zeta_k\}$ 是有界的.

根据假设 6.17, (6.3.68) 和 (6.3.69) 可知, $\{d^{k,0}\}$, $\{\lambda^{k,0}\}$, $\{d^{k,1}\}$, $\{\lambda^{k,1}\}$ 是有界的.

下面证明 $\{r_k\}$ 是有界的. 反证法. 假设存在满足 $r_k \to \infty$ 的无穷子集 K 和使

$$\begin{aligned}&\overline{W} = I^0, \quad W_k = I', \quad x_k \to x^*, \quad H_k \to H_*, \quad \rho_k \to \rho_* = \rho_{I^0}(x^*),\\ &\zeta_k^0 \to \zeta_*^0 \geqslant 0, \quad \zeta_k \to \zeta_* \geqslant 0, \quad k \in K'\end{aligned} \tag{6.3.98}$$

成立的无限指数集 $K' \subset K$. 令 $(\tilde{d}_k, \tilde{\lambda}_k)$ 为关于参数 $\zeta_k = \frac{1}{2^{n_k-2}}\zeta_k^0$ 的 (6.3.68) 的解. 根据 r_k 的定义, 对于任意的 $k \in K'$, 有

$$1 - \frac{1}{2^{n_k-2}}\zeta_k^0 \sum_{j\in I'} \tilde{\lambda}_{kj}\|\nabla g_j(x_k)\| < 0. \tag{6.3.99}$$

因此, 易得

$$\frac{\zeta_k^0}{2^{n_k-2}} > \frac{1}{\sum\limits_{j\in I'} \tilde{\lambda}_{kj}\|\nabla g_j(x_k)\|} > 0 \tag{6.3.100}$$

和

$$\lim_{k\in K'} \frac{1}{\sum\limits_{j\in I'} \tilde{\lambda}_{kj}\|\nabla g_j(x_k)\|} = 0. \tag{6.3.101}$$

根据引理 6.29(ii), 可得

$$\|\nabla g_j(x_k)\| \to \|\nabla g_j(x^*)\| > 0, \quad j \in I',$$

这表明 $\{\tilde{\lambda}_k\}_{K'}$ 是无界的. 类似于 $\{\lambda^{k,0}\}$ 有界性的证明, 可以得到 $\{\tilde{\lambda}_k\}_{K'}$ 是有界的, 矛盾. □

引理 6.33 设假设 6.15—假设 6.18 成立, 如果算法 6.4 在迭代 k 时不终止, 即 $d^{k,1} \neq 0$, 那么

(i) $f(x_k)^{\mathrm{T}} d^{k,1} < 0$;

(ii) $c_i(x_k) \leqslant \zeta_k\|\nabla c_i(x_k)\|\nabla f(x_k)^{\mathrm{T}} d^{k,1} < 0, i \in I(x_k)$.

证明 (i) 由 (6.3.68) 的第一个公式, 有

$$\begin{aligned}\nabla f(x_k)^{\mathrm{T}} d^{k,1} &= (d^{k,1})^{\mathrm{T}} \nabla f(x_k)\\ &= -(d^{k,1})^{\mathrm{T}} H_k d^{k,0} - (d^{k,1})^{\mathrm{T}} C_k \lambda^{k,0}.\end{aligned} \tag{6.3.102}$$

同样地, 由 (6.3.69) 的第一个公式, 有

$$\begin{aligned}\nabla f(x_k)^{\mathrm{T}}d^{k,0} &= -(d^{k,1})^{\mathrm{T}}H_kd^{k,0} - (\lambda^{k,1})^{\mathrm{T}}C_k^{\mathrm{T}}d^{k,0} - (u^k)^{\mathrm{T}}\nabla c(x_k)d^{k,0} \\ &= -(d^{k,1})^{\mathrm{T}}H_kd^{k,0} - (u^k)^{\mathrm{T}}\nabla c(x_k)d^{k,0}.\end{aligned} \tag{6.3.103}$$

结合 (6.3.102) 和 (6.3.103), 可以明显看出

$$\begin{aligned}\nabla f(x_k)^{\mathrm{T}}d^{k,1} &= \nabla f(x_k)^{\mathrm{T}}d^{k,0} - (d^{k,1})^{\mathrm{T}}C_k\lambda^{k,0} + (u^k)^{\mathrm{T}}\nabla c(x_k)d^{k,0} \\ &= -(d^{k,0})^{\mathrm{T}}H_kd^{k,0} - (d^{k,1})^{\mathrm{T}}C_k\lambda^{k,0} + (u^k)^{\mathrm{T}}\nabla c(x_k)d^{k,0} \\ &= -(d^{k,0})^{\mathrm{T}}H_kd^{k,0} - v_k^{\mathrm{T}}\lambda^{k,0} + (u^k)^{\mathrm{T}}\nabla c(x_k)d^{k,0} \\ &= -(d^{k,0})^{\mathrm{T}}H_kd^{k,0} - \sum_{\lambda_i^{k,0}<0}(\lambda_i^{k,0})^2 + \sum_{\lambda_i^{k,0}c_i(x_k)<0}\lambda_i^{k,0}c_i(x_k) \\ &\quad + \sum_{\lambda_i^{k,0}>0}\lambda_i^{k,0}\nabla c_i(x_k)d_i^{k,0},\end{aligned} \tag{6.3.104}$$

由 (6.3.68) 的第一个公式可知

$$\begin{aligned}&(d^{k,0})^{\mathrm{T}}\nabla c(x_k)\lambda^{k,0} \\ &= -(1-\zeta_k\|\nabla c(x_k)\|\lambda^{k,0})(d^{k,0})^{\mathrm{T}}\nabla f(x_k) - (d^{k,0})^{\mathrm{T}}H_kd^{k,0} \\ &= (-\zeta_k\|\nabla c(x_k)\|\lambda^{k,0})(d^{k,0})^{\mathrm{T}}H_kd^{k,0},\end{aligned} \tag{6.3.105}$$

因此,

$$\sum_{\lambda_i^{k,0}>0}\lambda_i^{k,0}\nabla c_i(x_k)d_i^{k,0} = \sum_{\lambda_i^{k,0}>0}(-\zeta_k\|\nabla c_i(x_k)\|\lambda_i^{k,0})(d^{k,0})^{\mathrm{T}}H_kd^{k,0} < 0. \tag{6.3.106}$$

根据 v_k 的定义, 有 $\nabla f(x_k)^{\mathrm{T}}d^{k,1} < 0$.

(ii) 对于 $i \in I(x_k)$, 由 v_i^k 和 $I(x_k) \subseteq W_k$ 的定义可知 $v_i^k \leqslant 0$. 由 $d^{k-1,1} \neq 0$, 有 $\zeta_k > 0$. 结合 (6.3.69) 的第二个公式和上面 (i) 的结论, 可以看出

$$\nabla c_i(x_k) \leqslant \zeta_k\|\nabla c_i(x_k)\|\nabla f(x_k)^{\mathrm{T}}d^{k,1} < 0, \quad i \in I(x_k). \tag{6.3.107}$$

□

引理 6.34 设假设 6.15—假设 6.18 保持不变, 如果 $x_k \to x^*$ 和 $\nabla f(x_k)^{\mathrm{T}}d^{k,1} \to 0$ 对于所有 $k \in K$ 保持不变, 其中 K 是一个无限子集, 那么 x^* 就是 (6.3.1) 的 KKT 点.

证明 根据引理 6.32, 假设 $d^{k,0}\to d^{*,0}$, $\lambda^{k,0}\to\lambda^{*,0}$, $\zeta_k\to\zeta_*$, $k\in K$. 结合引理 6.33 (i) 和假设 6.18, 有

$$\begin{aligned}\nabla f(x_k)^{\mathrm T}d^{k,1}\leqslant&-(d^{k,0})^{\mathrm T}H_kd^{k,0}-\sum_{\lambda_i^{k,0}<0}(\lambda_i^{k,0})^2\\&+\sum_{\lambda_i^{k,0}c_i(x_k)<0}\lambda_i^{k,0}c_i(x_k)+\sum_{\lambda_i^{k,0}>0}\lambda_i^{k,0}\nabla c_i(x_k)d_i^{k,0}\\&<0.\end{aligned}\tag{6.3.108}$$

且当 $k\to\infty$ 时, 有

$$\nabla f(x_k)^{\mathrm T}d^{k,1}\to 0.$$

因此, $d^{k,0}\to 0$, $\lambda^{k,0}\to\lambda^{*,0}$, $k\in K$, $\lambda_i^{*,0}c_i(x^*)=0$, $i\in I$. 令 $k\in K$, 由 (6.3.68) 的极限, 使得

$$\left(1-\zeta_*\sum_{i\in W_k}\lambda_i^{*,0}\|\nabla c_i(x^*)\|\right)\nabla f(x^*)+\sum_{i\in W_k}\lambda_i^{*,0}\nabla c_i(x^*)=0.\tag{6.3.109}$$

因为 $x^*\in\Omega$, 由 $\widetilde{v}^k$ 的定义得 $\widetilde{v}^k\to 0$, 然后 $\zeta_{k+1}\to\zeta_*=0$, $k\in K$, 因此, 由 (6.3.109) 和 $\lambda_i^{*,0}\geqslant 0$, $\lambda_i^{*,0}c_i(x^*)=0$ $(i\in I)$ 得出 x^* 是 (6.3.1) 的 KKT 点. □

引理 6.35 如果对于所有 k, $\nabla f(x_k)d^{k,1}<0$, 则

$$f(x_k)\leqslant\overline{f}(x_k),\quad h(x_k)\leqslant\overline{h}(x_k).\tag{6.3.110}$$

证明 (i) 如果 $k=0$, $f(x_k)=\overline{f}(x_k)$, $h(x_k)=\overline{h}(x_k)$, 结论显然成立.

(ii) 如果 $k>0$, 定义两个函数 $F_k:\mathbb{R}\to\mathbb{R}$ 和 $H_k:\mathbb{R}\to\mathbb{R}$, 通过

$$\begin{aligned}F_k(a)&=\frac{a\overline{f}(x_{k-1})+f(x_k)}{a+1},\\H_k(a)&=\frac{a\overline{h}(x_{k-1})+h(x_k)}{a+1},\end{aligned}\tag{6.3.111}$$

对 a 求导, 有

$$\begin{aligned}F_k'(a)&=\frac{\overline{f}(x_{k-1})-f(x_k)}{(a+1)^2},\\H_k'(a)&=\frac{\overline{h}(x_{k-1})-h(x_k)}{(a+1)^2}.\end{aligned}\tag{6.3.112}$$

由

$$h(x_k)=\sum_{i\in W_k}\max\{c_i(x),0\}\geqslant 0\quad 且\quad \nabla f(x_k)d^{k,1}<0$$

和算法 6.4 步骤 8 的非单调线搜索可知

$$f(x_k)\leqslant \overline{f}(x_{k-1}),\quad h(x_k)\leqslant \overline{h}(x_{k-1}),$$

因此, 对于所有 $a\geqslant 0$,

$$\begin{aligned} F_k'(a)&=\frac{\overline{f}(x_{k-1})-f(x_k)}{(a+1)^2}\geqslant 0,\\ H_k'(a)&=\frac{\overline{h}(x_{k-1})-h(x_k)}{(a+1)^2}\geqslant 0. \end{aligned}\tag{6.3.113}$$

这意味着 $F_k(a)$ 和 $H_k(a)$ 是非减的, 因此, 对于所有 $a\geqslant 0$, 有

$$f(x_k)=F_k(0)\leqslant F_k(a)\quad 和\quad h(x_k)=H_k(0)\leqslant H_k(a).\tag{6.3.114}$$

特别地, 设 $a=1$, 那么

$$f(x_k)=F_k(0)\leqslant F_k(1)=\frac{\overline{f}(x_{k-1})+f(x_k)}{2},\tag{6.3.115}$$

$$h(x_k)=H_k(0)\leqslant H_k(1)=\frac{\overline{h}(x_{k-1})+h(x_k)}{2}.\tag{6.3.116}$$

因此, 对于所有 k, 有 $f(x_k)\leqslant\overline{f}(x_k)$, $h(x_k)\leqslant\overline{h}(x_k)$. □

引理 6.36　设假设 6.15—假设 6.18 成立, 得到如下不等式

$$h(x_{k+1})\leqslant(1-\alpha)h(x_k)+o(\alpha),\tag{6.3.117}$$

适用于所有 k, 其中 α 是步长.

证明　由假设 6.15—假设 6.18, 均值定理和 $h(x)$ 的定义可知

$$\begin{aligned} h(x_{k+1})&=\sum_{i\in I}\max\{c_i(x_{k+1}),0\}\\ &\leqslant\sum_{i\in I}\max\{c_i(x_k)+\alpha\nabla c_i(x_k)^{\mathrm T}d^{k,1}+o(\alpha),0\}\\ &\leqslant\sum_{i\in I}\max\{(1-\alpha)c_i(x_k),0\} \end{aligned}$$

$$+\sum_{i\in I}\max\{\alpha(c_i(x_k)+\nabla c_i(x_k)^{\mathrm{T}}d^{k,1})+o(\alpha),0\}, \tag{6.3.118}$$

对于所有 $k\in K$ 成立, 其中 K 是一个无限子集. 由引理 6.29 (ii) 知, 存在一个常数 $\delta>0$ 使 $\|\nabla c_i(x_k)\|\geqslant\delta$.

又因为

$$0>\nabla f(x_k)^{\mathrm{T}}d^{k,1}\to\nabla f(x^*)^{\mathrm{T}}d^{*,1},$$

存在一个常数 $c>0$, 对于足够大的 $k\in K$, 有

$$\nabla f(x_k)^{\mathrm{T}}d^{k,1}\leqslant -c.$$

所以

$$\begin{aligned}
&c_i(x_k)+\nabla c_i(x_k)^{\mathrm{T}}d^{k,1}\\
&=c_i(x_k)+\alpha(v_i^k+\zeta_k\|\nabla c_i(x_k)\|\nabla f(x_k)^{\mathrm{T}}d^{k,1})\\
&\leqslant c_i(x_k)+\alpha\left(v_i^k-\frac{1}{2}\zeta_*\delta c\right)\\
&=\begin{cases}
c_i(x_k)+\alpha\lambda_i^{k,0}-\dfrac{1}{2}\zeta_*\delta c\alpha, & \lambda_i^{k,0}<0,\\[2ex]
(1-\alpha)c_i(x_k)-\dfrac{1}{2}\zeta_*\delta c\alpha, & \lambda_i^{k,0}c_i(x_k)<0,\\[2ex]
c_i(x_k)-\dfrac{1}{2}\zeta_*\delta c\alpha, & \text{否则}.
\end{cases}\\
&\leqslant 0.
\end{aligned} \tag{6.3.119}$$

因此, 结合 (6.3.118), (6.3.119) 和 $h(x)$ 的定义, (6.3.117) 成立. □

定理 6.5 设假设 6.15—假设 6.18 成立, 那么算法 6.4 要么在有限步中终止, 要么产生一个无限序列 $\{x_k,\lambda(x_k)\}$, 其聚点为问题 (6.3.1) 的 KKT 点对.

证明 由于 ζ_k 是单调有界的, 假设 $\zeta_k\to\zeta_*\geqslant 0$.

情况 I: $\zeta_*>0$.

存在一个无限子集 K, 当所有 $k\in K$ 足够大时, $\zeta_k\geqslant\frac{1}{2}\zeta_*$.

反证法. 假设 x^* 不是 (6.3.1) 的 KKT 点. 令

$$\nabla f(x_k)^{\mathrm{T}}d^{k,1}\to 0,\quad k\in K.$$

由于对所有足够大的 $k\in K$ 有

$$\nabla f(x_k)^{\mathrm{T}}d^{k,1}<0 \quad 和 \quad \nabla f(x_k)^{\mathrm{T}}d^{k,1}\to\nabla f(x^*)^{\mathrm{T}}d^{*,1},$$

故存在一个常数 $c > 0$, 使得

$$\nabla f(x_k)^{\mathrm{T}} d^{k,1} \leqslant -c. \tag{6.3.120}$$

对于给定的 $\eta_1 \in \left(0, \dfrac{1}{2}\right)$,

(i) 如果

$$\min\{\nabla f(x_k)^{\mathrm{T}} d^{k,1}, -h(x_k)\} = \nabla f(x_k)^{\mathrm{T}} d^{k,1},$$

那么由引理 6.35, 对于 $k \in K$ 足够大, 且 $\alpha > 0$ 足够小, 有

$$\begin{aligned}
& f(x_k + \alpha d^{k,1} + \alpha^2 d^{k,2}) - \max_{0 \leqslant j \leqslant m(k)-1} \{\overline{f}(x_{k-j})\} - \eta_1 \alpha \nabla f(x_k)^{\mathrm{T}} d^{k,1} \\
& \leqslant f(x_k + \alpha d^{k,1} + \alpha^2 d^{k,2}) - f(x_k) - \eta_1 \alpha \nabla f(x_k)^{\mathrm{T}} d^{k,1} \\
& = (1 - \eta_1) \alpha \nabla f(x_k)^{\mathrm{T}} d^{k,1} + o(\alpha) \\
& \leqslant -(1 - \eta_1) c \alpha + o(\alpha) \leqslant 0,
\end{aligned} \tag{6.3.121}$$

其中 $m(0) = 0$ 和 $0 \leqslant m(k) \leqslant \min\{m(k-1)+1, M\}$, M 是一个正常数.

(ii) 如果

$$\min\{\nabla f(x_k)^{\mathrm{T}} d^{k,1}, -h(x_k)\} = -h(x_k),$$

即

$$\nabla f(x_k)^{\mathrm{T}} d^{k,1} \geqslant -h(x_k),$$

因此 $h(x_k) \geqslant c$, 则由引理 6.35, 对于 $k \in K$ 足够大, 且 $\alpha > 0$ 足够小, 有

$$\begin{aligned}
& f(x_k + \alpha d^{k,1} + \alpha^2 d^{k,2}) - \max_{0 \leqslant j \leqslant m(k)-1} \{\overline{f}(x_{k-j})\} - \eta_1 \alpha \nabla f(x_k)^{\mathrm{T}} d^{k,1} \\
& \leqslant f(x_k + \alpha d^{k,1} + \alpha^2 d^{k,2}) - f(x_k) + \eta_1 \alpha h(x_k) \\
& = \alpha \nabla f(x_k)^{\mathrm{T}} d^{k,1} + \eta_1 \alpha h(x_k) + o(\alpha) \\
& = \alpha(-c + \eta_1 h(x_k)) + o(\alpha) \leqslant 0,
\end{aligned} \tag{6.3.122}$$

其中 $m(0) = 0$ 且 $0 \leqslant m(k) \leqslant \min\{m(k-1)+1, M\}$, M 为正常数. 因此, (6.3.73) 的第一个公式在 $k \in K$ 足够大, $\alpha > 0$ 足够小, $\eta_1 > 0$ 足够小时成立.

接下来, 证明在 $k \in K$ 足够大, $\alpha > 0$ 足够小, $\eta_2 > 0$ 足够小时, (6.3.73) 的第二个公式成立.

对于给定的 $\eta_2 \in \left(0, \dfrac{1}{2}\right)$,

(i) 如果 $\min\{-\alpha h(x_k), -\alpha^2\theta_k\} = -\alpha h(x_k)$, 其中,

$$\theta_k = \gamma\|d^{k,1}\|^2 + (1-\gamma)\|\lambda^{k,0}\|^2, \quad \gamma \in [0,1], \tag{6.3.123}$$

那么由引理 6.35, 引理 6.36 和 $h(x_k) \geqslant 0$, 对于足够大的 $k \in K$ 且足够小的 $\alpha > 0$, 有

$$\begin{aligned}
&h(x_k + \alpha d^{k,1} + \alpha^2 d^{k,2}) - \max_{0\leqslant j\leqslant m(k)-1}\left\{\overline{h}(x_{k-j})\right\} + \eta_2\alpha h(x_k)\\
&\leqslant h(x_k + \alpha d^{k,1} + \alpha^2 d^{k,2}) - h(x_k) + \eta_2\alpha h(x_k)\\
&\leqslant -(1-\eta_2)\alpha h(x_k) + o(\alpha) \leqslant 0,
\end{aligned} \tag{6.3.124}$$

其中 $m(0) = 0$ 且 $0 \leqslant m(k) \leqslant \min\{m(k-1)+1, M\}$, M 是一个正常数.

(ii) 如果 $\min\{-\alpha h(x_k), -\alpha^2\theta_k\} = -\alpha^2\theta_k$, 其中,

$$\theta_k = \gamma\|d^{k,1}\|^2 + (1-\gamma)\|\lambda^{k,0}\|^2, \quad \gamma \in [0,1], \tag{6.3.125}$$

那么由引理 6.35, 引理 6.36 和 $h(x_k) \geqslant 0$, 当 $k \in K$ 足够大且 $\alpha > 0$ 足够小时, 有

$$\begin{aligned}
&h(x_k + \alpha d^{k,1} + \alpha^2 d^{k,2}) - \max_{0\leqslant j\leqslant m(k)-1}\left\{\overline{h}(x_{k-j})\right\} + \eta_2\alpha^2\theta_k\\
&\leqslant h(x_k + \alpha d^{k,1} + \alpha^2 d^{k,2}) - h(x_k) + \eta_2\alpha^2\theta_k\\
&= (1-\alpha)h(x_k) - h(x_k) + \eta_2\alpha^2\theta_k + o(\alpha)\\
&= -\alpha(h(x_k) - \eta_2\alpha\theta_k) + o(\alpha) \leqslant 0,
\end{aligned} \tag{6.3.126}$$

其中 $m(0) = 0$ 且 $0 \leqslant m(k) \leqslant \min\{m(k-1)+1, M\}$, M 是一个正常数. 因此, 当 $k \in K$ 足够大, $\alpha > 0$ 足够小, $\eta_1 > 0$ 足够小时, (6.3.73) 的第一个公式成立.

情况 II: $\zeta_* = 0$.

根据 ρ_k 的定义、引理 6.29 和 $\{x_k\}$ 的有界性, 则存在一个常数 $\rho > 0$ 使当所有 k 足够大时, 有 $\rho_k \geqslant \rho$. 由于 $\zeta_* = 0$, 根据 ζ_k 的定义,

$$\zeta_k = \|d^{k-1,0}\|^{t_1} + \|\widetilde{v}^{k-1}\|^{t_2}, \quad k \in K, \tag{6.3.127}$$

即 $d^{k-1,0} \to 0$, $\widetilde{v}^{k-1} \to 0$. 假设 $x_{k-1} \to x^*, k \in K$, 因此, 由引理 6.33 和 $\widetilde{v}^k$ 的定义, 有

$$\nabla f(x_{k-1})^{\mathrm{T}} d^{k-1,0} \leqslant -(d^{k-1,0})^{\mathrm{T}} H_k d^{k-1,0} - \sum_{\lambda_i^{k-1,0}<0} (\lambda_i^{k-1,0})^2$$

$$+ \sum_{\lambda_i^{k-1,0} c_i(x_{k-1})<0} \lambda_i^{k-1,0} c_i(x_{k-1})$$

$$+ \sum_{\lambda_i^{k-1,0}>0} \lambda_i^{k-1,0} \nabla c_i(x_{k-1}) d_i^{k-1,0}, \tag{6.3.128}$$

且当 $k \to \infty$ 时, 有

$$\nabla f(x_{k-1})^{\mathrm{T}} d^{k-1,0} \to 0.$$

因此, 由引理 6.34 可知 x^* 是 (6.3.1) 的 KKT 点.

因此, 存在一个常数 α_*, 使所有 $k \in K$ 的步长 $\alpha_k \geqslant \alpha_*$, 加上 (6.3.120) 和 (6.3.73) 的第一个公式, 有

$$\begin{aligned} & f(x_k + \alpha d^{k,1} + \alpha^2 d^{k,2}) - \max_{0 \leqslant j \leqslant m(k)-1} \left\{ \overline{f}(x_{k-j}) \right\} \\ \leqslant & \ \eta_1 \alpha_k \min\{\nabla f(x_k)^{\mathrm{T}} d^{k,1}, -h(x_k)\} \\ \leqslant & -\eta_1 \alpha_* c, \end{aligned} \tag{6.3.129}$$

对于 $x_k \to x^*, k \in K$, 它源自

$$\lim_{k \in K} \max_{0 \leqslant j \leqslant m(k)-1} \left\{ \overline{f}(x_{k-j}) \right\} = \lim_{k \in K} f(x_k) = f(x^*), \tag{6.3.130}$$

$$\lim_{k \to \infty} \max_{0 \leqslant j \leqslant m(k)-1} \left\{ \overline{f}(x_{k-j}) \right\} = \lim_{k \to \infty} f(x_k) = f(x^*). \tag{6.3.131}$$

对 $k \in K \to \infty$ 在不等式 (6.3.129) 两侧取极限, 得到 $-\eta_1 \alpha_* c \geqslant 0$, 这与 $\eta_1 > 0, \alpha_* > 0, c > 0$ 是矛盾的, 因此引理 6.34 成立, 这意味着 x^* 是 (6.3.1) 的 KKT 点. □

6.3.5 数值结果

给出关于 Hock 和 Schittkowski[78] 的一些测试问题的初步结果, 并与不可行积极集 QP-free 算法[79]、无罚无滤 QP-free 算法 [126] 和 Matlab 中的算法进行了比较.

结果汇总在表 6.5 中. 关于实现的细节描述如下:

(a) 参数取值如下: $t_1 = t_2 = 2$, $\eta_1 = \eta_2 = 0.2$, $\varepsilon_0 = 1$, $\beta = 0.8$, $\gamma = 0.5$, $M = 10$.

(b) 表 6.5 中一些表示法的含义如下:

No.: 在 Hock 和 Schittkowski[78] 中给出的问题编号;

n: 变量的数量;

m: 约束的数量;

NIT: 迭代次数;

NF: $f(x)$ 的评估次数;

NG: $c(x)$ 的评估次数.

(c) 如果 $\|\varphi(x_k,\mu(x^k))\|\leqslant 10^{-5}$ 或者 $\dfrac{\|d^{k,1}\|}{(\|x_k\|+1)}\leqslant 10^{-5}$, 则算法 6.4 终止.

(d) H_k 由阻尼 BFGS 公式更新.

表 6.5 不同算法的数值比较

No.	n	m	算法 6.4			不可行积极集 QP-free 算法			无罚无滤 QP-free 算法			Matlab
			NIT	NF	NG	NIT	NF	NG	NIT	NF	NG	NIT-NF
HS1	2	1	9	26	17	23	48	54	-	-	-	27-95
HS3	2	1	11	34	23	13	19	23	2	2	2	4-15
HS4	2	2	3	10	7	2	4	2	3	4	3	2-6
HS5	2	4	3	7	4	10	12	31	21	59	21	10-34
HS9	2	1	9	19	10	14	51	14	6	6	6	6-31
HS12	2	1	6	13	7	10	12	10	27	31	27	8-25
HS28	3	1	8	30	22	17	33	40	7	17	7	7-29
HS29	3	1	6	22	16	9	27	25	38	164	38	12-49
HS30	3	7	9	32	23	6	11	20	18	18	18	11-44
HS33	3	6	2	4	3	3	13	22	3	3	3	5-20
HS35	3	4	24	94	70	14	43	59	15	18	15	6-24
HS36	3	7	4	16	12	8	24	33	5	20	5	2-8
HS37	3	8	2	11	9	12	27	25	5	10	5	9-40
HS43	4	3	7	18	11	12	22	17	8	57	8	12-63
HS44	4	10	5	21	16	9	17	39	7	7	7	79-402
HS46	5	2	7	21	14	13	57	83	15	15	15	12-75
HS47	5	3	14	144	130	33	61	34	38	91	38	28-335
HS48	5	2	7	45	38	14	24	14	42	149	42	8-50
HS49	5	2	14	31	17	103	198	213	25	26	25	19-117
HS50	5	3	50	103	53	115	167	132	56	279	56	10-84

从表 6.5 可以看出, 对于大多数的例子, 通过有限迭代可以找到数值最优解. 与 Wang 等[79], Li 等[126] 的算法和 Matlab 优化工具箱算法 (列 “Matlab”) 相比, 在 NIT 和 NF/NG 中都有很大的改进. 特别是一些在算法 6.4 中容易解决而在其他算法中无法解决的问题.

为了显示所提出方法的迭代次数的性能曲线, 提供了图 6.1, 其中横轴表示问题, 纵轴表示迭代次数, 圆圈表示算法 6.4 的迭代次数, ◇ 表示不可行积极集 QP-free 算法[79] 中的迭代次数, △ 表示无罚无滤 QP-free 算法 [126] 的迭代次数, □ 表示 Matlab 中算法进行迭代的次数.

从图 6.1 中可以明显看出, 算法 6.4 的迭代次数最少, 说明算法 6.4 的迭代次数比其他方法的迭代次数要少. 此外, 该算法参数少, 易于实现. 因此, 该算法是有效的, 具有一定的数值前景.

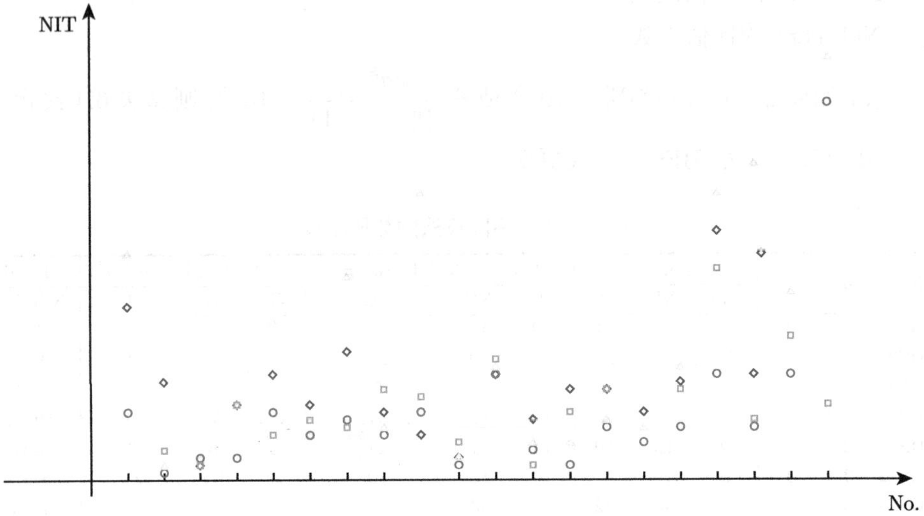

图 6.1　不同算法的迭代次数

参考文献

[1] Courant R. Variational methods for the solution of problems of equilibrium and vibrations. Bulletin of the American Mathematical Society, 1943, 49: 1-23.

[2] 马昌凤, 柯艺芬, 谢亚君. 最优化计算方法及其 MATLAB 程序实现. 北京: 国防工业出版社, 2015.

[3] 徐光辉, 刘彦佩, 程侃. 运筹学基础手册. 北京: 科学出版社, 1999: 20-100.

[4] Eremin I. The penalty method in convex programming. Soviet Mathematic Doklady, 1966, 8: 459-462.

[5] Zangwill W. Nonlinear programming via penalty functions. Management Science, 1967, 13: 344-358.

[6] Bandler J, Charalambous C. Nonlinear programming using minimax techniques. Journal of Optimization Theory and Applications, 1974, 13: 607-619.

[7] Bazaraa J, Goode J. Sufficient conditions for a globally exact penalty function without convexity. Mathematical Programming Study, 1982, 19: 1-15.

[8] Bertsekas D. Necessary and sufficient conditions for a penalty function to be exact. Mathematical Programming, 1975, 9: 87-99.

[9] Chamberlain R, Lemarechal C, Pederson H, Powel M. The watchdog technique for forcing convergence in algorithms for constrained optimization. Mathematical Programming Study, 1982, 16: 1-17.

[10] Conn A, Pietrzykowski T. A penalty function method converging directly to a constrained optimum. SIAM Journal on Numerical Analysis, 1977, 14: 348-374.

[11] 席少霖. 非线性最优化方法. 北京: 高等教育出版社,1992.

[12] Nocedal J, Wright S J. Numerical Optimization. Second Edition. Singapore: World Scientific, 1999.

[13] Huang X, Yang X. Convergence analysis of a class of nonlinear penalization methods for constrained optimization via first-order necessary optimality conditions. Journal of Optimization Theory and Applications, 2003, 116(2): 311-332.

[14] Luo Z, Pang J, Ralph D. Mathematical Programs with Equilibrium Constraints. Cambridge: Cambridge University Press, 1996.

[15] 刘丙状, 张连生. 约束最优化问题中的光滑精确罚函数. 上海: 上海大学, 2008: 52-58.

[16] 杨书涛. 约束优化问题的罚函数光滑化方法. 大连: 大连理工大学, 2018: 16-46.

[17] Fletcher R, Gould N I M, Leyfer S, Toint P L, Wachter A. Global convergence of trust-region SQP-fitter algorithms for general nonlinear programming. SIAM Joumal on Optimization, 2002, 13(3): 635-659.

[18] Chin C M, Fletcher R. On the global convergence of an SLP-flter algorithm that takes EQP steps. Mathematical Programming, 2003, 96(1): 161-177.

[19] Fletcher R, Leyffer S, Toint P L. On the global convergence of an SLP-fiter algorithm. Numerical Analysis Report NA/183, University of Dundee, UK, 1998.

[20] Benson H Y, Shanno D F, Vanderbei R J. Interior-point methods for nonconvex non-linear programming: Filter-methods and merit functions. Computational Optimization and Applications, 2002, 23(2): 257-272.

[21] Dolan E D, More J. Benchmarking optimization software with performance profiles. Mathematical Programming, 2002, 91: 201-213.

[22] Wachter A, Biegler L T. On the implementation of an interior-point filter line search algorithm for large-scale nonlinear programming. Mathematical Programming, 2006, 106(1): 22-57.

[23] Fletcher R, Leyfer S, Toint P L. On the global convergence of a filter SQP algorithm. SIAM Jourmal on Optimization, 2002, 13(1): 44-59.

[24] Bertsekas D P. Nonlinear Programming. Second Edition. Belmont: Athena Scientific, 1999.

[25] Ribeiro A A, Karas E W, Gonzaga C C. Global corvergence of filter methods for nonlinear programming. SIAM Joumal on Optimization, 2008, 19: 1231-1249.

[26] Wachter A, Biegler L T. Line search filter methods for nonlinear programming: motivation and global convergence. SIAM Joumal on Optimization, 2005, 16(1): 1-31.

[27] Zhou G L. A modified SQP method and its gloabal convergence. Journal of Global Optimization, 1997, 11: 193-205.

[28] Zhu Z B, Zhang K C, Jian J B. An improved SQP algorithm for inequality constrained optimization. Mathematcal Methods of Operations Research, 2003, 58: 271-282.

[29] Zhu Z B. A globally and superlinearly convergent feasible QP-free method for nonlinear programming. Applied Mathematics and Computation, 2005, 168: 519-539.

[30] Fletcher R, Leyffer S. Nonlinear programming without a penalty function. Math. Program., 2002, 91(2): 239-269.

[31] Zhang J L, Zhang X S. A modified SQP method with nonmonotone linesearch technique. Journal of Global Optimization, 2001, 21: 201-218.

[32] Gould N I M, Leyffer S, Toint P L. A multidimensional filter algorithm for nonlinear equation and nonlinear least-squares. SIAM J. Control Optimization, 2004, 15(1): 17-38.

[33] Harr A. Über lineare Ungleichungen. Acta Mathematica Szeged, 1924, 2(1): 1-14.

[34] John F. Extremum problems with inequalities as subsidiary conditions. Studies and Essays, 1948, 1(1): 187-204.

[35] Charnes B A, Coopper W W, Kortanek K O. Duality, Harr programs finite sequence spaces. Proceedings of the National Academg of Science, 1962, 48(5): 783-786.

[36] Still G. Discretization in semi-infinite programming: the rate of convergenc. Mathematical Programming, 2001, 91(1): 53-69.

[37] Teo K L, Yang X Q, Jennings L S. Computational discretization algorithms for functional inequality constrained optimization. Annals of Operations Research, 2000, 98(1): 215-234.

[38] Hettich R, Honstede W V. On quadratically convergent methods for semi-infinite programming. Semi-Infinite Programming, 1979, 1(1): 97-111.

[39] Jian J B, Xu Q J, Han D L. A norm-relaxed method of feasible directions for finely discretized problems from semi-infinite programming. European Journal of Operational Research, 2007, 186(1): 41-62.

[40] Watson G A. Lagrangian methods for semi-Infinite programming problems. Infinite Programming, 1985, 259(3): 90-107.

[41] Tanaka Y, Fukushima M, Ibaraki T. A globally convergent SQP method for semi-infinite nonlinear optimization. Journal of Computational and Applied Mathematics, 1988, 23(1): 141-153.

[42] Teo K L, Rehbock V, Jennings L S. A new computational algorithm for functional inequality constrained optimization problems. Automatica, 1993, 26(2): 371-375.

[43] Yu C J, Teo K L, Zhang L S, Bai Y Q. A new exact penalty function method for continuous inequality constrained optimization problems. Journal of Industrial and Management Optimization, 2010, 6(4): 895-910.

[44] Pang L L, Zhu D T. A line search filter-SQP method with Lagrangian function for nonlinear inequality constrained optimization. Japan Journal of Industrial and Applied Mathematics, 2017, 34(1): 141-176.

[45] Yuan Y X, Sun W Y. Optimization Theory and Methods. Beijing: Science Press, 2007.

[46] Fukushima M, Lin G H. Nonlinear Optimization Basis. Beijing: Science Press, 2011.

[47] Jian J B, Xu Q J. Research on effective numerical algorithm for semi-infinite programming. Shanghai: Shanghai University, 2014: 1-111.

[48] Sun W, Sampaio R J B, Yuan J. Quasi Newton trust region algorithm for nonlinear least squares problems. Appl. Math. Comput., 1999, 105(2): 183-194.

[49] Ou Y G. A trust region method for constrained optimization problems with nonlinear inequalities. Appl. Math., 2006, 19(1): 80-85.

[50] Chen B, Chen X, Kancow C A. Fischer-Bufmeister NCP-function. Math. Program., 2000, 88(1): 211-216.

[51] Tong X J, Zhou S Z. A trust-region algorithm for inequality constrained optimization. J. Compu. Math., 2003, 21(2): 207-220.

[52] Gould N I M, Sainvitu Toint Ph L. A filter trust-region method for unconstrained optimization. SIAM Journal on Optimization, 2006, 16(2): 341-357.

[53] Ou Y G, Hou D P. A superlinearly convergent ODE-type trust region algorithm for LC^1 optimization n problems. Quarterly Journal of Mathematics, 2003, 18(2): 140-145.

[54] Conn A R, Gould N L M, Toint P L. Trust-region Methods. MPS-SLAM Series on Optimization. SIAM, Philadelphia, PA, USA, 2000.

[55] Gould N L M, Toint P L. Global convergence of a non-monotone trust-egion filter algorithm for nonlinear programming. Multiscale Optimization Methods and Applications, 2006, 82: 125-150.

[56] Ou Y G. A superlinearly convergent ODE-type trust region algorithm for nonsmooth nonlinear equations. Journal of Applied Mathematics and Computing, 2006, 22(3): 371-380.

[57] Hettich R, Kortanek K O. Semi-infinite programming: theory, methods and applications. SIAM Review, 1993, 35: 380-429.

[58] Goberna M A, López M A. Linear Semi-Infinite Optimization. Chichester: Wiley, 1998.

[59] López M, Still G. Semi infinitc programming. European Journal of Operational Research, 2007, 180: 491-518.

[60] Pang L P, Lv J, Wang J H. Constrained incremental bundle method with partial inexact oracle for nonsmooth convex semi-infinite programming problems. Computational Optimization and Applications, 2016, 64: 433-465.

[61] Fischer A. Solution of monotone complementarity problems with locally Lipschitzan functions. Mathematical Programming, 1997, 76: 513-532.

[62] Liu X W, Sun J. Global convergence analysis of line search interior-point methods for nonlinear programming without reqularity assumptions. Journal of Optimization Theory and Applications, 2005, 125: 609-628.

[63] More J J. Global methods for nonlinear complementarity problems. Mathematics of Operations Resaerch, 1996, 21: 589-614.

[64] Nie P Y. A filter method for solving nonlinear complementarity problems. Applied Mathematics and Computation, 2005, 167: 677-694.

[65] Zhou G. A modified SQP method and its global convergence. Journal of Global Optimization, 1997, 11: 193-205.

[66] Yuan Y X. On the convergence of a new trust region algorithm. Numerische Mathematik, 1995, 70: 515-539.

[67] Shen P P, Wang Y J. A new pruning test for finding all global minimizers of nonsmooth function. Applied Mathematics and Computation, 2005, 168(2): 739-755.

[68] Zhu Z B, Cai X, Jian J B. An improved SQP algorithm for solving minimax problems. Applied Mathematics Letters, 2009, 22(2): 464-469.

[69] Ploak E. Basics of minimax algorithms. Nonsmooth Optimization and Related Topics, 1989, 43: 343-369.

[70] Gaudioso M, Monaco M F. A boundle type approach to the unconstrained minimization of convex nonsmooth functions. Mathematical Programming, 1982, 23(1): 216-226.

[71] Wang F S, Zhang K C. A hybrid algorithm for minimax optimization. Annals of Operations Research, 2008, 164(1): 167-191.

[72] Ye F, Liu H W, Zhou S S, Liu S Y. A smoothing trust-region Newton-CG method for minimax problem. Applied Mathematics and Computation, 2008, 199(2): 581-589.

[73] Xiao Y, Yu B. A truncated aggregate smoothing Newton method for minimax problems. Applied Mathematics and Computation, 2010, 216(6): 1868-1879.

[74] Toint P L. An assessment of nonmomotone line search techniques for unconstrained optimization. SIAM Journal on Scientific and Statistical Computing, 1996, 17(3): 725-739.

[75] Wang F S, Wang Y P. Nonmonotone algorithm for minimax optimization problems. Applied Mathematics and Computation, 2011, 217(13): 6296-6308.

[76] Wang F S, Wang C L. An adaptive nonmonotone trust-region method with curvilinear search for minimax problem. Applied Mathematics and Computation, 2013, 219(15): 8033-8041.

[77] Hu Q J, Chen Y, Chen N P, Li X Q. A modified SQP algorithm for minimax problems. Journal of Applied Mathematics, 2009, 360(1): 211-222.

[78] Hock W, Schittkowski K. Test Examples for Nonlinear Programming Codes. Lecture Notes in Economics and Mathematical Systems. New York: Springer-Verlag, 1981.

[79] Wang H, Liu F, Gu C, Pu D G. An infeasible active-set QP-free algorithm for general nonlinear programming. International Journal of Computer Mathematics, 2017, 94: 884-901.

[80] Jian J B, Quan R, Zhang X L. Generalised monotone line search algorithm for degenerate nonliear minimax problems. Bulletin of the Australian Mathemetical Society, 2006, 73: 117-127.

[81] Hu Q J, Hu J Z. A sequential quadratic programming algorithm for nonliear minimax problems. Bulletin of the Australian Mathematical Society, 2007, 76: 353-368.

[82] Vardi A. New Minimax algorithm. Journal of Optimization Theory and Applications, 1992, 75: 613-634.

[83] Nie P Y, Ma C. A trust region filter method for general nonlinear programming. Applied Mathematics and Computation, 2006, 172: 1000-1017.

[84] Abadie J. On the Kuhn-Tucker Theorem. North Holland: North-Holland Pub. Co., 1967.

[85] Alizadeh F, Goldfarb D. Second-order cone programming. Mathematical Programming, 2003, 95(1): 3-51.

[86] Schittkowski K. More Test Examples for Nonlinear Mathematical Programming Codes. New York: Springer, 1987.

[87] Boggs P T, Tolle J W, Wang P. On the local convergence of quasi-newton methods for constrained optimization. SIAM Journal on Control and Optimization, 1982, 20, 161-171.

[88] Bonnons J F, Painer E R, Titts A L, Zhou J L. Avoiding the Maratos effect by means of nonmontone linesearch, Inequality constrained problems-feasible iterates. SIAM Journal on Numerical Analysis, 1992, 29, 1187-1202.

[89] Burke J V, Han S P. A robust SQP method. Mathematical Programming, 1989, 43: 277-303.

[90] Du D Z, Pardalos P M, Wu W L. Mathematical Theory of Optimization. Boston: Kluwer Academic Publishers, 2001.

[91] Facchinei F, Lucidi S. Quadraticly and superlinearly convergent for the solution of inequality constrained optimization problem. Journal of Optimization Theory and Applications, 1995, 85: 265-289.

[92] Han S P. Superlinearly convergence variable metric algorithm for general nonlinear programming problems. Mathematical Programming, 1976, 11: 263-282.

[93] Powell M J D. A fast algorithm for nonlinear constrained optimization calculations. Numerical Analysis, 1978: 144-157.

[94] Powell M J D. Variable metric methods for constrained optimization. Mathematcal Programming-The State of Art, Springer-Verlag, Berlin, 1982.

[95] Huang B H, Ma C F. Accelerated modulus-based matrix splitting iteration method for a class of nonlinear complementarity problems. Computational and Applied Mathematics, 2017, 37(3): 3053-3076.

[96] Song L S, Gao Y. A smoothing Levenberg-Marquardt method for nonlinear complementarity problems. Numerical Algorithms, 2018, 79(4): 1305-1321.

[97] Su K, Cai H P. A modified SQP-filter method for nonlinear complementarity problem. Applied Mathematical Modelling, 2009, 33(6): 2890-2896.

[98] Zhou Y. A smoothing conic trust region filter method for the nonlinear complementarity problem. Journal of Computational and Applied Mathematics, 2009, 229(1): 248-263.

[99] Chen X, Qi L, Sun D. Global and superlinear convergence of the smoothing Newton method and its application to general box constrained variational inequalities. Mathematics of Computation, 1998, 67(222): 519-541.

[100] Yang Y F, Qi L Q. Smoothing trust region methods for nonlinear complementarity problems with P0-Functions. Annals of Operations Research, 2005, 133(1-4): 99-117.

[101] Geiger C, Kanzow C. On the resolution of monotone complementarity problems. Computational Optimization and Applications, 1996, 5(2): 155-173.

[102] Christian K. Some noninterior continuation methods for linear complementarity problems. SIAM Journal on Matrix Analysis and Applications, 1996, 17(4): 851-868.

[103] Qi L Q. Trust region algorithms for solving nonsmooth equations. SIAM Journal on Optimization, 1995, 5(1): 219-230.

[104] Kummer B. Newton's method for non-differentiable functions. Advances in Mathematical Optimization, Akademie-Verlag, 1988, 45(1988): 114-125.

[105] Qi L Q, Sun J. A nonsmooth version of Newton's method. Mathematical Programming, 1993, 58(1-3): 353-367.

[106] Qi L Q, Chen X J. A globally convergent successive approximation method for severely nonsmooth equations. SIAM Journal on Control and Optimization, 1995, 33(2): 402-418.

[107] Rui S P, Xu C X. A smoothing inexact Newton method for nonlinear complementarity problems. Journal of Computational and Applied Mathematics, 2010, 233(9): 2332-2338.

[108] Facchinei F, Kanzow C. A nonsmooth inexact Newton method for the solution of large-scale nonlinear complementarity problems. Mathematical Programming, 1997, 76(3): 493-512.

[109] Krejić N, Rapajić S. Globally convergent Jacobian smoothing inexact Newton methods for NCP. Computational Optimization and Applications, 2008, 41(2): 243-261.

[110] Chen Z, Ma C F. A new smooth Newton method for nonlinear complementarity problems. Journal of Pingdingshan University, 2012, 27(2): 1-5.

[111] Zhang L P, Han J Y, Huang Z H. Superlinear/quadratic one-step smoothing Newton method for P_0-NCP. Acta Mathematica Sinica, 2005, 26(2): 117-128.

[112] Fang L. A new one-step smoothing Newton method for nonlinear complementarity problem with P_0-function. Applied Mathematics and Computation, 2010, 216(4): 1087-1095.

[113] Li M Y, Ma C F. A line search method for nonlinear complementarity problem with FB function. Journal of Guilin University of Electronic Technology, 2008, 28(5): 441-438.

[114] Sajad F H, Alireza F J, Reza P M, et al. Complexity of interior point methods for a class of linear complementarity problems using a kernel function with trigonometric growth term. Journal of Optimization Theory and Applications, 2018, 178(3): 935-949.

[115] Fletcher R, Leyffer S, Toint P L. A brief history of filter methods. SIAG/OPT Views-and-News, 2007, 18(1): 2-12.

[116] Shen C G, Xue W J, Pu D G. An infeasible nonmonotone SSLE algorithm for nonlinear programming. Journal of Mathmatical Metnod Operation Research, 2010, 71(1): 103-124.

[117] Zhang H C, Hager W W. A nonmonotone line search technique and its application to unconstrained optimization. Soc. Ind. Appl. Math., 2004, (14): 1043-1056.

[118] Ulbrich M, ulbrich S, Vicente L N. A global convergent primal-dual interior filter method for nonconvex nonlinear programming. Mathematical Programming, 2004, 100: 379-410.

[119] Jian J B, Zeng H J, Ma G D, Zhu Z B. Primal-dual interior point QP-free algorithm for nonlinear constrained optimization. Journal of Inequalities and Applications, 2017, 239(1): 1-25.

[120] Sasan B, André L T. A simple primal-dual feasible interior-point method for nonlinear programming with monotone descent. Computational Optimization and Applications, 2003, 25(1): 17-38.

[121] André L T, Wachter A, Sasan A. A primal-dual interior-point method for nonlinear programming with strong global and local convergence properties. SIAM Journal on Optimization, 2003, 14(1): 173-199.

[122] Zhu Z. An interior point type QP-free algorithm with superlinear convergence for inequality constrained optimization. Applied Mathematical Modelling, 2007, 31(6): 1201-1212.

[123] Jian J B, Han D L, Xu Q J. A new sequential systems of linear equations algorithm of feasible descent for inequality constrained optimization. Acta Mathematica Sinica, 2010, 26(12): 2399-2420.

[124] Wang Y, Chen L, He G. Sequential systems of linear equations method for general constrained optimization without strict complementarity. Journal of Computational and Applied Mathematics, 2004, 182(2): 447-471.

[125] Dennis J, John E, Robert B S. Numerical Methods for Unconstrained Optimization and Nonlinear Equations. New York: Prentice-Hall, 1983.

[126] Li J L, Yang Z P. A QP-free algorithm without a penalty or a filter for nonlinear general-constrained optimization. Applied Mathematics and Computation, 2018, 316(1): 52-72.

[127] Bertsekas D. Variable metric methods for constrained optimization using differentiable exact penalty function. Proc. 18th Annual Allerton Conference on Communication, Control and Computing, 1980: 584-593.

[128] Fischer A. Solution of the monotone complementarity problem with locally Lipschitzian functions. Mathematical Programming, 1997, 76: 513-532.

[129] Han S P. Variable metric methods for minimizing a class of nondifferentiable functions. Mathematical Programming, 1981, 20(1): 1-13.

[130] Osborne M R, Watson G A. An algorithm for minimax approximation in the nonlinear case. Computer Journal, 1969, 12(1): 63-68.

[131] Zhang J L. A robust trust region method for nonlinear optimization with inequality constraint. Applied Mathematics and Computation, 2006, 176(2): 688-699.

[132] Audet C, Dennis J E. A pattern search filter method for nonlinear programming without derivatives. SIAM Journal on Optimization, 2004, 14(4): 980-1010.

[133] Ulbrich M, Ulbrich S. Non-monotone trust region methods for nonlinear equality constrained optimization without a penalty function. Mathematical Programming, 2003, 95(1): 103-135.

[134] Zhao Q, Guo N. A nonmonotone filter method for minimax problems. Applied Mathematics, 2011, 2(11): 1372-1377.

[135] 苏珂, 任乐乐, 荣自兴, 等. 无约束优化的修正非单调记忆梯度法. 河北大学学报 (自然科学版), 2018, 38(6): 561-566.

[136] Su K, Pu D G. A nonmonotone filter trust region method for nonlinear constrained optimization. Journal of Computation and Applied Mathematics, 2009, 223(1): 230-239.

[137] Jennings L S, Teo K L. A computational algorithm for functional inequality constrained optimization problems. Automatica, 1990, 26(2): 371-375.

[138] Li D, Zhu D. An affine scaling interior trust-region method combining with line search filter technique for optimization subject to bounds on variables. Numerical Algorithms, 2018, 77(8): 1159-1182.

[139] Wu S Y, Li D H, Qi L, Zhou G. An iterative method for solving KKT system of the semi-infinite programming. Optimization Methods & Software, 2005, 203(6): 629-643.

[140] Gramlich G, Hettich R, Sachs E W. Local convergence of SQP methods in semi-infinite programming. SIAM Journal on Optimization, 2006, 5: 641-658.

[141] Liu Y, Teo K L, Wu S Y. A new quadratic semi-infinite programming algorithm based on dual parametrization. Journal of Global Optimization, 2004, 29: 401-413.

[142] Lv J, Pang L P, Meng F Y. A proximal bundle method for constrained nonsmooth nonconvex optimization with inexact information. Journal of Global Optimization, 2018, 70: 517-549.

[143] Facchinei F. Robust recursive quadratic programming algorithm model with global and superlinear convergence properties. Journal of Optimization Theory and Applications, 1997, 92(3): 543-579.

[144] Jian J B, Pan H Q, Tang C M, Li J L. A strongly sub-feasible primal-dual quasi interior-point algorithm for nonlinear inequality constrained optimization. Applied Mathematics and Computation, 2015, 266: 560-578.

[145] Li J L, Lv J, Jian J B. A globally and superlinearly convergent primal-dual interior point method for general constrained optimization. Numerical Mathematics-Theory Methods and Applications, 2015, 8(3): 313-335.

[146] Li J L, Huang R S, Jian J B. A superlinearly convergent QP-free algorithm for mathematical programs with equilibrium constraints. Applied Mathematics and Computation, 2015, 269: 885-903.

[147] Wächter A, Biegler L T. Line search filter methods for nonlinear programming: local convergence. SIAM Journal on Optimization, 2005, 16(1): 32-48.

[148] Ulbrich S. On the superlinear local convergence of a filter-SQP method. Mathematical Programming, 2004, 100(1): 217-245.

[149] Gu C, Zhu D. A non-monotone line search multidimensional filter-SQP method for general nonlinear programming. Numerical Algorithms, 2011, 56(4): 537-559.

[150] Tichatschke R, Nebeling V. A cutting plane mehtod for quadratic semi-infinite programming problems. Optimazation, 2007, 19(19): 803-817.

[151] Hettich R. An implementation of a discretization method for semi-infinite programming. Mathematical Programming, 1986, 34(3): 354-361.

[152] Lin Q, Loxton R, Teo K L, Wu Y H, Yu C. A new exact penalty method for semi-infinite programming problems. Journal of Computational and Applied Mathematics, 2014, 261(4): 271-286.

[153] Jin P, Ling C, Shen H. A smoothing Levenberg-Marquardt algorithm for semi-infinite programming. Computational Optimization and Applications, 2015, 60(3): 675-695.

[154] Ou Y G. A filter trust region method for solving semi-infinite programming problems. Journal of Applied Mathematics and Computing, 2009, 29(1-2): 311-324.

[155] Su K, Lu X, Liu W. An improved filter method for nonlinear complementarity problem. Mathematical Problems in Engineering, 2013, 16(1): 301-312.

[156] Reemsten R, Göener S. Numerical methods for semi-infinite programming: a survey. Semi-infinite Programming, 1998: 195-275.

[157] Bhattacharjee B, Lemonidis P, Green W H, Barton P I. Global solution of semi-infinite programs. Mathematical Programming, 2005, 103: 283-307.

[158] Cánovas M J, Hantoute A, López M A, Parra J. Stability of indices in the KKT conditions and metric regularity in convex semi-infinte optimization. Journal of Optimization Theory and Applications, 2008, 139: 485-500.

[159] Hettich R, Gramlich G. A note on an implementation of a method for quadratic semi-infinite programming. Mathematical Programming, 1990, 46: 249-254.

[160] Zhang L P, Wu S Y, López M A. A new exchange method for convex semi-infinite programming. SIAM Journal on Optimization, 2010, 20: 2959-2977.

[161] Qi L, Wu S Y, Zhou G. Semismooth Newton methods for solving semi-infinite programming problems. Journal of Global Optimization, 2003, 27: 215-232.

[162] Li D H, Qi L, Tam J, Wu S Y. A smoothing Newton method for semi-infinite programming. Journal of Global Optimization, 2004, 30: 169-194.

[163] Polak E. Optimization: Algorithms and Consistent Approximations. Berlin: Springer, 2006.

[164] Reemtsen R. Discretization methods for the solution of semi-infinite programming problems. Journal of Optimizton Theory and Applications, 1991, 71: 85-103.

[165] Xu Q J, Jian J B. A nonlinear norm-relaxed method for finely discretized semi-infinite optimization problems. Nonlinear Dynamics, 2013, 73: 85-92.

[166] Karas E, Ribeiro A, Sagastizábal C, Solodov M. A bundle-filter method for nonsmooth convex constrained optimization. Mathematical Programming, 2009, 116: 297-320.

[167] Sagastizábal C, Solodov M. An infeasible bundle method for nonsmooth convex constrained optimization without a penalty function or a filter. SIAM Journal on Optimization, 2005, 16: 146-169.

[168] Kiwiel K C. Methods of descent for nondifferentiable optimization. Lacture Notes in Mathematics. Berlin: Springer, 1995.

[169] Fletcher R, Leyffer S. A bundle filter method for nonsmooth nonliner optimization. Numerical Analysis Report NA/195. Department of Mathematics. The university of Dundee, Scotland, 1999.

[170] Bonnans J F, Gilbert J C, Lemaréchal C, Sagastizábal C. Numerical Optimization. Theoretical and Practical Aspects. Berlin: Springer, 2003.

[171] Lemaréchal C. Bundle methods in nonsmooth optimization. Nonsmooth Optimization(Laxenburg, 1997), Pergamon Press, Oxford, 1978: 79-102.

[172] Clarke F H. Generalized gradients of Lipschitz functionals. Advances in Mathematics, 1981, 40: 52-67.

[173] Gill P E, Murray W, Saunders M A. An SQP algorithm for large-scale constrained optimization. SIAM Review, 2005, 47(1): 99-131.

[174] Gao Z Y, He G P, Wu F. Sequential systems of linear equations algorithm for nonlinear optimization problems with general constraints. Journal of Optimization Theory and Applications, 1997, 95(2): 371-397.

[175] Qi L, Yang Y F. Globally and superlinearly convergent QP-free algorithm for nonlinear constrained optimization. Journal of Optimization Theory and Applications, 2002, 113(2): 297-323.

[176] Gonzaga C C, Karas E W, Vanti M. A globally convergent filter method for nonlinear programming. SIAM Journal on Optimization, 2003, 14(3): 646-669.

[177] Shen C G, Leyffer S, Fletcher R. A nonmonotone filter method for nonlinear optimization. Computational Optimization and Applications, 2012, 52(3): 583-607.

[178] Lucidi S. New results on a continuously differentiable exact penalty function. SIAM Journal on Optimization, 2006, 2(4): 558-574.

[179] Liu W, Shen C, Zhua X, Pu D G. An infeasible QP-free algorithm without a penalty function or a filter for nonlinear inequality constrained optimization. Optimization Methods and Software, 2014, 29(6): 1238-1260.

[180] Zhou Y, Pu D G. A new QP-free feasible method for inequality constrained Optimization. Operations Research Transactions, 2007, 11(3): 31-43.

[181] Grippo L, Lampariello F, Ludidi S. A nonmonotone line search technique for Newton's method. SIAM Journal on Numerical Analysis, 1986, 23(4): 707-716.

[182] Pu D G, Jin Z. Nonmonotone line search technique for QP-free infeasible method. Operations Research Transactions, 2010, 38(2): 311-316.

[183] Chen L F, Wang Y L, He G P. A feasible active set QP-free method for nonliear programming. SIAM Journal on Optimization, 2006, 17(2): 401-429.

[184] Wilson R B. A simplicial algorithm for concave programming. PhD thesis, Graduate School of Business Administration, Harvard University, 1963.

[185] Huang M X, Pu D G. A line search SQP method without a penality or a filter. Computational and Applied Mathematics, 2015, 34(2): 741-753.

[186] Kostreva M M, Chen X. A superlinearly convergent method of feasible directions. Applied Mathematics and Computation, 2000, 116(3): 231-244.

[187] Jian J B, Zheng H Y, Hu Q J, Tang C M. A new norm-relaxed method of strongly sub-feasible direction for inequality constrained optimization. Applied Mathematics and Computation, 2005, 168(1): 1-28.

[188] Panier E R, Tits A L, Herskovits J N. A QP-free, globally convergent, locally superlinearly convergent algorithm for inequality constrained optimization. SIAM Journal on Control and Optimization, 1988, 26(4): 788-811.

[189] Qi H D, Qi L Q. A new QP-free, globally convergent, locally superlinearly convergent algorithm for inequality constrained optimization. SIAM Journal on Optimization, 2000, 11(1): 113-132.

[190] Hettich R, Honstede W V. On quadratically convergent methods for semi-infinite programming. Semi-Infinite Programming, 1979, 1(1): 97-111.

索　　引

Y

Z

其他